序文

早坂秀雄先生による著作『宇宙船建造プロジェクト』を推薦申し上げます

東北大学大学院工学研究科
エネルギー安全科学国際研究センター
センター長、教授

橋田　俊之

この本で記載されている内容は、極めて高いレベルで第一級のものであると同時に、一般人にも受容され易い方法で記述されております。

反重力の発見とその広大な領域に及ぶ応用技術について、発見者自身によってあたかも謎解きのように解説されております。

このため、世界でも最先端の知を高度の予備知識がなくとも感受でき、加えて、内容は日本発のオリジナルでございますので、多くの読者は心ゆさぶられることと確信いたします。

ニュートン力学やアインシュタインの重力理論は、これまでただ一人も疑うことがなく、まったく正しい理論として考えられてきました。

しかしながら、これらの重力理論は実のところ完全でなく不完全なものであったことを、本書は具体的に示しております。すなわち、著者の推論（理論）だけではなく、その推論の正しさが幾つもの実験によって確認され、反重力が存在することを全世界に先駆けて公表したことは驚くべきことです。

事実、反重力に関する早坂先生のご研究の成果は、世界の一流の新聞（ニューヨーク・タイムズ、ワシントン・ポスト、英国のデイリー・テレグラフ、科学誌ネイチャー等）の紙面を大きく割いて報道されたことからもその重要性が理解されます。

どのような事実が、これ程の大きな反響を生んだのでしょうか。

第一に、「重力とは引力のみであると断じていたことが誤りであった」ということです。

第二に、「回転運動について左と右のまわりの回転で生ずる重力効果は、これまでまったく同じであると考えられていたが、そうではなく左と右の回転は異なった重力効果を生む」ということがわかったからです。

第三に、アインシュタインの理論では、重力効果は物体の移動速度が光速度に近い場合か、あるいはその物体の質量が巨大である場合にのみ検出されると考えられていたのに対して、事実はそうではなく、「速度が光速度より十分小さく、そしてその物体の質量が小さくとも円運動のよう

002

な循環運動では右まわり回転においてのみ反重力が生成される」という事実がわかったのでございます。

かくして、アインシュタインの重力理論は完全ではなく不完全な理論であることが明らかにされたのです。

これらの新知見は、これまで正しいと考えられてきた理論を打ち破る重力分野における大発見であり、快挙でございます。このため、世界の一流紙が紙面を大きく割き、事の重大さを報道したものと推察されます。

上の三大発見は、一人の人間によって推論され、実験によって推論が確かめられたことは驚くべきことです。本著を通して、発見者である著者の思考の過程をうかがい知ることができる、極めて貴重な経験が与えられるものと考えます。この着想が我が国でなされたという意義と多くの読者への発信の必要性を強く感じます。

著者は上述した発見にとどまらず、いくつかの応用について言及しております。循環する磁性流体を利用した技術によって、化学燃料を用いることなく地球引力から離脱し、宇宙空間を移動しうる方法を示しております。これは、宇宙開発を何世紀にもわたって前進させるものでございます。

すなわち、反重力推進の技術は、宇宙輸送問題を解決し、未知なる宇宙の探査を飛躍的に促進できる可能性を有しております。さらに、反重力推進技術は閉じた系での揚水発電を可能とし、電力

エネルギー問題に関しても大きな貢献ができること、ならびに他国からのミサイルを防御する方法としても利用できることが期待されます。

反重力の発見は物理法則としての意義のみならず、その応用の範囲は極めて広大でございます。

早坂先生は、身近な現象であるものの未解明な現象である「重力」について深く洞察され、実験を通して反重力の生成ならびに重力制御の可能性を見出された、世界に先がけた業績をお持ちの大先生でございます。

このような偉業の集大成とも言うべき本著が多くの読者に提供されることを大変喜ばしく考えます。

以上の背景と理由により、本著の出版を最も強く推薦する次第でございます。

『宇宙船建造プロジェクト』目次

001　序文　早坂秀雄先生による著作『宇宙船建造プロジェクト』を推薦申し上げます

第Ⅰ部　新宇宙船建造計画

013　まえがき

015　[第Ⅰ部]第1章
　　　反重力は右回りの回転から立証された
　　　――重力のパリティの破れと反重力の発見

017　反重力研究の最先端
024　私の実験を否定した「追試」は不備であった
025　ネイチャーに発表された「追試」もごまかしである
029　私の実験を支える理論は、ド・ラムのコホモロジーとペンローズ理論

034 反重力のエネルギーは、トポロジーから出てくる
036 宇宙定数と反重力について

041 [第I部]第2章　反重力推進方式の宇宙船の物理的原理と技術
043 NASAのフォーラムに提案した設計図について
050 ハイゼンベルク・モデルと強磁性体
052 すでにあるもので宇宙船が作れる！
057 こうすれば、きっと浮き上がるはず！
061 NASAでの反響について
066 数千人が乗れる宇宙船を作る
071 電源には、膜電池を使用する！
073 ねじれ波は、光の速さの10億倍！

077 [第I部]第3章　地球人類の移住先は月である
　　　　　　　──平和な国民のみが移住を許される

079 化石燃料は、生命である地球に限界を招く！

081 わずか300年の人間活動が、全生命を滅ぼしてしまう

085 まずは、月への移住にトライしてみる

088 まとめ

第Ⅱ部 反重力はやはり存在した

093 [第Ⅱ部]第1章 原子力に代わる究極のエネルギーを求めて

095 原子力は悪魔のエネルギー源、もういいかげんやめなくては…

097 反重力を研究するきっかけは、空中に浮遊する未知の飛行体、つまりUFO！

099 アインシュタイン、ニュートンを超えて、反重力（アンチ・グラビティ）へ

103 [第Ⅱ部]第2章 反重力の根底となるのはトポロジー重力理論だ！

105 反重力の鍵はトポロジー

108　右回りか、左回りか、でトルクが違う！
114　ねじれた場、アインシュタインも認めていた非対称場の理論
120　反重力の検出は、スピン磁場が鍵となる！

125　［第Ⅱ部］第3章　反重力実験とはどういうものだったのか
127　反重力の原理とコマの実験
142　レフェリーが四人も立って、1年半かかった異例ずくめの論文審査
146　七つの系統的なエラーについて
150　論文の反響、ネイチャーのあまりにおかしな意図的な否定！
153　ソ連のコズィレフは、すでに1957年に反重力を検出していた!?
159　肯定的な結果は、なぜか世に出ない！

163　［第Ⅱ部］第4章　反重力の存在を確信させた実験とテクノロジー
165　ついに反重力を検証する落下実験に乗り出す

174	メビウス回路等、ロシアの研究はアインシュタインを超えている！
179	重力と光の伝播速度は、瞬時である！

[第Ⅱ部]第5章　電磁場と反重力の関係

185	化学燃料から電磁場による推進へ、世界は移行しようとしている
187	ステルス機B−2が使っているビーフェルド・ブラウン効果とは？
191	アダムスキー型UFOに特許！
194	UFO、ETI（地球外知性）を否定する化石的思考の科学者たち
195	

巻末

001	第Ⅰ部論文篇　反重力推進方式の宇宙船建造計画と近未来のガイア
063	第Ⅱ部論文篇　反重力の科学と技術

装丁　櫻井 浩（⑥Design）
本文デザイン　岩田伸昭（⑥Design）

第Ⅰ部 新宇宙船建造計画

まえがき

前著『反重力はやはり存在した』において反重力の存在が事実であることを述べさせて頂いた。その成果の上に立って、本書では我々の地球が属する太陽系と他の太陽系間を航行することのできる飛翔体の物理的原理とそうした有人飛翔体の技術開発が可能であることを述べさせて頂く。

このようなことを研究しなければならない強い理由があるのである。それは、人類の諸活動によって大量の化石燃料が消費されるようになり、現在では年間230億トンにものぼる莫大なCO_2ガスが大量に大気中に放出されるようになってしまった。これによって生じるであろう人類の中毒死が近未来における現実のこととなってしまうことが強く危惧されるのである。

CO_2ガスによる中毒死を防止するために、いくつかの対策が講じられているが、いずれも有効な対策とはなりえていない。これは、人類の必然への洞察の欠如およびそれに基づく行動が欠如していることを示すものである。CO_2ガスによる中毒死から逃れる確実な方策は、もはや地球からの離脱による他の天体への移住しかない。ホモサピエンスという種の保存のためには、もはやこれ以外の方法はないと結論せざるをえない。

そのために当然のことながら地球引力場からの離脱と天体間の長距離航行を可能とする有人飛翔体を建造しなければならない。この課題の解が一体あるのか。

我々には、このことについての解がある、ということができる。本書においてその解のデッサンを提示させて頂く。

我々が考案した飛翔体の推進方式は、機体と燃料の全運動量保存にもとづく従来のロケット方式とまったく異なる。すなわち、天体の近傍では、磁性流体を円環パイプ中で右まわり（飛翔体の進行方向からみて）に循環させ、トポロジー的（位相幾何的）効果によって反重力を発生させるものである。そして、天体から遠く離れたところでは、弱い外部磁場によって強磁性物質の電子のスピンの相互作用エネルギー（マグノン）を生成する。これによって飛翔体の周辺空間のポテンシャルに空間的差を形成して飛翔体に対する推進力を生み出す。このような方式による飛翔体である。

この方式によれば、ロケット方式のように、化学燃料をまったく積載する必要がない。さらに、人工的反重力による人体への悪影響も生ずることがないので、大きい加速度で空間移動ができる。かくして、我々の新しい方式の宇宙船は、多数の人員と大量の物質の長距離輸送を可能とする。

こうした方式の飛翔体の原理と技術はチェックされ、これらが是とされるならば、この飛翔体が建造されることを提案したい。

本書で述べられることがらは、すでにNASAの国際フォーラム（STAIF—99）において公表したものである。このフォーラムに出席していたNASAや米航空機メーカーは強い関心を示し、特にボーイング社は、我々の提案に沿った研究をすでに開始している。今回、これをブラッシュアップしてわが国の人々に提示するものである。

なお、本書は2部4つの項目によって構成されており、第Ⅰ部は数式を用いておらない定性的説明であり、第Ⅰ部論文篇は資料としての内容である。いずれの部分も互いに補記している。第Ⅱ部、第Ⅱ部論文篇においては前著『反重力はやはり存在した』を再録させて頂いた。

[第Ⅰ部] 第1章

反重力は右回りの回転から立証された
——重力のパリティの破れと反重力の発見

反重力研究の最先端

――最初に、反重力を実証された実験、それを補強する理論について、一般の方にわかりやすく簡単に述べていただいて、それに対する反論、それこそアメリカの人たちが、そういうものは存在しないといっているという現状と、それに対する再反論みたいな形で、反重力の現状を説明していただければと思います。

最初、反重力というものをなぜ考えたかというその本当の発端のところを、まず話さなければなりません。

これは、前著の『反重力はやはり存在した』にかなり詳しくは書いてあるのですが、今までのところは、ニュートン以来発見された重力という名称の中には、反重力はなかったわけです。アインシュタインは、反重力という概念は本当は持っていたようだけれども、はっきりありますよという話は、アインシュタインも表向きはしなかったのです。

にもかかわらず、なぜ私がそういうことを考えたのがあるのです。β崩壊というのは、原子の核から電子線が放出される現象のことです。β崩壊は、1955年まで、どの方向でも均一な確率で原子核から放出されると思われていたのです。

ところが、中国人のウーという女性の学者が実験をやったわけですが、コバルト60に強い磁場を加えて、核のスピンを磁場の反対方向にそろえたときに、電子がどちらに出てくるのかということ

を測定したわけです。

もともとウーそのものよりも、リーとヤンという中国人の学者、理論屋さんがβ崩壊というものは本当に対称かどうか、偶奇性が保存されているのかどうかということがまだわかっていない、β崩壊について対称性があるかどうかということをぜひ確認してくれませんかという話を、1953〜1954年ごろいい出したのです。

それに応じて、同じ中国人のウーという人たちのグループが、コバルト60に非常に強い磁場を加えて、一定方向にスピンをそろえて、スピンの方向は加えた磁場と反対の方向にそろうのですが、その状態でコバルト60から放出される電子線の方向をよくチェックしたのです。外部から加えた磁場の方向にだけ放射されて、外部磁場と反対方向にはほとんど放出されなかった。もちろん横の方にも放出されなかったという実験結果が出たのです。それで、β崩壊の場合は対称性が破れているということが初めてわかったのです。

——確認ですが、β線は電子のことですね。つまり、電子線とβ線は同じ意味ですね。

β線は原子の核から放出された電子線です。この意味で同じです。

——コバルト60は、コバルトの放射性同位元素で、質量数が60であるということですね。そこに磁場をかける。そうすると、磁場と同じ方向にしかβ線が出てこなかった。ですから、これが何らかの対称性を壊しているということの証明になるわけですね。

1955年ぐらいの時点までは、外部磁場に対して、上でも下でも横でも、大体同じ割合で電子線が出てくるだろうと思われていたわけです。そのことをいわゆる弱い相互作用に関する対称性があるといったのですが、実際に実験をやってみたら、その対称性が完全に破れていたということがわかったわけです。

そういう現象を一般的にいえば、弱い相互作用の場合は、対称性が完全に破れているということがいえるわけです。

――弱い相互作用というのは、現在、宇宙に存在する4つの力のうちの1つということですね。

そうですね。一番強いのが核力です。つまり、中性子と陽子をくっつける役割をする力を持つものです。強い相互作用といっていい。

原子核をまとめてしまうそういう力ですね。それが強い相互作用です。その場合の対称性は破れてはいないで、完全に保存されているわけです。その次に相互作用が弱いのは、電磁場です。電磁場の場合も対称性は破れていない。保存されている。ところが、β崩壊は弱い相互作用で、対称性が完全に破られている。100パーセント破れている。

――もう1つ存在する力が、重力ということですね。

そうです。極端に一番弱いのが、重力といわれるものです。重力は、強い相互作用の10のマイナス42乗ぐらいで、非常に弱い。もしもβ崩壊のような弱い相互作用の場合に対称性が破れているならば、それよりもはるかに弱い重力の相互作用の対称性が破れている、つまり、右回りと左回りの現象が対称ではないということを対称性が破れているというのです。それならば、右回りの回転で生ずる現象と左回りの回転で生ずる現象は全く違うはずだと、私としては想定したわけです。その可能性があると。

その当時は、弱い相互作用である場はわかったけれども、重力の相互作用は、アインシュタインの理論では対称であると考えていた。けれども、本当に対称性が保存されているかどうかということは、私が実験をやるまでは、まだわかっていなかった。

それで最初にやろうとしたことは、非常に突拍子もない話だけれども、重力について、右回りと左回りとは本当に同じ効果が出てくるのかどうかということを調べようと考えたわけです。それが本当はこの反重力発見の動機なのです。

──β線、言い換えると電子は、素粒子として、スピン、すなわち回転の性質を持っている。それがこの実験の場合、例えば右回りしかなくて左回りはない、片方の回り方しかないという意味で、鏡に映ったときに、鏡に映っている世界は存在しないという感じですね。つまり、ミクロの世界で片方の回転しかないという状況が起きているから、弱い相互作用よりさらに弱い重力においても、右回りか左回りかで重力に差が出るのではないかという予測を立てられたということですね。

020

第Ⅰ部　新宇宙船建造計画

そういうことです。ただ、今いいましたように、重力の相互作用は一番小さい。強い相互作用に比べたら10のマイナス42乗くらい小さいわけですから、物すごく小さいので、そんなものが果たして、今現在我々が知っている限りの検出器で検出できるかどうか、そこがまず最大の問題だったのです。

それでどうしたらいいか。右左の対称性があるかどうかということを調べることがいいということはわかったけれども、どういう実験をしたらいいのかということは、とんと思いつかない。膨大な論文が既にありますから、重力の論文をできるだけ多く調べた。その結果、結局、今までに出た論文からは何ともいえない。どういう実験をやっていいかわからない。

それで、コバルト60という弱い相互作用を持っているものに外部の磁場を加えたときに、それが検出可能だったということだから、それに近いことをやればいいのではないか。ただ、重力の場合は、もっと違う方法でやらなければいけないだろう。結局、それをやるきっかけになったのは、時間 ct と鉛直軸 $x^2=z$ に関する4次元の角運動量という回転というものを通して、場合によっては検出が可能なのかもしれないと思ったわけです。

それで、回転をやるには、要するに、非常に速く回転させなければいけないので、ジャイロスコープのようなものをつくってもらって、大体1分間に2万回転ぐらいまで上げたらいいのではないかという推論をした。その詳しいことは前著『反重力はやはり存在した』に書いてありますが、結局、それは予想通りになったわけです。確かに右左の回転にともなう重力には相違がある。

2万回転というのは、普通、航空機で使うジャイロ程度の性能を持ったものです。特別のもので

はない。それを使って、まず最初にやったことは、電子天秤の上に載せて、回転をさせてみて、高速回転をした後でスイッチをオフにして、その惰性の回転の状態で重さが変わるかどうかということを確かめてみた。ただし、そのときに、ジャイロスコープを入れているべルジャーと電子天秤との間の空間は比較的小さいものですが、圧力を大気圧の1万分の1ぐらいに下げて、真空にして実験をやったのです。実は、その真空にするということが非常に大事で、後でいいますが、アメリカの連中とかフランスの連中は容器を真空にしていないのです。それで私の実験のような効果が見られないと主張している。

ともかく、気圧の1万分の1、非常に厳密に圧力を一定にして、ジャイロを回転させて、電源を切って、惰性回転をさせてみた。そうしたら、まさに予想のとおり、上から見て右回りの回転の場合は、回転数が高いところから順次回転数が小さくなると、重量がだんだん重くなっていく。ところが、上から見て左回りの回転の場合は、回転数が高くても低くても、重量変化はまずほとんどない。

その測定器が問題なのですが、私が当時使ったのは、1ミリグラム、つまり、1000分の1グラム測れるものです。そういう電子天秤を使ってはかったところ、上から見て右回りの回転の場合は、回転数に比例して重量が軽くなる。そういう非常に特異な現象が出た。つまり、左回りの場合は変化がない。つまり、軽くも重くもならない。

それが果たして本物かどうか、実験した当時はまだわからなかった。ということは、磁場の問題があるわけです。そういうことで、今度は磁場とはほとんど無関係な非磁性材料をそれからつくって、一番単純な化学天秤をつくりまして、その天秤の上で、真空のガラスの入れ物をつくりまして、そ

の中にジャイロを入れて、真空のガラスの入れ物の中はやはり1万分の1ぐらい減圧にして、化学天秤ではかった。

そうすると、電子天秤ではかった現象と同じ現象が出てきた。これは何百回と繰り返しやりました。大体3年ぐらいやったのです。

そのほかに、東京の横河電機が地磁気を弱める部屋を持っている。地磁気の1000分の1に落とすことができる何億円もする高い部屋があるのです。そこを特に借りて、化学天秤を持ち込んで、磁気遮蔽の部屋で実験をしてみたのです。結果的に磁気を1000分の1に落としても、現象としては変わりなかった。そこで、論文を提出したわけです。

——磁気遮蔽をしている場合と、していない場合で、データはほとんど同じだったのですか。

ほとんど同じです。だから、外部的な磁場があってもなくても、同じ現象だということなので、つまり、上から見て右回りの回転で重量が減少し、左回りの回転の場合は重量に変化がないということは、確かに非常に特異な、今までかつて知られたことがない現象なのだけれども、磁場の影響でそうなったのではない。それは確信を持ったわけです。磁場の影響とは関係なかった。

ところで、それをアメリカの「フィジカル・レビュー・レターズ」に投稿したけれども、審査でオーケーになるのに1年半近くかかった。

私の実験を否定した「追試」は不備であった

「フィジカル・レビュー・レターズ」が出版されたら、アメリカのコロラド大学の連中が追試をすぐやったわけです。そうしたら、コロラド大学でやった追試では、重量変化は左回りも右回りも関係なかった。現象としては同じだという報告書を出してきました。

――右回りも左回りも重さは変わらないという結果が出たのですか。

そうです。左回りと右回りは変わりがない。彼らの論文を見たら、変わらないのは当然で、実験の仕方が悪い。入れ物の中に磁気的なジャイロではなくて羽根車を入れている。何枚も羽根がついているところに窒素ガスをバーッと吹きつけて、高速回転させて、容器のバルブを閉じて、それを天秤ではかった。ですから、結局、中には高速回転するガスが入っているのです。羽根がたくさんついているので、中で激しい乱流が起きている。全体としては、循環流がある。

これも、我々は実際にやってみたことがあるのですが、タバコの煙を入れてジャイロを回したときに、激しい乱流を生ずる。それはすぐにわかるのです。コロラド大学の連中はそういうことを考えないで、羽根車を回すために窒素ガスを吹きつけて、ガタガタ動いているのを磁気天秤ではかったわけです。

そうしたら、ガタガタの変化はあるんだけれども、右左で全然違う変化が出てきたというわけで

はないと否定したわけです。閉じたガラスの入れ物だから、天秤にほかの影響は何も出ないだろうと彼らは考えたのですが、重さをはかるために磁気天秤の上に載せていますね。中では大きい循環流や乱流が、いろんな塊の窒素ガスの乱れが生じているわけです。それらが天秤に衝撃を与えて、そのために天秤では左と右の回転で同じ程度の重量変化が出ていたのですね。このランダムの重量変化は両回転で結構大きいのです。

だから、聞いた話では、羽根車をとめた後でもガスが惰性回転で回っていて、天秤の方でも重さの変動が結構あったということをいっているわけです。

ですから、結局、アメリカの連中がやったことは、大きい循環流や乱流のひどくある状態で回体を回して、重量変化が右左で違いはないんだと判定したこと自体が基本的にはおかしいのです。要するに容器の中でガスのような流体が存在していると、回転に伴う重量変化は正しく測れないのです。そんなことをやっていてはダメなのです。我々の場合は、例えば大気圧を1万分の1ぐらいまで減圧にして、真空の状態にしてきちんとやっている。つまり、乱流の影響を極力なくさなければならない。それは非常に厳密にやらなければいけないのです。乱流が生ずると、容器と天秤の接触を通して重量変化が生じてしまうから。

ネイチャーに発表された「追試」もごまかしである

このあと、フランスの度量局の連中も、実はアメリカのコロラド大学の連中から指導を受けて、

天秤は割合に精密な天秤をつくっていたらしいんだけれども、その天秤の上に、やはり同じように羽根車を載せて、羽根車の中に空気を吹きつけて、結局、同じことをやった。

その結果は、コロラド大学とほんの少し違うところがあるのです。フランスの度量局の場合は、上から見て右回りの回転の場合は重量の変化があるのです。右回りの回転の場合は、回転数が大きいと重量が軽くなる。回転数が小さくなると重量変化がだんだんなくなってくるという、我々と同じ結果を出しているのです。左回りはどうかというと、回転数が高くても小さくても、ほとんど重量変化がないというデータが出ている。それが科学誌「ネイチャー」に発表されたわけです。

結局、追試が行われて、２カ所で変化がなかったということなのです。フランスの場合は、ナマのデータが我々と同じ結果が出たので、彼らは否定するためにどういう説明をしたかというと、実は天秤の支柱のところに回転体を載せて回したので、回転体の回転によって支柱のところで何かねじれが生じたのだろう。右回りでねじれが生じたと推量した。ところが、左回りについては、説明は何もしていないのです。何も変化がないものだから説明のしようがない。

だから、彼らの変なところは、もし右回りで支持点でねじれが生じたならば、それはニュートン力学の範囲内、弾性力学の範囲内の説明ですから、左回りの場合には、ねじれが逆の方向に出るはずなのです。ところが、それは説明していない。右回りだけは、ナマのデータとしては確かに重量が減少したけれども、左回りは重量変化がなかった。それを説明するために、右回りの回転のときは、天秤の支持点で右回りの回転がねじれを生じさせていたのだろうと説明した。ところが、左回りは何も説明していない。それはとんでもない手落ちで、ごまかしているわけです。

どちらにしても、入れ物の中にガス体が充満しているということで、乱流がものすごく出ている。

フランスの場合は、羽根車の羽根の大きさが非常に小さいのです。そのために、乱流の出方は同じだけれども、振動の振幅が比較的小さい。そういう意味で、我々に近いデータが出ているわけです。

——そうすると、真空に近い状態でやった人々はいなかったということですか。

私が論文を出してから数年後に、東海大学の先生方がやったのでは、私たちと同じようにジャイロを使ったらしいです。それで真空を引いてやったところが、やはり右回りの回転で軽くなって、左回りの回転の場合は重量変化がなかったということが、何とかいう専門誌に寄稿して、載ったようなのです。

それから、ロシアで、実は私どもよりもずっと早くそういう実験をやっているのです。コズイレフという有名な天文学者がやはり化学天秤を使って、入れ物を真空にしてやったところ、私たちの現象と逆な現象が出ているのです。つまり、上から見て左回りの回転で重量は軽くなって、右回りの回転の場合は軽くはならなかったという結果が出ています。それは正式の論文にはなっていないですが、それがロシアでの研究です。

ごく最近ですが、私の仕事を見て、ポルトガルの研究者が、私と同じような実験の条件で、ジャイロの容器の中をきちんと真空にして実験をやってみたのです。そのデータ（巻末の第Ⅰ部論文篇第2章の図3）が私のところに送られてきましたけれども、確かにきちんと真空にしてジャイロを回転させると、右回りの回転は軽くなる。それは我々の場合と全く同じ。左回りの回転は軽くならないし、増加もしない。そういう現象を見つけたということを、私のところに知らせてくれました。

[第Ⅰ部]第1章　反重力は右回りの回転から立証された——重力のパリティの破れと反重力の発見

彼は、それを論文という形で出したのかどうかわかりませんが、2年ぐらい前にそのレポートが送られてきました。もっと精密にやりたいというので、どうしたらいいかということを私にいろいろ聞いてきたのです。

あと、幾つか、論文の形でなくて、いろんな国がやっている実験があるのです。

——現状では、いろんな結果が出るという感じでしょうか。つまり、反論する人もいるし、追試として実際にその結果を出している人もいるという感じですね。

そのイメージですが、科学史を見ると、相対性理論のときに、エーテルがあるかないかという話で、エーテルの検出についていろんな人が実験をして、それが出たり出なかったりということで、実はいろんな実験がたくさんあった。

確定実験、すなわち、何か現象があるということを検証する実験は、すごく難しいと思うのです。有名な例ではペンタクォークがありますね。2003年にその実験が行われて、世界じゅうで追試がなされて確認されたにもかかわらず、1年ちょっとたってから、アメリカのジェファーソン研究所で、もっと精密な実験をやってみたらペンタクォークが出てこなかったという話があって、今大騒ぎになっています。

ある現象が本当に存在するというのを確定させるためには、実験自体非常に難しいと思うのですが、コンセンサスについても、世界じゅうで一たん得られたとしても、またひっくり返ったりということが結構あります。

相対論のときに何が起きたかというと、エーテルがなくてもいいというアインシュタインの相対

性理論が出てきて、理論的にもその可能性が非常に強いぞという状況が出てきて、初めて実験の方がだんだん収束していって、確定したような流れがあると思うのです。

── 今回の場合は、実験を支える理論は、ド・ラムのコホモロジーとペンローズ理論

私の実験を支える理論は、ド・ラムのコホモロジーとペンローズ理論

── 今回の場合は、実験を支えるといいますか、実験の文脈、人々の頭を変えるような話もあるのでしょうか。

つまり、巨視的な回転を使って、重力の右左の違いがあるかどうかという問題ですね。それは、私がロシアの国際会議で説明して、それが文章化されたものがあります。いわゆるド・ラムのコホモロジーの話です。

つまり、ct、cが光の速さ、tが普通の何秒という時間ですが、それを時間軸として、その時間軸に対するz方向、つまり、鉛直方向の重力のモーメントを考えて、そのモーメントは実は底空間上の閉じた径路の上で1回転をした場合にどういうふうになるのか。左回りと右回りとは違いがあるんだよという論文を出したのです。それはロシアの科学アカデミー創立200年を記念した国際会議のときに出した論文としてありますが、恐らく回転体の重力についてまともな議論をされたのは、ロシアのコズイレフが実験をやるために出した論文と私のと、2つぐらいだろうと思うのです。

確かに閉じた径路の上での4次元角運動量で考えるならば、上から見て右回りの回転の重力と、

029

[第Ⅰ部]第1章　反重力は右回りの回転から立証された──重力のパリティの破れと反重力の発見

左回りの回転の重力では、全く同じではない、必然的に違いが出てくる。それが、数学的にいうと、ド・ラムのコホモロジーという理論で説明がつくということです。それがこれまでのところの天秤を使った実験です。

——最初の動機の部分が、量子力学といいますか素粒子論の方から来ている。実際の実験については重力理論ということですね。となると、素人考えですが、量子論と重力理論が両方かかわっていますから、量子重力理論は現在完成されていませんが、将来的にどこかで完成されたとして、その量子重力の枠組みから、右回りと左回りが違うんだという理論的な予測が出るということはあるでしょうか。

それは可能性としては既にいわれていることでして、特にイギリスのペンローズがつくったスピンの理論に基づいたペンローズ理論というのがあるわけです。それで時空がどんな構造になっているかということを、彼が提案したわけですね。そのペンローズの理論でいきますと、回転の向き、つまり、右回り、左回りによって重力の差異が出てくるということはいっています。ペンローズは具体的な実験はもちろんやっていませんが、右回りの回転と左回りの回転で生ずる重力の差異がありますよということは、ペンローズ自身もいっているのです。それはカイラル理論といっているのですが、原子核の理論にもあります。

——カイラルというのは、右手と左手は違うという話ですね。

私も、今まで話したことは、左手系の回転の場合は、左手系に従ったような重力が生じますよと。これまで長い間、右手系ですべて議論してきたのですが、右手系とは違うんだよというのが、私の理論なのです。しかも、それが持続的に違うのではなくて、空間的に閉じた経路でパルス的に違う。それが、数学でいうとド・ラムのコホモロジーという体系に入るわけです。

　──つまり、宇宙の一番根幹のところを決めている法則では、神様というのとはちょっと違うのでしょうが、その神様は片手しかない。左手なら左利きであるみたいな感じですか。

　結局、そういうことですね。かなり比喩的になりますけれども。

　今まで、そういうことぐらいはわかってきた。今の実験は天秤だけの話ですが、天秤だけでは議論があやふやになる可能性もあるので、別に落下実験をやってみよう。それも2回やったわけです（第Ⅰ部論文篇第2章図4、表1と表2を参照のこと）。

　ジャイロを入れたカプセルをつくりまして、それを完全に密閉にした状態で、上のところに純鉄球をつけて、その鉄球をつけたところに、位置を確認するために小さなくぼみの中にボールベアリングみたいなものがきちっと入るような状態にして、電磁石にくっつけて、上から落とす。最上段が地面から3メートル近いところなのですが、そこにレーザー光線を水平に通して、上段、中段、下段と計3本。上段と下段の間は1メートル70センチぐらいです。下段のところでレーザーは交差すると

ころがありますから4本ですが、そういう実験をやってみたわけです。ジャイロを上から見て左回りに回転させたときと、右回りに回転させないですっと落下させた場合と、果たして違いがあるかどうか、ジャイロの回転数は毎分1万8000回転です。それで繰り返し何度も落として落下時間を測定してみたのです。

その結果、天秤ではかった結果とほとんど同じなのです。本書に落下加速度の平均値が右回りと左回りで出ていますが、それには非常に大きな、はっきりした違いがあるのです。その差異は、1回ずつ違うのかというとそうでなくて、上から見て左回りの回転の落下の時間と、右回りの回転の落下の時間と、毎回右回りの回転の方の時間が長いのです。

——軽くなるということですか。

そうですね。落下の時間が長くなるということは、左回りに比べて加速度が上向きに働いているということになるのです。そういうことが、例外がないですよという実験を2度やったわけです。

最初は、連続して10回のデータが載っていますが、右回りの場合の落下時間と左回りの場合の平均値がえらく違う。0回転で全然回していないときに比べて、左回りの回転をさせたときに生ずる落下の加速度の差の平均値は＋0.0029 gal（gal＝1 cm/s²）、右回りで回転させた場合の落下の加速度 −0.1392 gal で、左回りの場合と右回りの場合とは50倍の違いがあるのです。これは何度もやって間違いない。

それを21回やったデータを表2に載せました。これはまだ発表していないのですが、使っている

ジャイロの構造や寸法はほとんど同じで、同じ回転数で回しているわけです。これで見ても、10回落下させても、20回落下させても現象としては変わりがない。上から見て左回りは明らかに変化はないけれども、上から見て右回りの場合は重力加速度が小さくなっているということだけは断言できる。そういうところまでやってきたのです。

ここまでわかったので、さっきの話に戻りますが、重力の場合は対称性が完全に破れているといっていいだろうという結論になったわけです。

これを全部まとめたのが第Ⅰ部論文篇第２章の図５で、aはニュートン力学でどういうふうになるかということを書いたわけです。ニュートン力学では、左回りも右回りも鉛直方向には重力の変化は生じない。

bがアインシュタインの場合で、右回りをさせた場合と左回りをさせた場合に、重力加速度が引力の方向に少し生ずる。ただし、加速度変化は非常に小さい。実際上は測定できないのです。

cは早坂理論で、右回りの回転をさせた場合に限って、検出可能な上向きの力$g_S(R)$が出てくるのです。こういう違いがあります。だから、重力の場合は偶奇性が完全に破れているということは、回転を通しているともいえる。つまりパリティが破れているともいえる。それから、上から見て右回りの回転をさせると反重力効果が出てきます。大変な話なんだけれども、そういうことは明らかにいえるという結論を出したわけです。

[第Ⅰ部]第１章　反重力は右回りの回転から立証された──重力のパリティの破れと反重力の発見

反重力のエネルギーは、トポロジーから出てくる

あとは、ちょっとした式を書いていますが、ここで反重力というものができるなら、そのエネルギーは一体どこから出てきたのか。上から見て右回りの回転のときだけ上向きの力、反重力効果が出るならば、そのエネルギーの源はどこなんだという話です。

これは最初にいい出したド・ラムのコホモロジーの議論からは、どうやらいえるのです。右回りの回転の場合は、ポジティブなエネルギーが出てきます。左回りの場合は、それは出てこない。そこまではいえるけれども、トポロジーというのがくせもので、日本語では「位相幾何学」と訳していますが、どういう学問なのかというと、いろんな違った幾何学的な像があった場合に、幾何学的な像が一見違うんだけれども、何か共通な性質を持っているのかどうかということをやる数学上の学問です。

——宇宙の幾何学的な構造を研究するのに使うことができるということですか。

そうですね。そういう数学上の考え方を、重力、つまり、時間とか空間というものの分野に適用して考えたものがトポロジー重力理論で、そういう分野もあるのです。トポロジー重力理論は、量子重力場理論よりも後に出てきたのです。一番おもしろい分野なのですが、さっきいったペンローズは、まさにトポロジーの重力理論になるのです。かなり難しいので、私もよくわかりませんけれ

ども。

ここでいっているのは、トポロジーというものを使うと、回転というものとは普通の重力でわかるけれども、回転の右向きの向きだけプラスのエネルギーを出して、左回りの回転の場合はなぜ出ないのかということは、どう考えてもわからない。もっと高邁（こうまい）なことをやらなければだめなのではないか。少なくともこんな実験データでは、今のところは何ともいえない。

──今のところ、重力波が直接検出されていないわけですね。将来的に重力波が検出されると、そういうヒントのようなものが出てくることはあるのでしょうか。

重力波の場合は、カイラルの回転の向きによって違うんだという話はないです。つまり、アインシュタインの相対性理論自体は、左手系でも右手系でも同じ結果を出しますよという議論ですから、そのアインシュタインの理論に乗った重力波は、右回りと左回りの差異はないのです。

──もし実際に右回りと左回りで何か差が出るということが事実であるとすると、将来的に重力波が検出されたときに、そこにこれまでとは違う予測結果があらわれることもあるのですか。

それに近いことは、レーザービームを光ファイバーの透明な管の中に入れて、レーザービームをつくっているわけです。今はアメリカの軍事的な研究が出てきたのですが、米軍の使っているジャイロスコープは全部レーザージャイロなのです。昔のクラシカルな回転を使って機械的に回すもの

035

[第Ⅰ部] 第1章　反重力は右回りの回転から立証された──重力のパリティの破れと反重力の発見

は、ある意味では、完全にないわけです。日本の場合はどうかというと、アメリカのまねをして、軍関係でも、みんなレーザージャイロを使っている。そのレーザージャイロの現象からいけば、閉じた径路の上を光を右に回した場合と、左に回した場合とは、やはり違うのです。なぜそうなるかということは、皆さん、トポロジー的な意味で違いがはっきりわかる現象だと思うのです。なぜそうなるかということだけで、それは軍事産業に大規模に使われているわけです。そういう現象がある、現実に使えるということだけで、それは軍事産業に大規模に使われているわけです。

私は、少しだけは考えたけれども、なぜ右回りの回転でプラスのポジティブなエネルギーが生じたかのように出るのだろうかということまでは、残念ながらやっていない。確かに計算の上では、明らかに右回りの回転はプラスのエネルギーが出ていることは間違いない。それはそうなんだけれども、これはもっと深遠な問題があるのではないかと思うのですが、今の段階ではわからない。

宇宙定数と反重力について

――例えば宇宙論でも、一九九八年からいわれ始めて、二〇〇三年に確定したことで、ダークエネルギーといいますか、アインシュタインが提唱していた宇宙定数が実は存在するということが、今ほぼ確定的になっています。98年以前は重力しか存在しないと思われていたのが、現在では、宇宙を満たしている反発力といいますか、それは実は働きとして反重力に近いと思うのです。つまり、宇宙は重いにもかかわらず、それを広げようとする力がある。98年より前の常識では、そういうも

のは、ない。つまり、重力しかないんだからという話だったのが、観測が進んで超新星などを観測して、宇宙背景放射を全部観測して、2003年にはほぼ全世界の物理学界と天文学界でコンセンサスが得られていますね。そういう宇宙全体を膨張させる、反重力的なエネルギーが実は満ち満ちている。今、宇宙のエネルギー分布のほぼ70％以上は反重力的なエネルギーで、それは真空エネルギーということですね。

今そういう大変なことになっているのですが、最初に実験をされたときの物理学界の状況と、反重力的な宇宙定数のようなものがあるとわかっている現在とで、この実験に対する評価は変わってはこなかったのでしょうか。

多分変わっていないのではないかと思います。さっき説明したように、アメリカで出した、乱流がたくさん入ってガタガタの状態ではかった結果と、そのすぐ後に、またフランスの度量局の連中が出した結果と、本当はナマのデータは全然違うのですが、結局、両方とも私の出した現象はないと否定したわけですから、それ以降、正式には、私の実験は正しかったという合意は多分ないと思います。

——アインシュタインの宇宙定数（真空エネルギー）を、このコマの実験が実は検出していたのだという可能性はあるのでしょうか。実際、宇宙定数は反重力的な働きを持つような真空のエネルギーですね。今、それは宇宙にあるということになっていますが、それを何らかの形で偶然検出したという可能性はあるでしょうか。

――それはちょっと違うものということですか。

ちょっと違うのではないか。私がトポロジーに執着するのは、その違いを説明するのは、今のところ、トポロジーしかないからなのです。

――つまり、アインシュタインの宇宙定数では、コマの場合は説明がつかない。

つかないと思いますね。私の見つけた現象を説明してくれるとなると、ペンローズたちがいっているようなそういう分野まで進まないと、全部はわからないのではないかと思っているのです。

――やはり量子重力理論までということですね。

しかも、スピンだけを取り上げて、ねじれた軸といった領域まで進まないと、私の見つけたような現象は説明し切れないだろうと思います。

――例えば宇宙定数の場合も、アインシュタインが1920年代に提唱した。もともとアインシ

ユタインは、宇宙は重力によってつぶれようとしているので、それをせきとめるために反発力として反重力を考えたわけですね。しかし、その間に、反重力的な効果なしに、宇宙がポンと爆発してどんどん膨張してしまうという解が出てきてしまったので、アインシュタインは自分の考えを取り下げたんですけれども。それが1920年代の終わりです。ですから、それが仮に1930年として、復活したのがついこの間ということで、その意味では、ほぼ70年間はアインシュタインの当初のアイデアは葬り去られて、間違いとされていたわけですね。

ところが、プリンストン大学の天文学者たちが超新星の後退速度を観測していて、その計算と合わないことに気づき、1997年ぐらいにちょっとおかしいぞといい始めて、結局、5年ぐらいかかりましたが、アインシュタインが自説を引っ込めてから70年以上たって、そのアイデアは完全に復活したわけです。今は全世界でそれが認められている。

ですから、ある現象があるのかないのか、あるいは、ある物質、あるエネルギーがあるかないかというのは、確定するまでに本当に半世紀以上かかる場合もありますね。

だから、私も、今の反重力の立証は、ジャイロスコープという固体を回すことによって見つけたといっているわけですが、それだけではその効果があまり小さいので、もっと大きくすることができるのかどうか。その次の話として、反重力方式の宇宙船を考えているわけです。強い磁性流体を使って、外部磁場を加えることによって、強い反重力効果が出るのではないか。もしもそれが本当にそうであれば、理論どおりというか、一応その推定したとおりということで、それから何らかの説明が新しく出てくるかもしれないですね。

（注）超新星に関する知見は、アクゼル著『相対論がもたらした時空の奇妙な幾何学』林一訳、早川書房、2002年を参照のこと。

[第Ⅰ部] 第2章

反重力推進方式の宇宙船の物理的原理と技術

NASAのフォーラムに提案した設計図について

——これからが本論で、この本の主題です。

NASAの1999年のフォーラムのお話からお願いしたいと思います。第1章の話の続きとしまして、反重力を実用化するお話、もっと大きなレベルで実際に何かに使おうということですね。

具体的にいうと、宇宙空間を反重力方式で飛ぼうではないか、そういう宇宙船をつくろうじゃないかということをいっているわけです。

——最初に質問させていただきたいのですが、まず強磁性体のスピン波ということで、スピンというのは最初に出てきたベータ線のところでも出てきましたが、マグノンというのは何かということをまずお聞きしたいのです。

マグノンという言葉ですが、スピン波の擬似的な粒子と考えて、その擬似的な粒子の持っているエネルギーのことをマグノンといいます。

——スピン波というのは、何なんでしょう。

[第Ⅰ部]第2章　反重力推進方式の宇宙船の物理的原理と技術

スピンが特定の原子のところに回転しているとすると、その回転の位相が、隣り合った原子の回転するスピンの位相と少しずれていく。

——普通の波が伝わるような感じで、たくさんの素粒子があったとして、そのスピンの速度が変わっていくということですか。

スピンの回転の位相が次々に変わっていく。

——つまり、回転の調子というか歩調が合っていくようなイメージですね。

そういうことですね。これはあくまでも本当の物そのものではないので、擬似的な粒子というものを前提に考える。スピン自体が何か物質によっているものではないですから。スピンというのは一番あいまいなものなので、わけのわからぬものだけれども、スピンというものを考慮しないと、量子力学のいろんな現象は説明がつかない。そういうものなんです。だから、逆に、お化けみたいなものですね。

——強磁性体というのは、平たくいえば磁石ですね。磁石の中に、目に見えないスピンという性質が実はたくさんある。そのスピンの回転の仕方が徐々に伝わっていくのがスピン波である。それが伝わるということを、あたかも粒子が動いているかのように考えて、それをマグノンと呼んでい

——るという感じですか。

そういうことです。

——こういうイメージはちょっと違うかもしれませんが、まず電光掲示板があって、それが磁石だとして、電光掲示板で字が移っていく。電球自体は変わってはいないけれども、それがついたり消えたりという現象として、波が伝わるようにできますね。それと同じようなイメージで、磁石の中で何か抽象的なものが伝わっていっている。それのことをとりあえず「マグノン」と呼びましょうという感じでしょうか。

強磁性体は鉄、コバルトとかニッケルなのです。鉄の持っている……。

——物質自体は動かないわけですね。

そうそう。それが大事です。

——物質はそこにデーンとあるんだけれども、その様子が次々に変わっていく……現象だけが伝わっていく。

——しかし、それをあたかも実際の粒子が動いているかのように考えて、それを「マグノン」といいましょうと。

微粒子ですからね。そういうことです。

——それを使うことにより、反重力をつくり出すということになるわけですか。

まあ、そういうことですね。

マグノンは、仮想的な粒子として持っているプラスのエネルギーなのです。通常の地球の周辺の宇宙空間は、我々はマイナスのエネルギーの場の中に浸っていると考えていいわけです。遠方の方はゼロだけれども、地球ばかりでなく天体の周辺では、マイナスのポテンシャルエネルギーの場の中に我々は浸っている。そのために物が引っ張られて、引力というものが現象として出てきている。つまり、空間のエネルギーとしては、普通の天体の場合は全部マイナスのエネルギーの空間である。それが引力を形成している。

そうすると、引力から脱出するためには、その場をプラスのエネルギーの状態に変えてやればいいじゃないか。そうすると、それは反発力になりますから、つまり、反重力という形の状態にしてやれば、通常の天体の周辺から離脱することが可能だろうと考えたわけです。

——この場合、絵があった方がわかりやすいと思うのですが、こういうふうにへこんでいる状況がマイナスのエネルギーで、例えばここに太陽があるとか、そういう感じですね。これがマイナスのエネルギーで、これが重力である。そのそばに物があると、これは落ちてしまう。ポテンシャルの穴というかへこんでいるところに落ちてしまうという感じです。反重力は、これが上に出る状態と考えてよろしいのでしょうか。

プラスのエネルギーをとる状態が、反重力場である。

——プラスのエネルギーなので、でこぼこが上になっているような状況をつくればいいということですね。

そうです。

——それは重力だけではないわけですね。重力だけでは、へこむだけであって、マイナスだけであって、それが上にポッと出ることはない。そのために、このマグノンを使えば、これが上に出るであろうということでよろしいのでしょうか。

そういうことですね。マグノンの量が多ければ多いほど、プラスのエネルギーが多くなり、反重

力効果が大きくなる。基本的にはそういうことです。では、そのマグノンをつくるにはどうしたらいいのかというのが、この議論なのです。

結局、今までの反重力の研究をさらに推し進めるには、一つは、確かに回転を使わなければいけない。上から見て右回りの回転だけが反重力効果が生ずることがわかった。左回りでは何も生じない。したがって、これから基本的には右回りの回転が一番大事なので、そのほかに、強磁性体を使えばいいだろう。

強磁性体というものはなぜ強磁性体になるか。それは、かなり昔、ハイゼンベルクなどがい出した、鉄原子の持っている電子のスピンが相互に交換し合う、自己相互交換みたいなものですね。そういうことをやってマグノンができている。交換相互作用のエネルギーです。だから、外からエネルギーをたくさん注入すると同時に、鉄の磁性体を形成できるような性質をもっと強くさせてやればいいだろう。つまり、自分自身の持っている交換相互作用のエネルギーを使えばいいのであって、一方的にどんどん入れてやる必要は必ずしもないのではないか。

——スピンというもの自体は、小さな磁石と考えても構わないのですか。

まあ、そうでしょうね。

——それがたくさん集まっていて、交換相互作用というのは、手をつないでいるような感じですね。みんなでがっちりスクラムを組んでいるので、磁石が強くなるということですね。

——それを利用しようと。

だから、スピンが単独に存在するのでは、エネルギーは小さいのです。近接している隣同士のスピンがお互いに結合して、カップリングしている状態を考えることができるならば、そういうときは結合エネルギーは大きくなる。余分なエネルギーを外から持ってこなくても、そういう状態でプラスのエネルギーがたくさん出てくるのではないか。それが強磁性体だ。

例えばマグネタイト（Fe_3O_4）という強磁性体は、マグネタイトの鉄原子の$3d$軌道の電子のスピンが振動してスピン波を生じ、それが他の原子のスピンと相互作用をすることによって、マグノンと呼ばれる擬似エネルギー粒子を生成すると考えられます。スピンは、角運動量というディメンションを有しているもので、いわば回転運動に関係していると考えられます。

マグノンというものは、質量を持っているものではなく、いわばエーテルエネルギーの回転にかかわるエネルギーだと考えてよいのです。もっと平たくいうと、マグノンとはスピンというエーテル（真空エネルギー）の永久渦の相互作用から成るエーテルエネルギーだと考えてよいのです。したがって、強磁性体はエーテルの永久渦のエネルギーから構成されており、マグノン自体は質量とは関係がないのです。ですから、マグネタイトという強磁性体は、鉄原子の電子のスピンを通して、エーテルの永久渦のエネルギーから構成されており、マグノン自体は質量とは関係がないのです。ですから、ロケッ

そういうふうに一応説明しているわけね。

トのようにガス、つまり質量の噴射なしで運動する反重力推進方式の宇宙船には最適なのです。

ハイゼンベルク・モデルと強磁性体

もちろん最初の考え方は、あの有名なハイゼンベルクが考えたのですが、それが1927年、かなり古い話なのです。そういう一種の仮説をハイゼンベルクがいい出して、その仮説が正しいかどうか、あるいはそのモデルが正しいかどうか、物性屋さんが随分たくさん議論して、今ではハイゼンベルクという仮説を立て強磁性体の成り立ちを考えてもいいのではないかといっているわけです。だから、ハイゼンベルクがいい出してから80年近くたつのです。ちょうど重力と同じようなもので、70〜80年近くたっても、強磁性体はこんなモデルで大体説明できるのではないか。そういうものなので、モデルで仮定しているわけです。その仮定の上に立つならば、強磁性体のいろんな現象を説明できるからだといっているわけです。

その考え方に基づいて、今回計算してみたのです。ただし、鉄の酸化物マグネタイト（Fe_3O_4）分子の集合体、1つの集合体の直径が大体80Å程度の非常に小さな微粉体です。その80Åのダンゴと、もう1つの直径80Å程度のダンゴの空間距離が、大体200Åぐらい離した状態で保たれていれば、それは磁性流体として使えるわけです。

その流体自体は、既にあちこちで使われています。だから、それは工業的に見て、いうなれば常識化されたものなのです。そういうものは、日本の国内でもできています。

――Å（オングストローム）というのは、大体原子ぐらいの大きさと考えていいですか。

1億分の1、10⁻⁸センチが1オングストロームで、Fe_3O_4という鉄の酸化物のダンゴ状になったものが80Åぐらいの大きさのダンゴです。その隣にもう1つあって、その空間距離が200Å程度離れている。一種の流体として自由に振る舞えるように、そういう空間に希釈されているわけです。

それを希釈しているものはケロシン、灯油の分子です。なぜ灯油を使うかというと、灯油分子は粘性が非常に小さいということで、比較的細いパイプの中をポンプでぐるぐる回すにしても、非常に都合がいい。そういう理由があって、強磁性体という固体そのものを使うのではなくて、流体の形にしたものを使った方がいいだろうというのは、私が考えたのです。

そうすると、技術的に見ても、今現在は磁性流体、マグネタイトを中心でやっていますけれども、そういう材料は工業的に十分つくられている。別に新しく技術開発して、お金をかけて研究しなくてもいいというポピュラーなものなのです。

それを例えば鉄でなくてもいいのです。マグネタイトの流体と壁との間の摩擦が小さいものをつくってやればいいだろう。

すでにあるもので宇宙船が作れる！

——普通の方は、固まったものでないと磁石でないと思っているのですが、磁石が流れていると考えていいわけですか。必ずしも固体でなくて、液体状の磁石も存在するということですね。これは、現在は工業的にどこかで使われている。

磁性流体は、全体のうちの90パーセントはケロシン分子で構成されており、10パーセント程度は強磁性体、たとえばマグネタイトの分子のだんご状から成り立っているもので、全体としては液体としてみなせるのです。それはいろんな種類のものに使われているみたいですね。

——それを利用すればいい。

要するに、やたらと何十億も金をかけて開発しなければならぬというものではありません。ある意味では、どこの国でもつくれるのです。こういうアイデアがあれば、宇宙船ができますよといっているわけです。

レーザー光を当てる場合、1つは、さっきいったように磁性流体を使って、その磁性流体に外部磁場を加えてマグノンをつくるという考え方が1つと、もう1つは、レーザー光線を当てることに

よってマグノンをつくるという、2通りありますよという紹介をしているわけです。

技術的に見て一番大事なのは、第Ⅰ部論文篇第3章図6で、板みたいに書いていますが、これはパイプだと考えてください。トロイダルパイプを2つ重ねて、その重ねた中に磁性流体を入れて、1本は上から見て右回りに回転させる。1本は左回りに回転させる。1本は上でも下でもいいのですが、空間的な制御という意味で大事なので、こうしたのはできるだけ正確にするためにこういうふうにしたので、技術的な制御という意味で大事なので、こうしたのはできるだけ正確にするためです。実際に浮かせるためだけには、右回りの1つのパイプだけでいいのです。対にしたのは、いちいち説明していませんけれども、宇宙空間で一種の慣性回転みたいなものが生じないようにしているわけです。

そういうところに、外から逆向きの磁場を対にしたものを加える。なぜ逆向きの磁場を加えるのか、これが1つ大事なことです。その説明は3の3節の$(dM_x/dz)^2$の式です。zは鉛直方向、M_xはx方向の磁化です。勾配の2乗になっています。dM_x/dzの2乗です。これは上でも下でもいいのですが、z方向の空間的勾配ができるだけ大きくて、それをさらに2乗します。勾配の2乗になっています。dM_x/dzの2乗です。これは上でも下でもいいのですが、z方向の空間的勾配を大きくするために、一方を上向きにしたならば、その隣の磁場は下向きにしているわけです。

——Mは磁化、小さな磁石の強さということですか。ということは、これはz方向に動くと、磁石の強さがどれだけ変わるか、それを示しているわけですね。

これが反対方向である理由がわからなかったのですが。

例えばdM_xをdzで微係数をとりますね。微係数が大きくなるためには、隣り合った磁場の方向

がちょうど逆向きであれば、最大の微係数になるわけです。

——つまり、プラス1から0までより、プラス1からマイナス1までの方が大きいということですか。

そのために逆向きの磁場を対にして置いてあるわけです。

——dM_x/dz は、磁石の強さの変化をあらわしている。それが反対向きのものが2つあると、ちょっと隣に行ったときに、いきなりプラス1からマイナス1までボンといくという感じで、差が大きくなる。だから、今勾配とおっしゃっていたのは dM_x/dz のことで、これは磁石がどれぐらい変化するかということで、それを強くすることに意味があるということですね。

そういうことですね。

あと、配列する電磁石の対の数は、少なくとも12個ぐらいまではとっておかないと、方向転換するためにスムーズにいかないというので、電磁石の対は少なくとも12個以上ならばいい。ただ、問題は、トロイダルパイプの大きさ、つまり、半径の大きさによりけりで、もちろんトロイダルパイプの半径が大きければ100個でも200個でもいいのですが、対の数ができるだけ大きいほどよろしい。これは後でわかってきます。対の数が大きければ、反重力加速度が大きくなるのです。

——電磁石の数が多くなると、磁性流体の回る速度が大きくなるということですか。

そうでなくて、毎秒当たりのマグノンの数、エネルギーの粒子の数が大きくなるということです。

——速度でなくて、マグノンの数がふえていくということですね。

磁性流体の回転数も後で必要になってくるのですが、構造的には、第6図で描かれたような構造を考えればよろしい。

——これは6番、7番と番号がついていまして、逆に回すというところで強める効果があるとおっしゃいましたが、それと同時に、慣性効果を打ち消すためにもこれが必要だ。

そうですね。

——例えば漫画に出てくる宇宙船で、回転しているものがもし1つだと、本体も回転してしまうので、その逆回転のものをつけて、右回転と左回転の両方をやらないと相殺できないという話と同じですか。

同じです。だから、一方は右回り、一方は左回りで、ちょうど逆向きに流体を流しますから、そ

055

[第Ⅰ部]第2章　反重力推進方式の宇宙船の物理的原理と技術

こで生ずるパイプの壁と磁性流体との間の摩擦力はお互いに相殺してくれるということです。問題は宇宙空間なので、確かに引く力は非常に極端に小さくなってしまうが、回転数が大きくなっていくでしょうが、パイプ自体を対に重ねているわけです。慣性回転ということを考えなければいかぬだろうというので、パイプ自体を対に重ねているわけです。だから、これは右回り回転用のもの1つだけでも構わないのですがね。あとは、ポンプがあればいい。それから、さっき説明がちょっと出ましたが、レーザー光線を当てるために、電磁石の印加していないところのトロイダルパイプでの領域にレーザー光線を当てるようにすればよい。

——レーザー光線もマグノンの数をふやすために当てるということですか。

そうです。

——これは電磁石とレーザー光線と、両方とも必要なのでしょうか。

・私は、レーザー光線の場合は、あくまでも補助的に考えているのです。外部磁場を対にして加えてやるというのが主力になると思うのです。いろんなことを考えなければいけないのですが、つまり、外部磁場といっても、結局、宇宙空間に浮かんでいるのですから、電気を供給するところがなくてはいかぬ。それはごく最近非常に発達してきた陽電子膜電池を使えばいいということは、後で説明します。

そういうものを電源として用いればいいけれども、レーザー光線の場合は出力が比較的大きいですから、これは完全に技術的な問題になりますが、電池の容量も勘案してやらなければいけないので、レーザー光線の場合は、ある意味では補充的に使った方がいいだろう。あるいは、どこかの惑星の周辺の引力が地球よりも大きい場合、それを離脱するためには、レーザー光線で生ずるマグノンを利用すればいいだろう。

——ブースターロケットを使って離脱するときと同じようなブースターの役割みたいな形ですか。

そういうことですね。

——宇宙空間を航行するときには、必ずしもレーザーの方は必要ないけれども、重力場から、星の表面から飛び立つときに、一時的に強くということですか。

そういうことですね。

こうすれば、きっと浮き上がるはず！

これが果たして浮くかどうか。これからやってもらわなくてはいけないのですが、多分浮くと思

います。これはあくまでも頭の中で考えたことですから、基本的には、船の進行方向に向って右回りの回転は反重力を生み出すことは間違いない。しかも、そのとき使った回転体、ジャイロのローターは必ずしも磁性体ではありません。あれは非磁性体を使っていっても、なおかつそうなるのですから、今回のように強磁性体を流体として使っていった場合、多くのマグノンが出るので、浮く力が多分もっと大きくなる。当然そうなるだろうと私は思っているのです。

──そうしますと、図6は非常に大きなポイントということですね。普通の常識的な物理の考えでいくと、例えば6と7が逆回りということで、逆に回っているがゆえに力は生じないと考えてしまいがちですが、そうではなくて、仮定としては、右回りのときには軽くなるけれども、左回りのときには何も起きないから、それを2つ重ね合わせたとしても、軽くなる分の効果は相殺されないということですね。

そういうことです。

──コマの役割をしているのが、今の場合は、融けた磁性流体ということですね。

コマの場合ですと、通常は金属、固体を回します。今の宇宙船の場合、全体として見た場合は、固体でなくて液体の状態になっているものと考えて、それをパイプの中でポンプを使って回す。ジェットエンジンがありますから、ポンプもかなりいいものがあるらしいのです。あれやこれや考え

てみて、この程度の技術は大抵の国は用意できる。だから、物をつくろうと思えば比較的簡単にできるはずです。

——これはどのくらいの回転速度になりますか。

ジャイロみたいな高速回転はできません。毎秒100回転つまり毎分6000回転ぐらいまではできると思うのです。自動車に普通使っているエンジンの回転数などを考えてみて、毎分大体5000～6000回転までは普通のポンプとして役に立つのではないか。そのぐらいなら、今の技術で十分やれるのではないか。毎秒100回転も流体を回しますと、結構な反重力効果が出るはずなので、周辺にあるような人が住める程度の天体ならば、そこから離脱することは可能だ。この話は後の話に続きますが、そういうことです。

——話が先走って申しわけないのですが、現実にプロトタイプをつくる場合には、小さいものからつくっていくような形になるのですか。

段階を追わなきゃいけないですけれども、最初、テストする場合に、非常に心配屋さんがいる場合は、普通のCDディスクのような固体のもの、つまり強磁性体を使って、まずやってみる。それで、これは右回り回転をさせることで確かに軽くなったんだと確かめてみて、その次の段階に、小さなモデルのトロイダルパイプをつくって、この中に磁性流体を入れてポンプで循環させて磁場を

印加してみて、実際にやってみる。それで完全に浮くか、宇宙船自体のモデルの重量が軽くなれば、基本的には、それでいいわけです。

最初はやはりCDディスクのような、レコードの円盤のようなものでやってみて、右回りで確かに重さが軽くなりましたということがわかれば本物だということなので、そういう段階をやってほしい。実はあるところでやっているのですが、別な仕事もあって、結論を出すには、もう少しかかると思うのです。

——それが第１段階という感じですか。

そういうことですね。

ここまで来ましたので、本当の基礎に相当するところのことはわかった。次の段階の技術的なことも、ある程度わかった。それが本物かどうかということは、あとテストしてみればよろしい。本格的な宇宙船をつくるには、それをスケールアップすればいい。そういう意味では、普通の工業的な技術の工場をつくるというのと同じような段階を踏まなければいけませんが、そういうステップを踏めば、そんなに失敗をして、金をたくさんかけたけれども役に立たなかったということにはならないだろうと思います。

NASAでの反響について

実はこの論文は1999年に最初にNASAで発表されたのですが、日本で一番の研究者です。私はちょうど体を悪くした直後でしたから、彼がしゃべってくれたのです。幾つかの国際会議が合同で行われたのですが、この分野の出席者は七十数名出ていたというのです。もちろんNASAとか、アメリカの空軍とか、航空機メーカーです。その航空機メーカーの連中たちは、私たちがやってきた反重力の研究について2〜3人は知っていたらしいです。それで彼らが、反重力効果というのがあるのだということを先に説明してくれたわけです。知らない人がいっぱいいたと南さんはいっている。

この論文が発表されて、会議が終わった直後にNASAとか、空軍とか、航空機メーカーの連中がわっとやってきて、「ひとつ私たちを共同研究の中へ入れてくれ」と南さんにいったんだけれども、共同研究の話が多分出ると思う、そのときは何と返事したらいいか、初めから準備していた方がいいんじゃないかといって私と電話していた。私は「残念だけれども、我々は自分たちでやれるところまでやりたい。初めから共同研究でアメリカさんにお願いするということはやらぬ。どうしても困って、どうにもわからぬという問題があったならば、彼らに協力をお願いするというふうにやってくださいよ」と南さんに話したのです。やっぱり彼らは来て、「ぜひ加えろ」といってきたけれども、「我々の方針としては、日本人は日本人の力でやってみるとい

うことを考えていますから」といって断った。

1999年に発表して、その後、2〜3年たったときに、私はまた病院に入院していたのです。そのときに、大学にいる後輩のところに、「早坂の反重力の基礎研究の論文をあるだけくれ」とボーイング社がいってきたという。ボーイング社はかなり真剣にやっているみたいだということを、私の後輩はいっていました。

彼は電子メールで通信したときに、本当はその電子メールの所属をきちっと記録しておいて教えなければならなかった。彼は送ったからいいというので、パッと消してしまったというのです。おそらくボーイング社は、それ以降、基礎研究はやっていると思うのです。話を聞いてから3年になりますから、彼らはどこまでやったのか。

本当はこれは超極秘の部類です。ちょうど原爆のマンハッタン研究みたいなものですが、我々が表に出してしまったものですから。

——1999年にNASAが国際フォーラムを開催した。つまり、NASAとしては、実際に次世代の宇宙船の推進方式を模索しているということですね。現行の方式では限界がある。

この太陽系の中を移動することさえも困難だ。月に行くのがやっとですから、我々の太陽系外のところまで出るには、全く別な方式がなければならぬだろう。何かあったら提案してくださいというのが、国際会議を開く初めの趣旨だったのです。

——今、火星まで行くのに2年ぐらいの時間がかかりますね。しかも、それは無人の場合です。有人となった場合、10年間、ある人が宇宙船に乗っているということはあり得ないわけです。火星でも結構きついでしょうね。

もし太陽系から出て隣の星系に行こうと思えば、今の状態では、それこそ何万年もかかってしまうような感じなので、それを打破するためには、テクノロジーのブレークスルーが必要だ。それで全世界からアイデアを募ったということでよろしいのでしょうか。

そうなのです。私は病院に入っていましたけれども、発表された論文を見た限りでは、残念ながら、我々のような具体的な話はないのです。ほかの国からは提案されていないのです。一般相対性理論がどうのこうのということぐらいのもので、具体的にこういう方式でやったら飛ぶ可能性がありますよと提案したのは我々だけです。いうならばバカ正直も超バカ正直なのです。アメリカの連中は、本当はこういうものは超極秘にしてやっているわけですが、我々の国是は平和国家である、人類全体のために役に立つ技術があるならば、ある程度は教えてあげましょうという基本的な考え方なのです。

だから、南さんがこれを発表したときに、ワッとやってきたので、彼は鼻高々だった。日本人がとんでもないことを考えた。これだけでなくて、反重力の研究もじっくりやっているということを先に説明してくれて、そうして具体的な提案が出てきたのです。彼は、本当にあんな国際会議は初めてだと喜んでいました。

それでボーイング社は、その後2～3年、ある程度やってみたのだろうと思うのです。我々がど

ういうことをやってくださいよといって来たのだけれども、私の後輩が、論文を送ってやればいいだろうというので、みんな送ったのです。ちょっと惜しいような気がしますが、基本的なことはみんな公表して教えていますから、隠す必要はない。

——論文として公開されているわけですね。

そうです。公開したときは、マグノンの生成量は、トポロジー的な研究に基づいて出したのですが、今度は、もっと正確な計算をするために、さっきいったハイゼンベルク・モデルを使って、物性論的にスピンの数をきちんと計算して、大体どの程度のエネルギーが出るかということは、初めてきちんと出したのです。それが今回の新しい仕事です。

——この計算では、実際に有人飛行ができるような宇宙船に推力を与えることは可能だという結論になったわけですね。

そうですね。発生する反重力加速度がどのぐらいになるか、地球の引力圏からどうしたら飛び出ることができるか、第I部論文篇第3章に書いたつもりです。そのときのパラメーターとして、Nはお互いに反対方向に出している外部磁場の対の数、sは互いに逆向きの一対の磁場の幅、vは磁性流体の毎秒当たりの循環数です。Nsvに比例するのです。

── 循環数というのは、回転速度ですか。

ある意味では、回転速度に直接関係ありますが、1秒間に何回循環するかという大きさです。$7.2 Nsv$となっています。これは、最終的な計算結果が7・2ぐらいなのですが、7・2を出すときの条件として、例えば外から100ガウスの外部磁場を当てた場合に、8パーセントの磁性流体が、大体22〜23ガウス程度の磁化を生ずるわけです。Fe_3O_4がべったりくっついていないですから、さっきいったように80Å程度の表面がコロイド化されたダンゴが、200Å程度の距離を持って運動していますから、それで磁場が弱くなるのです。

そういう条件と、もう1つは、右回りの回転の循環しているパイプと、左回りの回転をしている循環のパイプで、慣性回転を相殺するといっていますが、そのときの左回りの回転で生ずる加速度分、つまり、左回りは実際は反重力は生じていないのですけれども、質量がある。そういったものを考慮して、全体として$7.2 \times Nsv$ (cm/s^2) という大きさの反重力加速度が、地球から飛び出すときには必要です。

ですから、どうすればいいかというと、1つは循環数を上げることです。これはvを変えればいいのです。sは、磁場の対の大きさをどの程度にとるかによりますが、これは大体固定されてしまうのです。数センチ程度の幅です。Nが電磁コイルの対ですから、これは10や20でなくて、100ぐらいの対にした電磁コイルを用意してやれば、N、s、vを掛けたものがパラメーターになって、それに応じた加速度が生ずる。そうすると、地球の引力加速度980を簡単に超えるのです。

もし他の天体に行って、そこから離脱しなければならぬ場合は、この式に基づいて、先ほど述べ

たようにレーザーを当てて、マグノンを多く生成するというやり方をして飛び立てばいいだろう。

数千人が乗れる宇宙船を作る

——まとめると、一番重要な式は3・4節の四角で囲ってあるものですね。これが $7.2 \times N \times s \times \nu$ になっていて、パラメーターの N と s と ν がどれぐらいあれば、全体として地球の重力加速度980を超えるかという計算がなされている。1つの見積もりとしては、電磁コイルの対Nが12個、磁場の幅はパイプの幅ということでよろしいのでしょうか。

パイプの幅というよりも、上向きの磁場と下向きの磁場の幅、つまり、巻き方、磁場の方向が逆になっているその幅ですから、せいぜい数センチ程度なのです。

——電磁石の幅が大体1センチとした場合に、磁性流体を毎分700回、右回りに回転させることが可能であれば、地球上において実際に浮くということですね。それは1つの大きなポイントだと思うのです。

次に、いろいろと素朴な疑問があるのですが、その部分がプラスのエネルギーとなり、反重力が一時的にそこに形成されるときに、宇宙船はどのようにして進んでいくのですか。これはエンジンですね。単にこれをつくると、それ自体がフーッと浮き上がると考えていいのでしょうか。

例えば地球の引力場から飛び出すときは、図7のように、円周全体に均一にマグノンを生じさせればよい。

——全体としてフワーッと上がっていく。図8の場合は、地球から一度離脱をして、重力の強い引っ張りがない宇宙空間の場合には……。

水平方向に飛ぶ場合です。引力がなくなった場合、水平方向というのはどの方向をいうのか、それは問題があります。

——普通はロケットのエンジンがロケットの後方についているとしたら、この場合は、後部だけでマグノンを発生させる。ということは、前部の電磁コイルは切っておくということですか。

そうですね。前方に相当する部分の電磁コイルは切ってしまう。あるいは、非常に弱くする。そうすると、マグノンの発生が弱くなります。前部と後部との間のプラスのエネルギー、マグノンの発生量が違ってくるので、したがって、宇宙空間のポテンシャルエネルギーが前と後ろでは違ってくる。だから、後方のポテンシャルエネルギーが高くなって、前の方に押すような格好になる。そういう推進の仕方をするはずだ。

――イメージがわきにくいのですが、図8で、ロケットと乗組員は、「前部」と書いてあるところの前にいてもいいということですが、エンジン自体がすごく大きくなっていて、その真ん中に人間が乗っていると考えていいのですが、あるいは、エンジン自体があって、その前にロケットがついていると考えた方がいいのでしょうか。

具体的なイメージは持っていませんが、このパイプというのはまさにトロイダルパイプなので、宇宙船全体の形としては、長楕円形のような形をしていると考えています。ですから、これはある意味では相当大きいのです。

――これ自体が、宇宙船の大きさぐらいあっていいということですね。

そうしませんと、数千人というオーダーの人を移送できませんので。あるいは、小さな母船を幾つもつくればいいのですが、少なくとも数百人か数千人は乗せられる船です。1人や2人ではなくて。

――宇宙船の乗組員の数としては、それこそ「2001年宇宙の旅」とかその後のSFの展開などを見ていて、最初は数名というイメージがあるのですけれども、これで想定されている人数は数千人ということになりますか。

068

第Ⅰ部　新宇宙船建造計画

そういうことですね。

——それは、話が先走りますが、ガイアが滅びるという、この後の話と関連しているということですね。

次に図9がありまして、これは今のエンジンを2つ、直角ですか。

基本的には、直角と考えているわけです。

——直角につくることにより、どちら方向にも進むことができるということでいいでしょうか。

そういうことですね。

——原理的なところは、最初にお話があったように、普通、重力はマイナスのポテンシャルを持っている。そこにプラスの部分をつくればいいということで、マグノンを発生させるということに尽きると思うのです。これがいわゆるフィールド推進法といわれるものでしょうか。

はい。

まだ問題点が残っているのは、強磁性体のマグノンが発生して、強磁性体が全くない船外にどう

069

[第Ⅰ部]第2章　反重力推進方式の宇宙船の物理的原理と技術

いう分布をするのだろうということは、まだ実際に実験で一切チェックしていないのです。それはこれからの問題としては大事なんだけれども、私としては、まだ見通しが立っていない。今実験をやっているところでは、そういう実験はぜひチェックしてほしい。

マグノンのエネルギーはフォトンに似ているのです。が、宇宙船の外にどういう分布をしているかということを確かめれば、これは一種の斥力を持ったものですから、はっきりいえば、北朝鮮のような脅かしをしているところのミサイルが来たとします。そういうときに、こういう小型の宇宙船をつくって浮かしておいて、斥力を生じさせて、ミサイルの進行方向をちょっと変えてやることができてくるはずなのです。そうすれば、北朝鮮ばかりではなく、片手に原爆を持ち、片手にミサイルを持ってしきりと脅しをかけるのは、野蛮なバカな話だよということがいえるようになるのです。

これはもともと船の前方に対しては斥力を生じさせるものですから、ミサイルのようなものが、予定されたミサイルの軌道を通ってくるのではなくて、ちょっと別なところへ行ってしまう。そういう兵器用に使える。そういうことが多分可能になると思うのです。

この辺の話は、まだだれにもしていないのです。考えればすぐわかることなんだけれども、これを日本の武器として、相手の国のミサイルを壊すのではなくて、そらしてやるだけですから、これは実現させたい。具体的に政府の連中に提案して、こういう考え方を持っていれば、日本の国の防衛としては役に立つ。これは攻撃ではなくて、あくまでも防衛です。そういうことを提案しようかと思っているわけです。

電源には、膜電池を使用する!

――電池のお話が最後にあると思うのですが、電源がかなり必要になると思われます。その電池は、現在、普通の推進方式で使われるエネルギーと同じようなエネルギーが必要になるということでしょうか。そうでなくて、エネルギーは少なくて済むということでしょうか。

まだそこは、私はエスティメートしていないのですが、引力場から飛び出る、離脱するときは大量に、例えばレーザー光線を使うことが必要だと思うのです。いよいよ宇宙空間に行って、引力場がほとんどないという場合でしたら、わずかの推力で事足りるので、そのときには心配はないのです。

問題は、引力圏から離脱するときです。そのときには、引力圏が非常に強い場合は電池のかなりの容量が必要だろう。ただ、幸いにして、高分子膜を使う電池はアメリカが既に開発して、現実に使えるものもできているらしい。広瀬隆さんが書いた『燃料電池が世界を変える』(NHK出版)にかなり具体的に載っています。しかも、この膜の電池は、性能が非常にいいというのです。これがあれば、膜の数を変えることもできるし、今までのように廃棄物が大量に出るわけでもないし、非常に理想的な電池だという評価です。

ほかの人たちも同じことをいっています。引用論文の最後の東北大学学長だった西澤潤一さんと衆議院の特別職についておられる上埜勲黄(うえのいさお)さんの書いた『人類は80年で滅亡する』(東洋経済新報

社)は、脅かしではなくて、このとおりになるはずなのです。この中にも、やはり膜の電池のことについてかなり触れているので、多分この電池は有力だと思うのです。

――確かに車にしても、最近急激に、化石燃料というかガソリンをやめて燃料電池の方に行こうという話はかなり出てきたと思うのです。そういう意味では、テクノロジーの全体的な流れとして、化石燃料を爆発させるという方向から、電気みたいなものを使った方へ、というのはあるみたいですね。

これから多分そうなると思うのです。

――これは、今、車で使われようとしているものとは、ちょっと違うわけですね。

膜電池は利用範囲が非常に広くて、工場を動かすための発電機に相当する役割をするらしいです。ただし、数を多く、昔の原子力をつくるために必要な濃縮ウランをつくるときにやったように、大量のものを並べておくというやり方が必要らしい。ですから、膜電池は量だけの問題らしい。しかも、廃棄物が非常に少ない。そういう意味で、かなり理想的なところまでは来ているようです。アメリカあたりでは、電池についてはすっかり完成したと考えているようです。膜電池ができてきたので、宇宙空間で燃料を全く燃やさなくてもいいだろうと思うのです。膜電池があれば、宇宙空間で燃料を全く燃やさなくてもいいだろうと思うのです。

ねじれ波は、光の速さの10億倍！

あと、もう1つ大事なことは、我々の太陽系を離れて別な太陽系を目指している場合は、通信をどうするかという問題がある。

——地球と連絡をとるとき。

同じ太陽系の中でも、結構時間がかかるわけです。それは、本書には書かなかったのですが、前著にロシアの連中の研究と一緒に説明しておいたのです。

佐々木さんという私の友人がいるのですが、その佐々木さんが考えたメビウス回路、トポロジー回路を使った通信手段があるのです。これはロシアがかなりのことはやっているようですが、光の速さの10億倍よりも速いスピードで通信が可能だ。10億倍になるかどうかは佐々木さんにはまだ聞いていないのですが。

ただし、私どもが、ある意味でメビウス回路を使った通信をやったのは、シューメーカー・レビー彗星が木星にぶつかるときの到達時間を国立天文台の渡辺助教授に尋ねたのです。その時間に果たして重力波が光の速さで来るのかどうか、違うものかということは確かめられるだろうと考えて、実際にメビウス回路を使った検出器でチェックしてみたのです。

少なくとも地球の上のいつの時間のときに木星にぶつかるのかという予定がわかるわけです。そ

073

[第Ⅰ部]第2章　反重力推進方式の宇宙船の物理的原理と技術

の時間を教えてもらって、その受信機を2週間ぐらいずっと動かしていたのです。チャートを動かして、全部記録して、それを後で見てみたのです。
シューメーカー・レビーが木星にぶつかっていると予告されたその瞬間に（つまり、時間の遅れがなかったということ）、我々も大きな信号が5つぐらい見つかりました。それは本当にぶつかったための信号かどうか、我々としてはまだはっきりしないのですが、それは常識でいわれている重力波が光の速さで飛ぶだろうといわれている話の、ある意味では検証をしているのかもしれません。

そういう形になるので、光の速さよりも速いのが、メビウス回路でできている波なのです。そういうねじれ波通信法を使えば、仮に太陽系外のところにだれかが行ったとしても、即時に通信できるわけです。ロシアでは、ねじれ波は光の速さの10億倍ぐらい速いといっているのですから。

——現状だと、太陽から地球までの距離で12分ぐらいかかってしまう。太陽系の端と地球であれば、それが数時間かかってしまう。それだと非常にまずいということで、一瞬にして通信をしたいということで、そういう考え方が出てきているということですね。

だから、大学にいないから何も研究ができないのではなくて、本当にすぐれた人は、数人だけで物を考えて、そこまで到達しているのです。もちろんよく話に出ている四国の清家さんみたいな人は、それに近いことを初めからやっていたのでしょう。ただ、清家さんの場合は、いろんな人を啓蒙（けいもう）したんだけれども、仙台にいる佐々木さんは、現実に物をつくって、そういう通信がで

きるんだ、ねじれ波を検出できたんだということをいっていますから、そういう人材が生きてくればいいと私は思っているのです。佐々木さんの文献は、本書には出ていませんが、前著には載せています。

[第Ⅰ部] 第3章

地球人類の移住先は月である
——平和な国民のみが移住を許される

化石燃料は、生命である地球に限界を招く！

——ガイアの話から始めていただきましょう。

ガイアという名称を地球に与えたのはイギリス人だったと思います。地球自体は単なる1つの天体ではなくて、ある意思を持った生き物に近いという考え方が、ガイアという考え方だと思うのです。地球という天体の上でいろんな生物が生まれて、進化した。ある意味では、ダーウィンの進化論に近いところもありますが、それはあくまでも地球がつくっている環境に順応できた生き物だけが生き続けることができるわけです。

もう1つは、人類のようなある程度知的な生物体の場合、ガイアという一種の知性を持った天体と果たしてどういう関連があるのかということが大事だと思うのです。ホモサピエンスという人類が出現して以来、地球の歴史の規模からいえば、ほんのわずかな時間しかたっていないのですが、地球という天体の環境を人類の知識をもって左右できるという考え方が支配的だった時点で、いや、それは違うんだ、これからはあくまでもホモサピエンスという生物の種が持っている意識と、地球という天体の持っているガイアという意識が、生物として生きていると考えなければいけないぞという提案をしたわけです。

——ガイア仮説は、ジェームズ・ラブロックの仮説というか思想に近いものですね。

今現在の時点で考えてみますと、特に問題になるのは、石油とか石炭という化石燃料から、炭素と酸素がくっつくという化学反応に基づいてエネルギーを取り出すというやり方では、これから先、ホモサピエンスという人類自体についてだけ考えてみても、完全に限界に来ています。

特に大気中の炭酸ガスの増大の問題は非常にはっきりした現象で、産業革命以来ほぼ300年近くになりますが、その300年のごく短い時間の間に使われた化石燃料は大変膨大なものになっていて、それが地球の大気を汚染している。事実、今（2007年）は大気汚染は430ppmであり、10年前は380ppmであった。人類は年間230億トンもの炭酸ガスを大気中に放出している。汚染というのは、あくまでも人類の立場からいった話ですが、そういう汚染の状態がこれから続くならば、大気中の炭酸ガス含有量が全体の2.5パーセントぐらいになってしまうと、人間は完全に死に絶えてしまうだろう。しかも、それが何百年という先の話ではなくて、ここ70～80年程度の年月でそういう状態になってしまうということがいわれ始めてきたわけです。

第3章をつくる土台になったのは、京都の環境保全に対する地球全体会議で、各国は炭酸ガスをどれぐらいの割合で出してもいいという一応の限界を与えたわけですけれども、それだけではとても間に合わない。炭酸ガスの濃度が急速にふえていっている。

そういったことに対しては、どういう対処の仕方があるのかということを考えてみると、恐らく時間的に見て今後70年が限界だろう。大体70年後ぐらいになりますと、大気中の炭酸ガス濃度がんとふえてしまって、炭酸ガスによる中毒死がホモサピエンス全体に生じてしまう。もちろんアメリカのように、地下に巨大な設備をつくって、そこにいろんなものを蓄えて、生存可能な状態をつ

くることができる国もありますけれども、そこに収容できる人の数は数万人程度で、ある意味では限られている。とても60億人という人間をきれいな空気の中に住まわせることはできないわけです。

昔から『旧約聖書』などに、人類の3分の2ぐらいが死に絶えてしまうだろうという話がありますけれども、3分の2どころか、数パーセント生き延びられるかどうかわからぬ。そういう状況にまで立ち至っている。そういうことに対して、提案があるわけです。

わずか300年の人間活動が、全生命を滅ぼしてしまう

現在、人類は大量の石油を使えるだけ使って、ほぼ限界に来ていますが、なおかつ、石油をまだ汲み上げたり、石炭を燃焼させているのが現状です。毎年、膨大な数の自動車を生産しています。電池を使ったハイブリッドの自動車を使って化石燃料の消費をできるだけ制限するといった話はありますが、大多数の人たちはそんなことは関係なく、無頓着に自動車を走らせている。

例えば最近の話では、アメリカの場合は、ニューオリンズあたりに台風が来ると、そこから逃げるために、自動車が何百キロという延々長蛇の列をなして、つながっている。実際もガソリンが切れてしまって、動かなくなるというふうな事態がやっぱり来ているわけです。一番いい例はインドもほぼ発展途上国といわれているような国さえも、そういう事態が間もなくやってくる。地球の全人口の5人に1人は中国人です。中国です。人口が今のところは13億人で、10億人を超えますから、同じだと思います。そういう大国が発展途上国から発展して先進技術を持

つようになると、当然自動車は大量の炭酸ガスを出す。人間の活動があると、それに正比例して、場合によってはその2乗に比例するような炭酸ガスを排出してしまう。

一たん大気中に排出してしまうと、それはすぐには消失しないので、気候ばかりでなく、海流の変化も激しく生ずる。特に海流の場合、地球全体の海流が大幅に変わって、海の表面に近い層と下の層を還流するような巨大な海の流れがストップしてしまう。そうしますと、気候の激変が起きて、植物の分布が大幅に変わってしまう。したがって、作物も大幅に変わる。結局、わずか300年足らずの人間の活動が主なる原因となって、生き物が途絶えてしまう。一番先になくなってしまうのがホモサピエンスでしょう。ホモサピエンスよりも小さな生き物は生き延びることができるけれども、我々のような知的生物は、炭酸ガスの中毒死によって70～80年で絶滅せざるを得ないという考え方が、今起きてきています。

これを私が最初に知ったのは、東北大の西澤先生と上堅さんの共著『人類は80年で滅亡する』です。西澤先生はミスター半導体として世界的に知られており、上堅さんは、長い間、研究者として外国にいた方で、衆議院の特別職になり、環境問題について立案したり、サジェスチョンを与えたりしているらしいのですが、このお二人が書いた本が、80年という、100年よりも短い時間を限界として、ホモサピエンスは絶滅しますよと予告しているのです。

それが単なる脅しではないことは、第Ⅰ部論文篇第5章の図11「世界の気温と大気中のCO_2濃度の変化」で示しています。これは気象庁から発表されたもので、ここ2～3年の一番新しいデータです。ハワイのマウナロアという空気のきれいなところで、1960年から2000年ぐらいまで測定されたデータで、炭酸ガスの量の増加が直線ではないのです。2次関数に近い立ち上がりで、

だんだん増加しています。地球の平均気温は、85年から90年にかけて全然違った領域に入ってきている。

東大、国立環境研究所、海洋研究開発機構による共同報告書によると、スーパーコンピューターを何十台も使って、2度も3度も計算したのですが、今世紀の終わりには、地球の平均気温が4℃から、場合によっては6℃ぐらいまで上がるだろうと予想されているわけです。年平均気温が4℃とか6℃ということですから大変なことで、そういう現象が既に今回のアメリカのカトリーナというハリケーンで出てきていますね。

温度が上がると、それだけではなくて、風が非常に強烈になるらしいです。あと60～70年もしないうちに、風速45～65メートルぐらいの風が吹くと予想されています。今のハリケーンみたいなもので、それがしょっちゅうやってくる。今年報告された予想では、北極の氷はあと50年で消失し、南米のアマゾン川の地域は完全に砂漠になってしまう。地球上で3分の1の酸素を供給しているアマゾン川の流域が失われる。

ホモサピエンスという生物の種が、ごく最近の日常生活で、自動車が便利だから自動車を走らせるということを続けていますと、間違いなくこうなる。つまり、偶然ではなくて、必然なのです。そういう結果になってしまうので、結局、我々自身は生物体として生き延びることがもはやできなくなる。

それを予防するいろんな方法あるいは手段は考えられるけれども、残念ながら間に合わないだろう。そこで、考えられているような化学燃料を用いない宇宙船をつくって、とりあえずはごくわずかの人だけれども、ほかの天体に移住せざるを得ない。そういう予想しか立たない。極めて暗い悲

083

[第Ⅰ部]第3章　地球人類の移住先は月である──平和な国民のみが移住を許される

観的な予想だけれども、今そういう予想を立てざるを得ない。そうだからこそ、太陽系外でもいいし、太陽系の中でもいいけれども、ほかの天体に移住できるような宇宙船を今から考えた方がいいのではないかという提案が、第Ⅰ部論文篇第5章になるわけです。

それが1世紀、2世紀、3世紀というような100年単位の先の話であるならば、そうも急ぐ必要はないけれども、100年以内なのです。80年ぐらいで間違いなくそうなりますといっているわけです。これが必然だというのが非常に怖いところで、今まで地球人類は、ガイアの恐ろしい必然性を1度も身にしみて感じたことはないわけです。本当に自然環境というものが我々と独立にあるんだということが、そういう事態になって初めてわかる。わかったときには、我々はもはやだれもいない。1人もいない。いくらアメリカの国防省がどうのこうのいってみたところで、手に原水爆を持って脅しをいろいろやってみたところで、あるいは地下の都市をつくってみたところで、空気が炭酸ガスに汚染された場合は、結局、中毒死によって死に絶えてしまう。種として死に絶えることがどうしても嫌ならば、何らかの方法でほかの天体に移住せざるを得ないのではないか。今の時点で50パーセントのCO_2の削減をしたとしても、ホモサピエンスが生き延びられる時間は100年位のものです。

ただし、ほかの天体といっても、どの天体があるのかという問題ですが、一番身近なところで、かなりよくわかっているのは地球のすぐそばの月です。そこにはほかのいろんな天体から宇宙人がやってきている。その宇宙人の基地や都市があることはよくわかっているわけです。月に居住している宇宙人は、決して攻撃性があったり、地球全体を植民地にするというふうなことは全然思っていないらしい。まだ我々はそんなに多数回会っているわけではないですが、精神的なレベルが非常

084

第Ⅰ部　新宇宙船建造計画

に高い高度知性体です。

まずは、月への移住にトライしてみる

まず最初に、ワンステップとして、そういう天体に少数の人たちが移住して、いろんなことを教わらざるを得ない。そこで教わったいろんな知識を持って地球に一旦帰ってきて、本格的な移住計画を立てたらいいだろう。まず、月に移住することを考えてみよう。火星もありますけれども、どういう人類がいるのか知られていませんから、わかっている限りでは、月に非常に高度な精神を持っている知性体がいることは間違いない。

アポロ計画などによって、月には他の多くの天体の高度知性体が居住していることは事実であると判明している。彼らは、地球を侵略したり、地球人を害したりすることは全くないことも知られています。したがって、地球人、特に日本人が月に移住することが許されるのです。我々日本人は、第2次大戦後は、どんな国にも攻撃したり戦争をしておらず、核兵器とかミサイルのような本格的武器も持っておりません。月における高度知性体は、このことをよく知っています。したがって、日本人が月に一時的に移住することは許されるのです。

我々日本人が月に一時的に移住し、月において、月の住民たちの思想や文化や文明を学び、今よりもっと精神レベルを高めてから一度地球に戻り、その上で月以外の他の天体に移住すればよいのです。このことから、我々の運命は暗いものではなく、むしろ明るいものであるといえるのです。

085

[第Ⅰ部]第3章 地球人類の移住先は月である──平和な国民のみが移住を許される

我々の頭上に2度も原爆が落とされたのは、こうした経過をたどるための道であったのです。

そういうほかの人類たちの助けによって、地球の上に住んでいるホモサピエンスが精神レベルを高くした上で、宇宙人たちと交渉することによって、初めてほかの天体に移住できるのではないか。地球人類全員の中毒死はそれで防げるのではないか。ただし、何億という人間は移住できないし、つき合うこともできないはずなので、まずはごく少数の人だけでもよろしいから、そういう宇宙船をつくって、ほかの天体に行って、ほかの人類と交渉してみたらどうかという趣旨の提案が、第Ⅰ部論文篇第5章です。

この章の骨格をなしている朝日新聞の記事は2005年のデータに基づいていますし、西澤先生たちの『人類は80年で滅亡する』は、ほぼ過去5年のデータに基づいて書いているわけです。そういう意味では、まやかしが全くない。かなり正確な予想が立てられるので、そういったものを参考にしたわけです。

実はこういうことを知ってしまうと、ある意味で、お先真っ暗なのです。唯一の望みは、月に住んでいるほかの人類との交渉がうまくいくのかどうか。これはアポロ計画で既に体験済みのようですが、少なくともほかの天体から月に来ている連中は、地球を侵略しようとか乗っ取ってしまおうという意図は全くないらしい。アメリカは、月に移住するということはいっていません。それは、NASAが月に人類が居て、アメリカ全体は許されていないことを知っているからです。場合によっては、火星に行くということは考えているようだけれども、それも大変だ。

だから、一番手っ取り早くて確実なのは、ワンステップとしては、月への移住が必要ではなかろうか。次の段階としては、金星とか土星に移住することを考え、そして次のステップとして数光年

先の天体に移住することを考えて、宇宙船の推進方式が全く違う新しいものをさらに考えなければならない。つまり、瞬間的ポーテーションのようなもの、これは物理学でも最も新しい分野にも属するのでしょうが、そういう分野のことも、新しい推進方法として考えておいた方がいいだろう。

——人類は地球には住めなくなる。そのときにどうすればいいかという方策を、今のうちに講じておかなくてはいけない。そのためには、反重力方式のようなものを開発しておかなければいけない。それが一番の根底にある先生のお考えということでしょうか。

そうです。昔、たしか「オルタネーティブ3」というテレビドラマがイギリスにあったそうです。そういう本も出ています。「オルタネーティブ3」は、ごくわずかの選ばれた人間だけがほかの天体に移住し、ほとんど全部の人間はある意味では奴隷みたいなもので、こき使われて捨てられてしまうという話なのです。

そういうことではないのです。確かに初めはごく少数の人間しか行けないですが、そういう間違った基本的な考え方ではなくて、一番大事なことは、さらに多くの人間が、ほかの天体の人間たちと一緒に共存できるような教育が必要なのです。だから、程度の低いことしか考えないで、毎日生活している人間たちは非常に困るわけです。少し視野を広げてください。そうすれば、地球の人類は生き延びていくことができるのではなかろうかということです。

こうしたことを考え、実行に移して行くことは、化石燃料を大量に使い、大量のCO_2ガスを排出しているといわれる先進国の責任なのです。

まとめ

反重力が存在していることは、1989年から1996年において東北大学の研究グループによって発見された。同グループは右まわり回転体の重量減少と落下時間の増加から反重力の存在を発見した。その後、プリンストン大学の研究グループは超新星の後退速度の観測から、宇宙の膨張をもたらす負の圧力の存在を認めざるを得なくなった。これらの2つの事実から反重力が存在しているということは立証されたと考えてよいだろう。

このことの上に立って、我々は強い反重力を生成する方法を見い出す研究を開始し、1999年にNASAで公表した。すなわち、円環パイプ中で磁性流体を右まわり循環させ、トポロジー効果によって強い反重力を発生させる。この方法で天体の引力場から離脱する。そして天体から遠く離れた空間では、宇宙船の周辺に陽のマグノンエネルギー場（強磁性体物質のスピン波の相互作用エネルギー）の差を生成する。その差を宇宙船の推力として宇宙空間を航行する。

この方法は、場のエネルギー推進方式であり、ロケットの推進方式とはまったく違う推進方式である。化学燃料を用いないから大量物質の長距離輸送を可能にし、超高速移動を可能にする。しかも人体への悪影響はない。宇宙船の安全性は極めて高い。

我々の地球は大気汚染され、100年以内で人類はCO_2ガスにより中毒死する可能性が十分ある。このような状態から逃れるには、人類を地球から脱出させねばならない。そのために、前述の方式の宇宙船を用いる計画を立てたいと思う。今や地球人類は死に直面しているのだ。

さらに、反重力の生成技術は、発電技術をも生み出すことを可能とする。

こうした技術の実現は、まったく新たな時代の幕開けをもたらすであろう。

このような転換は、すべて地球人類の決断にかかっている。特に工業先進国と言われている国々の責任は重大である。気候の悪化、CO_2ガスの汚染など地球環境の悪化は、工業先進国およびそれに準ずる国の責任である。我々は地球人類の微々たる知識のみに頼るのではなく、宇宙の英知に素直に従おうではないか。

まとめ

第Ⅱ部

反重力はやはり存在した

[第Ⅱ部] 第1章

原子力に代わる究極のエネルギーを求めて

原子力は悪魔のエネルギー源、もういいかげんやめなくては…

私はもともと重力屋ではなく、ちょうど日本の原子力研究が始まった頃の昭和34年に原子力研究の仕事に取り組みました。

原子力の研究をスタートして1、2年経ったとき、日本の原子炉の運転主任技術者第1号となった東海村の原子力研究所の平田さんと非常に親しくなり、こんな話を聞かされました。

「実は俺はいま原子力をやり始めたけれど、これはあくまで飯の食い種にやったんで、原子力というのは実はトイレなきマンションなんだ」というのです。

どういうことかというと、原子炉を作ってエネルギーを取り出し発電に利用するのはいいが、核分裂でできたいろんな分裂生成物からすべて放射線が出る。ウランなどの安定した元素を無理やり壊して二つぐらいに分裂させると不安定な状態になるので、原子そのものは安定に戻ろうとして放射線を出さざるを得ない。したがって使えば使うほど放射線が出ることになるし、その放射線を速くしてしまうということは現実には我々人類にはまだできない。発電をすればするほど、それと正比例して放射能を持った物質が出てくるときれいごとだが、その処置が現在ではなんともしようがない。本当は原子力は使わない方がいいんだ、というのが平田さんの意見だったわけです。トイレのないマンションと同じ。

当時、原子力は夢のエネルギーであり、人類にとって大きなプラスになるだろうと大々的に言われていたので、私もどういうものなのか、ちょっとの間でもいいから原子力研究というものをやっ

[第Ⅱ部]第1章　原子力に代わる究極のエネルギーを求めて

てみようと考えていました。もちろん、広島や長崎に原爆が落とされ、ものすごい威力があるとんでもないものであるとは昭和23年ぐらいに聞いていました。このことを聞いたのは、当時旧制中学の教師で広島での被爆者であったほうからです。でもそれが平和的に利用されるのであれば、それを利用したほうがいいだろう、という考えはあったのです。しかし、平田さんの話では、原子力はある意味では悪魔のエネルギー源だという。

そこで、私としてはもっと自然な方法で人が使えるエネルギー源がないか考えてみた。たとえば、水力の場合は重力で水を落下させてその水の力で羽根車を回し、それに発電機をつけて電気を起している。こういう方法が自然で、本来一番いい。そのようなもので、ほかに代わるものとして当時一生懸命考えたのが、たとえば水素ガス。水を分解して酸素と水素のガスを取り出して、それを再結合させるとき一種の発熱反応が出るわけです。そういう水素ガスを使うのが本当はいいのだが、それは原理的にはわかっていないもので、学問的に面白いものはないかと考えたのが重力研究に取りかかるきっかけです。

実際、重力そのものに取りかかったのは、昭和47～48年頃からです。最初の頃、ある程度調べてみると、重力場、あるいは時空と称するもの（一般的にいえば宇宙空間と同義）が、1立方センチの単位体積当たりの真空（エーテル）というもののエネルギーは、10の100乗（単位はエルグ）程あるということは、以前から理論物理学者が推論はしていました。そこで、そういうエネルギーが究極的に我々の役に立つ電力エネルギーのようなものに転換できないか、というのが一つあったのです。

原子力研究をやっている間に、放射能汚染がはっきりいって地球の人類には始末に負えないもの

だということがわかり、真空エネルギーというようなものを電気エネルギーに転換するような技術を最終的には開発しなければならないだろう。エネルギーを真空、あるいは重力場から取り出すことができるのであれば、これは理想的なエネルギー源だ、という考えがあったのです。

反重力を研究するきっかけは、空中に浮遊する未知の飛行体、つまりUFO！

もう一つの重力研究のための目標としては、果して質量間に作用する力は重力＝引力だけなんだろうか、ということがありました。

重力と通常いわれているのは、お互いに引く力であって、Aの質量とBの質量があった場合にAB の間に働く力は、お互いに引き合う力（引力）だとニュートン以来の物理の法則として知られています。そして質量と質量との間に作用する力で、反引力というものはないとされていた。重力といえば必ず引力だと、万古不変の真理としていわれていたわけですが、果してそうなのか……。

なぜ、そんなことを考えたかというと、昭和32年、まだ私が北海道の札幌にいた頃、たまたま行っていた千歳空港の上空に未知の飛行体が滞空しているのを見たのです。空港の関係者や周りのお客さんもたくさん見ていたのですが、それは10分ぐらい千歳の上空に滞空し、それから突然すごいスピードでさっと消えてなくなった。

その頃は私もまだ何だかわからないので、ヘリコプターにしてはおかしいと思ったのです。翌日

097

［第Ⅱ部］第1章　原子力に代わる究極のエネルギーを求めて

の北海道新聞（当時発行部数が１５０万部くらい）に「未知の飛行物体が千歳に現れた」という記事が出た。その記事では、当時駐英公使だった黄田さん（後に外務次官となった）という方がコメントを寄せていて、「ヨーロッパではそういう未知の飛行体がどこの国でもたくさん現れている。どの国の政府も相当調査をしている。日本にもおそらく同じように現れるようになるだろうから、本腰を入れて未知の飛行体を調査しなければいけないのではないか」というようなものだった。

そういうことがあって、当時北海道にいた私は、その飛行体がどういう原理で飛んでいるのかわからないものの、いわゆる通常のジェット機やヘリコプターとは違うということがわかったのです。その飛行体がもし通常の飛行機エンジンで飛んでいるのではないならば、またあのように空中の一点に何時間でも浮遊できるのであれば、それは重力を消している引力を消しているのではないかと、その当時私はそう推量したわけです。

その後、仙台に移った昭和34年頃、まだＵＦＯという名前はついてませんでしたが、未知の飛行体について調べてみると、アメリカで既に本が出版されている。有名なアダムスキーという人の本で、金星人に会ったとか、フライングソーサーに乗って金星に行ったとか、そういう内容の本がその頃に出ていた。

その本を読んでみると、どうも重力をコントロールするということが可能らしい。金星のような他の星に住む人たちは反重力や反引力というものを人工的に作ってエネルギー源として利用しているらしい。それで地球に引っぱられる力を打ち消してしまっているらしいというようなことが書かれていた。

もし、ＵＦＯのように重力をコントロールして地球に引っぱられる力を打ち消し、上向きの力が

作れるのであれば、いかなる重さでもゼロになる。さらに、上向きの力が強くなれば、他の星に飛んでいけるということになるわけです。だから、夢物語のようですが、そういうことができればいいなと当時は単純に思ったわけです。

アインシュタイン、ニュートンを超えて、反重力（アンチ・グラビティ）へ

重力＝引力であるとしている現在の我々の科学の考え方で、反引力、反重力というふうな力が原理的に存在し得るのだろうか、その点をまず考えようとした。反重力効果とか反引力効果は、最終的には実験などで確認しなければいけないが、その前に理論的にそんなことが考えられるのか、あるいは実験によってそれが確認できるのだろうか、ということを考えたわけです。

それから、昭和50年頃になって、本格的に重力の勉強を始めました。もうすでに膨大な論文が出ているわけですが、しかしいずれもアインシュタインの一般相対性理論や重力理論にもとづいた理論で、すべての論文の結論としては、当然のことながら「重力＝引力」の枠内の話なんです。カテゴリーとしては、反重力（アンチ・グラビティ）という言葉は、いかなるものを調べても全然ない。それでどうしたらいいんだと困ってしまった。

しかし、重力の研究論文に二つだけ反引力についての研究があった。その一つは、カント（哲学者・自然科学者）とドイツのアブラハムの二人の仕事があった。だが、世界の物理学界は彼らの仕

事を認めていなかった。

そこでどう考えたか……。

原子の核から電子線が放出される現象をベータ崩壊といっているんですが、我々が当時まで考えていたベータ崩壊の右と左との間の対称性が、1954〜55年頃に、100％破れているという現象がわかってきたんです。重力というものは、物を右に回しても左に回しても、効果としては引力効果しか出ないし、大きさも等しい、と考えていたのです。

ところが、ベータ崩壊といわれる、通常弱い相互作用というカテゴリーに入っているものが、右と左との対称性がない、つまり同じ効果が生まれないということがわかった。重力相互作用というのは、弱い相互作用よりもはるかに相互作用のオーダーが小さい。ならば当然、弱い相互作用で左右の対称性、あるいはパリティ（偶奇性）が破れているならば、重力でもそういう左右の対称性、あるいはパリティが破れていると考えてもいいのではないか。そうアナロジー（類似理論）として考えたわけです。なぜかと言うと、自然界の相互作用の強さを調べてみると、核力、電磁力、弱い相互作用と言われているものの相互作用の力が順次に弱く、そして一番相互作用が弱いのは重力なのです。核力と電磁力はパリティが保たれているが、弱い相互作用ではパリティが保たれていないからです。

そこから取りかかっていこう。果して重力では右左の対称性が破れているのか、確かめてみようと。その辺から本格的な重力研究が始まりました。

最初の目標は、真空の場から有用な電気エネルギーみたいなものを取り出せるのかどうかということと、引力の場を帳消しにして他の星に飛び出せるような技術を作れるかどうか。そういう二つ

の目的のためにやってみようかと。とんでもなく突拍子もない話なんですが。根底には原子力エネルギーというのは使うべきではない、もっと自然なエネルギー源があるならば、それを使った方がいいだろうということがありました。それが最初の研究のきっかけだったわけです。

［第Ⅱ部］第2章

反重力の根底となるのはトポロジー重力理論だ！

反重力の鍵はトポロジー

――理論的な基礎づけとなる話に移りたいと思います。

「トポロジー」という言葉は、数学好きの人々の間では明らかな概念かもしれませんが、一般的にはあまり知られていないというか、具体的に「トポロジー」とは何なのかと聞かれると答えられないというのが現状だと思いますが。「トポロジー」の簡単な説明をお願いします。

初め「トポロジー」のことを原稿に書こうと思ったのですが、それではあまりに冗長になってしまうので、知りたい方はぜひ別の本を読んで下さいという恰好になっています。

「トポロジー」というのは、日本語では「位相幾何学」と呼ばれています。では、「位相幾何学」とはどういうものかというと、一番わかりよい基本概念としては「同相」という概念です。二次元平面を考えてもらうといい。二次元平面で一番簡単な図形は三角形ですね。次に四角形、五角形……と、いくらでも角数が大きくなっていきます。それと円や楕円、あるいは必ずしも幾何学的に対称性がなくても、例えばぐにゃぐにゃした曲線でもいいから図形的に閉じた形のものを考えます。

――ようするに、二次元平面というと普通の紙にエンピツで三角形や四角形を描いたり、楕円を描いたり。それが、曲線というのが端っこがないというか、最初に描いたところに戻ってきて最後に閉じるということですね。

ええ、そんないろんな図形を、まず頭に浮かべてもらう。そうすると、外見上は極めて違うけれど、「位相幾何学」的立場から見ると「同相」となります。

この同相というのは何かというと、三角形でも四角形でも多角形でも、円や楕円でも、ぐにゃぐにゃした曲線に囲まれた図形でもいいんですが、それは内側に閉じた空間以外の外側と、平面を大きく二つに分けるという意味で、三角形から何からすべての外側の多角形を線で囲まれた空間というふうに、いずれも図形は共通の性質を持っている。内側の、閉じた線で囲まれた面積の部分とそれ以外の外側の部分というそういう分類ができる。そういう意味で多角形も円も楕円も同相であるという。トポロジー的（位相幾何学的）に同相といっているわけです。

たとえば、ごく普通の我々の世界で考えると、人類には男と女がいる。まず産まれてきたときに男か女か大別するんですが、男は男に共通の外見上の構造を持っている。女は女に共通の外見上の構造を持っている。そうすると、男の子が成長して身体的な発展過程があっても、死ぬまで男というふう同相の中に区別されるわけです。背の高い男もいるし、背の低い男もいれば低い男もいる。男といっても、千差万別です。しかし、共通の男性というものでいればよいという意味では同相なんです。偉かろうと偉くなかろうと、美男子であろうとブ男であろうと、それは、たとえば二本の腕があって、二本の足があって、性器としては共通のものがあるんですね。そういう意味で我々は男だ女だと区別するんです。女も同様です。いろいろ外見上違う形体を持っていても、一つの共通の性質を持ってる図形なら図形、あるいは物体でも同じですが、そういうものの集合のことを我々は同相と言っています。

——先程の三角形とか五角形の例でちょっと考えてみますと、紙の上に三角形を描くといいましたが、仮にゴムか何かで作られているとすれば、それがちょっと形を変えれば四角形にもなり得るし、あるいはそれはまた丸にもなる。楕円にもなる。そういう意味で本質的な差がない。つまり、でこぼこがあるなしに目をつぶってしまえば、三角形も四角形も円も基本的には同じではないか。つまり、図形で囲まれたものの内側と外側をはっきり分けられるという意味では、同じだということですね。

　そうすると、たとえばゴムが切れていて紐みたいな形になっていて、端がある直線のような紐の場合は同相ではないわけですね。

　同相ではありません。基本的には、まったくそういうことなんです。だから、たとえば右回りの運動とか左回りの運動と話が出ていますが、それはやはり一つの閉じた曲線に沿った運動です。そこで、時計の針の方向に移動するようなものなのか、それとも時計の針と逆向きに移動するものか、それで右、左と区別しますね。しかしその一つの閉じた経路に沿って動くという意味では、二つの運動は同相なんです。

　しかし、同相であっても違いがあるんだ、細かく分析してみると違いがありますよ、というのが「トポロジー」の非常に面白いところですね。そういうことを実際に研究するのが、トポロジーとか位相幾何学の分野だと思います。

右回りか、左回りか、でトルクが違う！

——いわゆる位相幾何学の分野は純粋に数学的な分野と思うんですが、これが物理理論である重力理論と結びついてトポロジー的な重力理論が存在する、ということでよろしいわけですね。

そうですが、ちょっと待って下さい。もう少し一般の人に「トポロジー」と重力のつながり、右回りの回転と左回りの回転と重力がどのようにつながるのか、結び目のところをお話しします。

私がどうしてそんなことを考えたかというと、最初に話したように弱い相互作用というようなものの現象の場合、右と左、現実の世界で左回りなら鏡の世界で右回りという形になりますね。そういう世界では、弱い相互作用の場合は右左の区別がはっきりあるわけです。つまり現実の世界と鏡の中での世界ではまったく同じ結果は出ていない。

それで重力の場合、弱い相互作用よりはるかに弱いのだから、そういう対称性が破れているに違いないと推論したんだけれど、このような推論をチェックするには具体的にどうしたらよいかという問題なんです。それには多分、回転運動というものを考えればいいだろう。なぜ回転運動を考えると重力に結びつくかというと、角運動量という量がある。並進運動ではなくて、物が回転しているような場合。

一番わかりよいのは、トルクという言葉があります。よく自動車でトルクが強いとか弱いとかいいます。あれは三次元空間での回転の腕木の長さにある力が加わったときの、腕木の長さ r と力 f

108

第Ⅱ部　反重力はやはり存在した

とのベクトル積といわれているものですが、rとfとをかけ合わせたものがトルクになるわけです。そのトルクは、空間座標だけを問題にしている限りは、空間座標のrと空間におけるf（力）とを掛け合わせたベクトル積ですが、我々が対象としているのは時間まで含めている。すると時間軸が腕木r（回転の半径）に相当することになる。つまり光の速さcと通常の我々が考えている時間tをかけたctを腕木の長さ、あるいは回転半径にする。それに重力という力が働いて、そういうもののトルクを考えることもできる。

——ここはかなり難しいんですが……、たとえば普通の車のタイヤの場合に、タイヤの中心から地面に接する部分までが半径rということですね。そしてタイヤが実際に地面に接して、地面をける水平方向の力がfということになる。そのrとfとの掛け算みたいなものがトルクということになりますね。

それが今の場合は、重力理論ということで四次元、つまり時間を考慮した四次元ということなのでr（半径）に当たるものが時間ということになるわけですか。

ただ今の時間といっても、普通の秒という単位ではなくて、光の速さ（速度）に通常の我々の時間（t）をかけたもの。だから実際はディメンション（次元）としては、長さになっているんです。

——30万km毎秒×何秒という長さ、となるわけですね。

そうですね。光の速さ毎秒30万kmに、何秒という時間をかけたctは、ディメンションといわれている次元としては長さのディメンションですね。

長さのディメンションは、ちょうど三次元空間におけるタイヤの半径に相当するからディメンション的には正しいんです。

そういう四次元的な時間（ct）に重力を掛けたベクトル積が、四次元世界におけるトルクというふうに考えていいだろう。あるいは、そのトルクを時間について積分したものを角運動量といいますが、その角運動量が、右回転と左回転では等しい、イコールということは真実なんです。ただ、問題は、いま言った角運動量なるものが、トルクの、時間に関する積分量なんですね。それで積分量は等しいということは真実なんですが、積分をされる被積分量、つまりトルクそのものが右回転と左回転で等しいということは、一般的には言えないんです。

たとえば、右回転のトルクをAとします。そのAという関数を時間に関して積分した量と、左回りのトルクに相当するBという関数があったとすると、それを時間に関して積分したものは、角運動量の対称性とか角運動量の保存性としていわれているように、積分量としては等しいと言っていいわけです。

ところが、被積分関数のAとBがイコールだ、積分された量が等しいからAイコールBと置いていいかというと一般的にはそうならない、というド・ラムのコホモロジー（ド・ラムはフランスの学者）によるトポロジーの概念があるんです。

それはあくまで、条件としては閉じた経路の上で積分するならば、ということです。

——これが第II部論文篇第4章の $f_3^i(L)$ と $f_3^i(R)$ で表された式ですね。

ということは、つまりトルクというものがあったとして、右に回転するか、左に回転するか、それを積分してしまう。たとえば何時何分から何時何分までとか、1回転する場合について時間の積分量を考える。すると積分した結果の計算というものでは、右回りと左回りの場合は一致するにもかかわらず、その積分する前のAとB、右回りのトルクと左回りのトルクは必ずしも同じでなくてもよろしいということですね。

そういうことです。その条件としては、積分する条件は閉じた経路の上でということです。ただし、閉じた経路といっても、三次元世界を考えている。何も特別な世界ではなく我々の現実の世界なんですが、あくまでも時間というものを一種のパラメーター的に考えて、たとえば二次元平面の上で通常、我々は回転を考えているわけですが、その回転の円周の各点にスタートの時間は何分何秒と決め、順々に回転移動していく。すると、円周の上に時間をちょうど乗せたようなかっこうになる。

またたとえば、スタートのある点を決めて、ストップウォッチを置いてスタートの点でゼロ秒とする。それからほんのちょっと経ったときに1秒という点がある。そこから円周の上をずっと物体が動いているとすると、最後に一回りするとt＝0のところではなくて、たとえばt＝10秒、あるいは100秒ということに、だぶりますが、ある意味では閉じた円周の上に動いていった時間をスタート点からちょうど回転軸の中心から正反対のところに全部プロットするわけです。たとえば、スタート点から

（180度回転したところ）で5秒たった。時間の点は全部円周上にある、そういうのをプロジェ

クション（射影）というのですが、ふた回り目のときにはまた時間がどんどん同じように経っていくという、そういう空間的な閉じた経路で積分するならば、という条件があるわけです。ちょうど、通常我々の考えている閉じた円運動というのはまさにそういうものになるんです。閉じた空間経路の上で、ただし時間的にはどんどん伸びていってるわけですが、三次元空間の上で考えますと、円運動というのは閉じた経路を動いている、そういうことになります。

──ちょっと卑近な例かもしれませんが、たとえば山手線に乗るとすると閉じた円になるわけですね。するとある電車に注目した場合、新橋という駅を3時ちょうどに出発するという感じに、各駅にずっと到着時刻がある。それが1時間ぐらいで一回りして帰ってきた時に、各駅にそれぞれ到着時刻が割り振られているということですね。

そうですね。山手線の例が大変いいんですが、山手線の場合は外回り内回りと言っています。外回りが時計の針の方向。たとえば東京駅を起点にして、新橋を通って品川となる。これは空から見ると、右回りの回転（時計回り）になります。それから内回り、反時計方向、つまり逆回りの回転もあります。

そういう空間的に閉じた経路の上を運動した時に、という条件が入る。そういう時に、さっき言ったようなトルク、被積分関数となるトルクが左回りと右回りに関して必ずしもイコールにならなくていい。一般的にも違っていいんだというのが、ド・ラムのコホモロジーという考え方から導かれる。

位相幾何学の観点から言えば、そういう物の考え方が基本にあるわけです。ですから、右回りのトルクと左回りのトルクとでは、トルク自体は違っていい。積分量は同じだけれど、トルク自身は違っていい。

つまり、ある意味では、時間 x（光の速さ c に時間 t をとった ct）は同じなんだけど、そこに加わっている重量の力というものは右回りの回転で生ずる重力と、左回りの回転で生ずる重力は等しくなくていい。一般的に言ってそうなんだ、というのがド・ラムのコホモロジーに準拠した考え方なんです。

そうすると右回りの回転で生ずる重力、左回りの回転で生ずる重力とはイコールではない、そのように考えてよい。

今までの理論では、ニュートン力学でもそうだし、アインシュタインの一般相対性理論でも、右回りの回転で生ずる重力と左回り回転で生ずる重力は等しい、というふうに置いていた。それは自明のこととしてそう考えていたわけです。しかし、位相幾何学（トポロジー）の立場からいえば、右回りと左回りの回転で生ずる重力効果は違っていいとなる。

それが、理論の根底なんです。私のこの理論は、１９９４年、ロシアの科学アカデミーの創立二百年を祝う重力国際会議で発表してあります。

――いわゆるトポロジーと重力理論の接点としては、「ド・ラムのコホモロジー」という数学の定理を重力理論と結びつけることによって、右回りの回転の場合と左回りの回転の場合で、必ずしも重力の強さが同じである必要はない、という結論が出てくるということですね。

113

[第Ⅱ部] 第2章　反重力の根底となるのはトポロジー重力理論だ！

はい、その通りですね。

——では、その先のねじれた場をちょっと解説していただけますか。

ねじれた場、アインシュタインも認めていた非対称場の理論

右回りの回転で生ずる重力(鉛直方向の重力)と、左回りの回転で生ずる重力とでは違いがあるということを、いわゆる伝統的重力理論(アインシュタインが使ったリーマンの幾何学)での接続という係数と結びつけて説明しましょう。今までの伝統的重力理論で右回りと左回りではいずれも等しいと考えた時は、その接続係数というものも、右回りと左回りで同じ大きさになっていると考えるわけです。しかしド・ラムのコホモロジーというトポロジー理論に準拠して考える場合は、右回りの回転と左回りの回転で生ずる重力が違いますから、接続係数といわれる重力の場の強さを表す量が、右回りの回転と左回りの回転で違わなければいけないというふうになってくる。接続係数は通常ガンマという量で表します。ガンマ(Γ)の下の方についている添字があるのですが、仮に1と2としますね。Γ^{3}_{12}という書き方をしたものとΓ^{3}_{21}と書いたものが、伝統的重力理論では等しいと考えていたわけです。ところが、右左の回転で生ずる重力が違うということを一般的に表す場合、Γ^{3}_{12}と書いたものとΓ^{3}_{21}と書いたものがイコールではなくなるということなんですね。

――これが第Ⅱ部論文篇第4章の$\overset{*}{\Gamma}{}^{\mu}_{\sigma\nu}$とか$\overset{*}{\Gamma}{}^{\mu}_{\nu\sigma}$ということですね。大きなギリシャ文字のΓというものが接続係数と呼ばれる量である。そこに、いまここではギリシャ文字のμとσと書かれているもの、これが具体的な0、1、2、3、4と数字をとるわけですね。たとえば、$\overset{*}{\Gamma}{}^{3}_{01}$とか$\overset{*}{\Gamma}{}^{3}_{10}$とか、そういう時の場合に、ということですね。

そういうことですね。

添字の数字で0とは、時間軸ctの大きさを表しています。1はx軸、2というのは直交するy軸、3がz軸という成分なんです。だからたとえば、時間軸とz軸とに関する成分。仮に$\overset{*}{\Gamma}{}^{3}_{03}$と下の数字を03とすると、時間軸とz軸とに関する成分。$\overset{*}{\Gamma}{}^{3}_{30}$というのはz方向の成分と時間成分との両方に関わったものです。ところが、その$\overset{*}{\Gamma}{}^{3}_{03}$というのと$\overset{*}{\Gamma}{}^{3}_{30}$というのは、伝統的重力理論では等しいと考えていたのですが、トポロジーの観点から考えるとそうではない。$\overset{*}{\Gamma}{}^{3}_{03}$というのと$\overset{*}{\Gamma}{}^{3}_{30}$というのは違うんだと考えなければいけない。このことを接続係数が非対称だといっているのです。接続係数が非対称である場合は、質点の主たる運動は、最小作用にもとづき、そのまわりにラセン運動する。すなわち、コルクの栓抜きの動きなのです。そう言う軌道上を動くのです。つまり、ねじれて運動しているのです。

アインシュタインが最初にいった重力理論、一般相対性理論では、$\overset{*}{\Gamma}{}^{3}_{03}$と$\overset{*}{\Gamma}{}^{3}_{30}$は等しい。これは対称場の理論といっているわけです。

対称場の理論の場合は、いままで長い間用いられ、どなたも使ってきた理論です。ところが私が

[第Ⅱ部]第2章　反重力の根底となるのはトポロジー重力理論だ！

考えている回転運動の場合は、ド・ラムのコホモロジーの考え方からいけば、必然的にガンマの $*\Gamma^3_{03}$ と $*\Gamma^3_{30}$ とは違うと考えなければいけない。それを非対称場の理論と言う。

この非対称場の理論は、フランス人数学者のカルタンが「重力場、あるいは時空の場は一般には非対称場の理論で記述しなければならない」と、かなり昔に言っているわけです。そしてアインシュタインと手紙のやり取りがあって、相当議論しているわけです。アインシュタインは、カルタンの主張になかなか承服しなかった。しかし、最後にはカルタンに「あなたが言っていることは正しい」と言ったという。このことは両者間の手紙として残っている。

つまり、重力場、あるいは時空を解析・勉強するためには、一般的には非対称場の理論でなければならないとアインシュタインも承諾したんです。その手紙のやり取りが実はたくさんありまして、最後にカルタンの言い分が正しいとなってきたので、私の回転運動に関する非対称場の理論というのは、なにも早坂の理論ではなく、カルタンのもともとの理論なのです。

そのように物体の回転運動を解析するには「ド・ラムのコホモロジー」のいうトポロジーの考え方で解析しなければならないし、非対称場の理論でなくてはいけないというふうになったのです。

——カルタンというのは数学者ですか？

はい、フランスの有名な数学者です。ですから通常、「アインシュタイン・カルタン理論」と重力場理論をいっているわけです。

——ということは、数学的により一般的な状況を考えると、必ずしも接続係数というのは対称である必要はない。一般的には非対称であるべきなんだが、特別な場合としてたまたま一致する場合があって、それがアインシュタインの一般相対性理論になっている。

つまり、アインシュタイン理論はより大きなカルタンの一般的理論の中で、非常に特別な場合を扱っているということですね。

そういうことです。

すると、接続係数が非対称であるということがどういうことを意味するかというと、いわゆる真空の問題と直接関係が出てくる。非対称場の時空は真空を励起させる。非対称場であるとエネルギー状態がプラスの方向に変わってしまう。つまり真空がいままで静かな状態であったのが、エネルギー状態がプラスの方向に変わってしまう。それを「真空の励起」というのですが、非対称場であると真空の励起が生ずる。つまりプラスのエネルギーが生ずると、何人かの重力理論家たちが25年ぐらい前に言っている。その一人がディザーという人なんです（ディザーの理論については後で触れる）。

つまりもう一度いうとこういうことです。

平面の上で右回りの回転をするときに生ずる重力と、左回りの回転で生ずる重力では、重力の大きさは一般的にいって等しくない。ということは、接続係数は対称ではない、非対称なんだと言えます。回転の場合です。三次元、あるいは二次元空間上の閉じた経路に沿って運動している場合です。

117

[第Ⅱ部]第2章　反重力の根底となるのはトポロジー重力理論だ！

そして非対称場ならば、真空のエネルギーを励起する、プラスの方向に持っていく。今まで静かだった真空が励起されて、高いエネルギーの方向（プラスの方向）へずれていく。このことは既にわかっていたわけです。

だから回転運動というものは、一般的には真空の励起をするという性質を持っているんです。回転運動で、あるいは自転で真空が励起される、ということを明確にいったのは私です。ただ、回りの回転だけで真空の励起が行われているということは、先程言ったようにコバルト60から出る電子線のベータ崩壊の場合からのアナロジーとして、重力場でもそうではなかろうか、と考えたのです。真空の励起が右回転で行われるのではないだろうかと、私は考えた。

——重力場でねじれた場というのが存在する。右回転と左回転で差が出てくる。そうすると、そこから何か未知のエネルギーのようなものを取り出せる可能性も出てくる、ということですか。

ええ、そういうことですね。真空を励起するということは、そういうことなんです。

——だが、右回転の方が優先するというか、効果が表れるのは右回転のみである。

推論としてはそうです。

弱い相互作用のコバルトから出ている電子線の実験結果から見ると、そういうことが言える。なぜかというと、先程、外部磁場を強くかけると言いましたが、外部磁場のかけ方は、電流を上

げていき通常コイルの左回りに流す、反時計方向に電流を流す。ということは、実は電子そのものは右回りの回転をしているわけです。電子の流れが円形のコイルの中を右回りに回転させると、コバルト60の原子核から放出される電子が上向きに出てくる。人間の左手で説明すると、親指を上に立てて、4本の指を丸めるとその4本の指先の方向が右回りになる。この4本の指の方向に電子が流れると、親指の方向に放出される電子が出てくると考えられるわけです。これを左手系といいます。

だから弱い相互作用の場合は、左手系の電子線の崩壊があった。

それと同じことが多分、質量を持った物体を鉛直線の周りで右回転させた場合、ベータ崩壊と同じように上向きの方向の力が発生するのではないか。つまりそれが反重力ではないか。そんなアナロジーを考えたということなんです。

——今の左手系というのは、わかりやすくいえば、電子というのはマイナスの電荷を持っているということで、電流の流れは電子の流れとは逆の方向に流れる。それが上から見て、右回りである。ちょうどそれが右回りの電子の流れに沿うように、左手の人差し指から小指まで包み込むような形で円を作ってやると、左手ですから親指は上に向く。その上向きの方向にコバルト60の電子が飛び出してくる。それは逆向きには飛び出さないんだということで、右手系の放出は存在せずに左手の形の状況しか存在しない。それがつまり対称性の破れということになるわけですね。

またそれと同じような形で重力も対称性が破れていて、それが斥力、つまり反発しあう力になって、そこからエネルギーを取り出す可能性もある。

ということは、これも後の話になりますが、単純にコマを右に回した場合と左に回した場合で重

さが違ってくるという、そこに結びつくわけですね。

　上から見てコマを右回転させた場合は、重さが軽くなる。つまり上向きの力が働いたということです。実験結果でもそうなっています。ねじれた場からエネルギーを取り出せる。ねじれた場については、第Ⅱ部論文篇第4章で詳しく述べてある。

反重力の検出は、スピン磁場が鍵となる！

——それでは次に理論的なところで、第Ⅱ部論文篇第4章2節で「トポロジカル質量重力理論」とありますが、ここのところの説明をもう少しお願いします。

　この理論は、ディザーという人が主張した理論です。私の理論のベースになっている「ド・ラムのコホモロジー」という考え方とディザーの理論は、基本的には同じ根っこから出ているんです。ディザーによると、原子が持っているスピンを磁場でしばってスピンを制御することにより、重力質量、原子が持っている重力質量、あるいは素粒子が持っている重力質量をマイナス（負）にしてしまう。

　これまでは重力質量と慣性質量は等しいというのが、アインシュタインの等価原理といわれているものです。等価原理では、重力質量と慣性質量のどちらを使ってもいいとなる。ところが、ディ

ザーの理論によれば、スピンを制御することによって、慣性質量にマイナスの磁気的な質量を見いだすことができるというわけです。したがって、素粒子や原子の重力質量が、スピンの制御によって負になりうる。基本的にはそういうことです。

そうすると、物質の重力質量が負になれば、いうならば反重力、あるいは斥力になるわけです。言葉で言うとそれだけなのですが、理論がひどく難しいので、私の原稿には「ド・ラムのコホモロジー」という考え方がディザーの考え方の基本にありますよ、と書いてある。その後の解析は非常にやっかいで容易に理解できませんから、結論としてはどういうことかということのみを書いておいたわけです。それは今言ったようなことで、磁場をかけることによってスピンを制御して、通常の慣性質量だけでなく、マイナスの磁気的質量を見いだして、全体としての重力質量を負にしてしまう、ということなんです。

——たとえば、アインシュタインの思考実験で等価原理の説明としてエレベーターの例がよく出てきます。完全な目隠しをされて、周囲の状況がわからないという状況でエレベーターに乗る。その場合、エレベーターが上に行ったり下に行ったり、いろんな状況が存在すると思いますが、その時に重力の大きさが変わったのか、それともエレベーターが動く加速度によって力がかかったのか。つまり、慣性質量にかかる加速度による力と重力による力は、本来、区別がつかないというのがアインシュタインの等価原理だと思います。

このディザーの場合、仮に同じ思考実験を使うとすると、エレベーターに乗っていてそこに磁場がかかっていた場合には、重力が変化したのか、あるいは慣性質量にかかっている加速度が変わっ

たのかということが本質的に区別できるということですか。

そういうことですね。ディザーの理論では、いわゆるエレベーターの綱が切れたというような直線運動ではなくて、やはり自転運動というものがないとダメなんです。素粒子のスピンは本質には自転を表しているからです。

——ということは、アインシュタインの思考実験で使われている直線的なエレベーターの例（綱が切れたときという状況）ではなくて、何か回転しているときに初めて重力と慣性質量にかかる加速度が区別される。慣性質量と重力質量に初めて差が出てくるということですか。

その区別が生ずるためには、スピンというものに磁場をかけなければいけない。スピンを持っている物質、原子なら原子、素粒子なら素粒子の持っている質量を回転させなければならないわけです。もちろん、光子のようにスピンがゼロでは駄目です。

ですからスピンに外部磁場をかけて、スピンを持っている原子ないしは素粒子の自転方向をきちんと制御させる、という条件があって初めて言えることなんです。すると「慣性質量＝重力質量」ではなくなって、素粒子なら素粒子の重力質量をマイナスにさせることが可能だ、というのがディザーの理論ですね。

一連のディザーの理論は、物理学会誌に何回も出して、その総決算として重力の専門誌に載ったわけです。それが１９９１年です。

122

第Ⅱ部　反重力はやはり存在した

今までの重力理論の中で、最も新しい理論というのは、「位相幾何学的質量重力理論」というのは。この理論によると重力質量を負にすることが可能ですから、反重力効果・斥力効果が普通の正常の物質（あるいは素粒子でもいい）に対して生ずることになる。そしてディザーは初めて「アンチ・グラビティ」という言葉を使ったんです。重力の専門誌「クラシカル・アンド・クアンタム・グラビティ」に、彼の理論の総決算としてアンチ・グラビティという言葉を使っています。それから、「等価原理の破れ」（エクイバレンス・プリンシプル・バイオレーション）という言葉も使っています。

——参考文献の [25] ですね。

これが世界のトップクラスの学者であるディザーから出てきたので、反重力（アンチ・グラビティ）という言葉を使うのはナンセンスだと、もはや誰も言えなくなりました。

——数学的な可能性として、反重力というものがかなり現実味を帯びてきた。

そういうことですね。で、ディザーは、もともとはアメリカ人なのですが、いまイギリスの大学にいてそういうことを随分提唱しているそうです。事実、反重力のテクノロジーの理論として自分の理論があって、ここまで来た。だから皆さんも反重力を考えてくださいと言っているようです。

[第Ⅱ部] 第2章　反重力の根底となるのはトポロジー重力理論だ！

──ディザーの理論に出てくるチャーン・サイモンズ項というのは、最近「結び目理論」などの関係で耳にすることも多いのですが、その理論を重力に直接適用したのが、ディザーという人だということですね。

基本的にはそうです。

一般の人に説明するということを頭に入れなければならないのですが、それは「ド・ラムのコホモロジー」がベースになっていることを繰り返し言わなければならない。閉じた経路の上で回転をする場合、あるいは積分をするというのが一番重要な条件なのですが、それさえ知ってもらえればいいんです。

──第Ⅱ部論文篇の第4章は、かなり数学的、理論的な話が多いのですが、その一番の核心は「ド・ラムのコホモロジー」。数式でいうと、自転や回転した場合には左と右の回転で両回転での重力の差が出てくるんだというところが、ポイントだということですね。

そうです。難しいですよね、こういう話は。一般の物理学者でも、こういうトポロジーというのはほとんど知っていません。重力理論を研究している人、素粒子を専門にしている人は知っている。今は素粒子関係では「ひも理論」とかいわゆる「超弦理論」とか、はやりですが、それ以外の人たちは位相幾何学なんてことは何も知らなくても構わない。だから一般の人が知らないのは当たり前のことです。

[第Ⅱ部] 第3章

反重力実験とはどういうものだったのか

反重力の原理とコマの実験

——いよいよこの第Ⅱ部の一番の核心部分、第Ⅱ部論文篇の第5章に述べられている回転によって実際に反重力が発生する実験について伺いたいと思います。
我々一般の人間としては、これは非常に大まかですが、コマを右に回した場合と左に回した場合で重さが違ってくる、という捉え方をしているんですが、この実験について解説をお願いします。

その前にもう少し、付け加えておかなければならないことがあります。アインシュタインの重力理論にもとづくと、相互作用が極端に小さいから、重力効果が目に見える形で出るのは巨大な質量を動かすか、あるいは物体が光の速さに近いようなすごいスピードで運動する場合でない限り、我々の観測には引っ掛からないと考えられていました。しかし、先程言ったような「ド・ラムのコホモロジー」効果というようなものがあるとするならば、巨大な物体でなくても右回りならば重さが変わるだろうということを推論したわけです。

それではどうやったら実験をやれるのかという問題が残っているわけです。
この点は非常に重要なので、今回、この本で初めてその解析を公開したのです。どこから一体そういう右回りと左回りの回転によって生ずる重力の違いのエネルギーが出てくるか、真空からどうやって出てくるか——。

それは、最初に言ったように、いろいろ考えたあげく、たとえばカントの距離の3乗に逆比例す

る斥力とか、アブラハムのやはり距離の3乗に逆比例する反重力というようなものが、微小な空間ならば有効である、効果的だという先駆者の考えがあるわけです。条件としては微小な空間ということですが。

もし、巨視的な物体を右回りの回転をさせたときに反重力が出るならば、そのエネルギーというのはどこから出てきたと考えなければならないか。それは、巨視的な物体といえどもすべて原子の集合体なので、原子そのものを右回りに回転させるのと同じことだ。だから、原子そのもののことを考えなければいけないだろうとなったわけです。

実際にどういう風に考えたかと言うと、アブラハムやカントの話にも出ましたが、原子の微小空間ですから、たとえば原子の直径1オングストローム（1億分の1 cm）ぐらいの微小空間で、距離の3乗に逆比例するような反重力効果（斥力効果）があるならば、結局、そのような考え方を取り入れなければダメなんじゃないか、というふうに考えたわけです。

通常は原子の核と外郭の電子との間では、クーロン力でお互いに引っ張られ、高速回転している電子に遠心力（外向きの力）が働いてバランスを保っている。これが基本的にはボーアの考え方であるし、今でも原子構造はそのような考え方です。つまり、そのほかに超微細であるけれども、ニュートンの万有引力が原子の核の物質と電子の質量との間で仮にやりとりされているとするならば、ちょうどそれと相反するような斥力効果も核と電子の間にあるのではないか。そしてそれは距離の3乗に逆比例する力、つまり原子半径の3乗に逆比例する力があって、万有引力とバランスしているのではないか……。

そして、そういう力が現実にあるのだということが、簡単な計算から出てくるんですよ。それは

第Ⅱ部論文篇の式を見ていただければわかります。少し具体的にいうと、電子の運動エネルギーをハイゼンベルクの不確定性原理、$\Delta P \Delta X \equiv h$ で書き代え、力を出すために ΔX で微分するのです。そうすると、電子の位置 r の逆3乗の力が電子に働いていることが自動的に導かれるのです。この力がカントやアブラハムの言っている万有斥力の項になるのです。ΔX は微小距離を表します。

——距離の3乗に逆比例するというのは、カントとアブラハムの理論が書かれている第Ⅱ部論文篇第3章の（3・1）式とか（3・3）式とかになりますか。

はい、そのあとは第Ⅱ部論文篇第4章の（4・43）式からそういうことを書いてあります。（4・43）式を見ますと、距離の3乗に比例する項が分母にきて、分子には $[3k(k+1)Gm_p m_e]^*$ となっています。m_p は陽子のプロトンの質量、m_e は電子の質量です。

このように斥力の力、つまり原子の外向きに膨張しようとする力が、マクロな物体を右回りに回転したときに反重力効果として表に出てくるのではないかと推論したわけです。

どのように計算したかというと、この距離の3乗に逆比例する原子内部での反重力効果に、4次元的時間（光の速さに時間 t を掛けたもの、4次元空間での時間）を掛ける。それを1秒間にわたって積分して、1秒間にどのくらいのトルク（エネルギー）が出るか、と計算した。それが（4・44）式の計算です。これも一種のトルクです。

すると、一番簡単な原子である、核が陽子1個と電子1個で構成されている水素原子のモデルで考えると、電子が1秒間に出すエネルギーは、（4・47）式のように

$\overline{G*} = 3.52 \times 10^{-16}$ (erg)

となるエネルギーを1秒間に原子内部の電子が持っているだろう。

原子の内部での斥力効果を積算すると、10^{-16} erg くらいの、微細な斥力による外向きに膨張するエネルギーがあるということです。

これは先程言ったように、4次元的時間に原子の内部の斥力を掛けた1秒間にわたるパルス的トルクを計算しているわけです。あるいは、電子ですから1秒間に 10^{17} 回ぐらい楕円軌道を回っているわけです。電子がそういう高速回転をしていると考えると、今のようなエネルギーが出てくる。

それが結局、巨視的な物体を回したときも、マクロの形でそういう斥力のエネルギーが表に出てくるのではないか、というふうに考えたわけです。

その結果、エネルギー的に（4・48）式から（4・50）式までの3つの式で、巨視的な物体が右回りの回転をすると、加速度としてはだいたい $10^{-5} \times r\omega$（$r\omega$ は巨視的な物体の回転速度）となって、それに質量（巨視的な物体の質量、質点の質量）を掛けたものが、右回りの回転で生ずるだろう反重力の大きさだというふうに計算できるのです。

そうすると、これはべらぼうに大きな値なんです。アインシュタインの理論から得られる重力効果、もちろんそれは引力効果ですが、それに比べてはるかにオーダーが大きいんです。アインシュタインの一般相対性理論で計算すると、回転によって生じる引力効果は、回転速度 v として、それを光速度 c で割って2乗して、それにニュートンの重力定数 G を掛けますから、v が c よりずっと小さい場合は、極端に小さいわけです。これは超微細なもので、普通の観測の測定器にはとうてい引っ掛からない。

ところが、今のような考え方、つまり原子の中で電子が高速回転していて、その中でいわゆる万有斥力みたいなものが働いている。そして、時間に関するトルクを1秒間考えると、驚くなかれ、右回りの回転の速度が毎秒数十メートルでも、ミリグラム程度のオーダーの変化があるだろうとなるわけです。

——毎秒数十メートルというと、だいたいイメージとしてはどのくらいの速さでしょうか。

私どもが使ったジャイロは、半径が3センチ弱。2・6センチぐらいです。毎分1万8000回転させれば、1秒間に300回転ですね。ですから、毎秒50メートルの速さです。これは光速度に比べると極端に小さい。

——普通、我々が手でコマを回す場合、1秒間にどれくらい回転するのでしょう。

1秒間に5〜6回転じゃないですか。

今回の実験は毎分1万8000回転、1秒間で300回転ぐらいの回転です。ジャイロにしたら、そのくらいの回転が普通です。

昔、飛行機に積んで、慣性誘導用に使われていたジャイロは毎分2万回転程度。1秒間に300回転くらいのものでした。だから、我々の実験ではごく普通のジャイロの使い方をしています。

10^{-5}のオーダーになります。これにマクロの回転速度vを掛けた大きさだとなると、右回りの回転の

――ということは、普通、我々がコマを回しても、測定できるような重さの変化というのは当然表れないですね。

　多分、表れないでしょうね。ミリグラム程度の精度での天秤を使っては表れませんね。マイクログラム程度の精度の天秤なら、10のマイナス6乗くらいですから、普通のコマの回し方をしても出るでしょうけどね。

　普通、私どもが使うのはミリグラム単位で、1000分の1グラムの変化があるかないかが分かるようなもの。最近はわりといい天秤で10のマイナス4乗、数グラム載せてコンマ1ミリグラムまで測れる天秤があります。

　今の私の計算でいくと、10のマイナス5乗というオーダーに回転速度vを掛けた大きさになる。だから普通の直径が4センチ程度のジャイロで、毎秒の回転数が300回転くらいで周辺速度vが毎秒約40メートルとなる。それくらいの回転速度で、ミリグラム・オーダーの精度の通常の天秤で測れる重量変化が表れる。それくらいの回転速度で、ミリグラム・オーダーの精度の通常の天秤で測れる重量変化が表れる。右回りの回転で軽くなるだろうという計算だったんです。

　実験をやってみると確かにそうなったんですが、アメリカの物理学会に出した最初の論文は、理論については一切触れずに、こういう実験したらこういう結果だけしか書いてない。だから、非常に不思議に思ったらしい。常識的にいけば重力というのは極端に小さいわけで、通常の天秤で測れるわけがない。にもかかわらず回転数がたかだか1分間に2万回程度、あるいは1万回程度で、ミリグラムオーダーの重量変化なんて間違いだろうと考えたわけですね。でもそれはアインシュタインの理論が正しいとすれば、当たり前のことです。何しろアインシュタインの理論は誰し

もが正しいと思っていますから、びっくり仰天したわけですよ。伝統的な理論で考えて、桁がいまの条件でどれだけ違うかというと、周辺速度が30メートル/秒の場合、アインシュタインの理論では引力加速度として10のマイナス20乗ぐらいの小ささです。そして右の回転も左も同じである。ところが、私の理論にもとづいてというか、「ド・ラムのコホモロジー」にもとづく考え方では、右回りの回転で軽くなるその軽くなり方は10のマイナス3乗ですから、桁違いに大きいわけです。10の17乗倍くらい大きいわけです。もうそれはまったく信じられない数字となるのです。

——そうしますと、第Ⅱ部論文篇の第5章の初めにある[図5]が実験の概念図となるわけですか。

はい。天秤は2種類使っています。最初使ったのは電子天秤でした。電子天秤でベルジャーという金属の蓋を上にかぶせていますが、この中の真空度は可能な限り一定にしなければいけません。というのは、ジャイロを回すとベアリングのグリースなどが飛びますし、スピードが上がってくるとよりグリースが飛ぶわけです。すると中のガス圧が上がります。また、ジャイロのスピードが落ちてくるときも測っているわけですから、その場合はグリースが飛ばなくなる。このため、圧力コントロールが非常に厄介です。

もう一つ実験にあたって非常に重要なことは、電子天秤は、中に非常に複雑な電子制御回路が入っている。自転するジャイロが電子天秤に、どんな影響を与えるかわからない、そしてもう一つは、ベルジャー自体をかぶせているので、天秤を操作す

るスイッチをこの中に入れられないため、ほとんどの電子回路を本体から一度外しました。そして電子回路は一つのボックスに入れて1メートル50センチくらいのリード線でつないで、ジャイロが回ることによって生ずるだろう何かまだ我々には分からない効果が電子回路に影響を与えないように、できるだけ離しています。

——たとえば、ジャイロ自身が電荷を帯びていたりして、回ることによって磁場を作ってしまうとか、そういうのが電子回路に影響する可能性というのはあるわけですね。

ええ、そうです。

——それを排除するために、電子天秤の制御回路部分や表示部分などは遠くに置いている。

ええ、こうしたことをすることは非常に厄介で私どもの力ではできませんので、電子天秤をもっぱら扱っているメーカーの技師に頼んで、いったん外して、1メートル50センチのリード線をつないでから再調整し、確かにこの電子天秤は使えますという状態で、ジャイロをその上で回して測ったわけです。

——真空になっているということは当然、空気があったりすると揚力が出るからですか。

第Ⅱ部　反重力はやはり存在した

上　ジャイロ本体：ストロボ、タコメータ（第1回実験）
下　電子天秤本体：制御回路、ディスプレー（第1回実験）

――これは密閉装置に、真空ポンプで空気を抜いていくという作業が最初はあるわけですか。

はいそうです。実験の途中でもロータリーポンプなどを使ってやっていますが、ロータリーポンプだけではちょっと粗っぽくて圧力が大きく変動するので、ソープションポンプという、中に吸着剤が入っているポンプを間に入れています。そのポンプのバルブを細かく調整して、ベルジャーの中の圧力を見ながらコントロールするわけです。その操作が最初は大変でした。

で、実験をやってみたら、予想の通りの結果が出てきたんです。いやあ、それは嬉しかったですよ。だってここまで来るのに何年も何年もかかっているわけですから。およそ10年近くかかっているんですから。

繰り返し言いますが、まず、従来の重力理論では、10のマイナス20乗程度の大きさしか引力加速度効果が出ないわけです。しかも、右回り、左回りとも同じ大きさだという。ところが、ここで出てきたのはアインシュタインの理論から予想されるものに比べたら、10の17乗ぐらい大きいわけです。しかも、右回りの場合だと。少なくともそう考えていい。上から見て左回りの回転の場合は、ディスプレーに現れる数字はほとんどゼロばかり。惰性回転で測っていますから、だんだんス

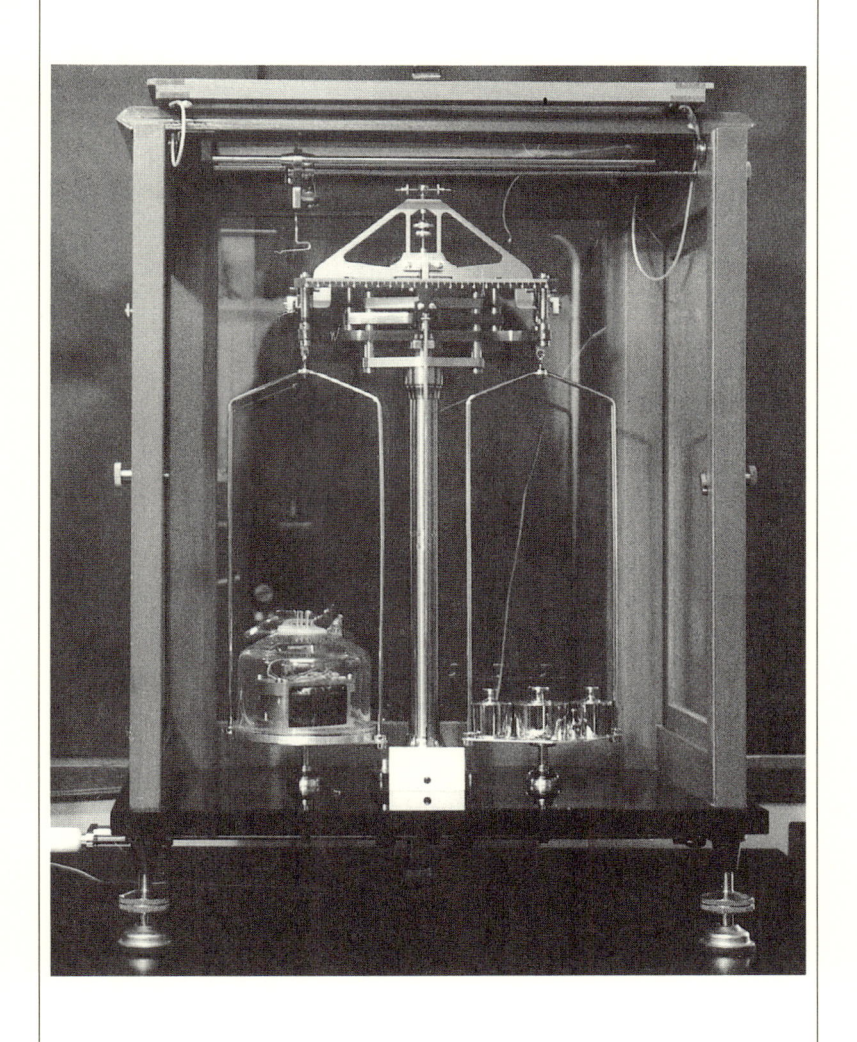

化学天秤：真空容器入りジャイロの全体写真（第1回実験）

ピードが落ちていますからね。

惰性回転で測る理由は、電子天秤自身も磁場でコントロールしていますから固有の磁場を持っているわけです。それにジャイロの駆動電流も磁場を作っているわけです。そのため磁場同士のカップリングが出る。だから測定するときは必ずジャイロのスイッチをオフにして駆動電流を流さない状態で、惰性回転で測っているわけです。だからスピードはどんどん落ちているわけです。

──一番最初に電気で高速回転まで上げてやって、電気を切る。そうすると後は、摩擦によってだんだんスピードは落ちていく。

その回転数を測りながら、その回転数に対応した重量に変化があるかないかを計器で見ているわけです。天秤から切り離した表示器で見ているわけです。

──［図6］に結果が出ているわけですね。ここに傾いている直線が2本ありますが、これが右回りですか。

そうです。右回りの回転の場合です。傾斜が大きい方が大きな半径を持っているジャイロです。傾斜が緩やかなのは、小さな半径のジャイロです。そしてフラットになっていて変化がないのが、左回りの場合です。

横軸はジャイロの回転数です。10^3 rpmが単位になっていますから、毎分1万3000回転まであげて、それから毎分3000回転ぐらいに落ちるまで測っているわけです。

——そうすると図の見方としましては、右のところから始まってだんだん回転数が落ちていくのが一番左のところとなる。

ええ、そういうことです。

——左回りの場合は、ほぼゼロということで変化はなし。

まあ天秤自体のエラーのゆらぎはありますが、平均値を後でとってみますと、±0・3ミリグラムでしょうか。これは化学天秤で測った場合ですね。あと斜めに2本の直線になっていますが、これも縦軸、横軸にゆらぎがありますが、これも化学天秤で測った場合です。電子天秤の場合は1ミリグラム単位で測っていて、数字で表示が出ますから、それを全部足して割って平均値をとっています。

——素朴な疑問なんですが、右回転、左回転というのは、地球の重力場に対してということですか。

139

[第Ⅱ部] 第3章　反重力実験とはどういうものだったのか

そうです。いつも鉛直線の上から見てということです。我々が腕時計を見るのと同じです。

——ということはたとえば、宇宙空間で重力がないところでは、右回り左回りというのは意味がない。

区別はありません。その場合はどういうことになるのか。これはあくまでも地球上での、という限定があるんです。発表した論文のタイトルにはこのことを明記してあります。

——地球の重力場の中で、右回転と左回転ということですね。

宇宙空間で重力や引く力が何もないとき、いったいどうなるんだとよく聞かれますが、あくまでも鉛直方向の引く力がまずあって、その上で右回りということなんですよ。少し大きな人工衛星の中にジャイロを持ち込んでやる場合は、人工衛星自身が一つの自己の重力場をつくっていますから、そこでやってみたらどうなるでしょう。なんか面白い結果になるんでしょうね。

——それから、場所が変わった場合、経度や緯度が変わることによる影響はあるのでしょうか。

それについては第II部論文篇第5章に具体的に書いてあるように、この実験について十分検討しました。

一つは地球の自転の効果によって違うのではないかということがあった。つまり、北半球と南半球で測った場合は、効果が逆になるのではないかと。そんなことはなく、地球の自転には依存していない。

それから、北緯何度という緯度に依存するかというと、これもほとんど何の影響もないと思います。あくまで地表面に対して、重力が働いている鉛直方向の地球の引力場ということを基準にする限りは、緯度や経度に依存しない。

このことは、落下実験も行っているので、後でまた話をします。

——実験の話をもう少し詳しくお願いします。

天秤は2種類使いました。最初は電子天秤でした。電子天秤の場合は先程言ったように、天秤自身が作っている微弱な磁場がある。天秤の皿の上で、鉛直方向にほぼ1ガウス近い磁場を持っている。それとジャイロを回したときに、ジャイロに駆動電流を流している場合はやはり1ガウス近い磁場ができる。だから、その場合はカップリングが起きる。またジャイロの駆動電源を切った場合でも、1ガウスより小さいけれども残留磁場はある。これも実際に測りましたが、残留磁場が影響するかもしれない。

そこで、まず地球の磁場が影響しているかどうかということをチェックするために、磁気シール

141

[第II部] 第3章 反重力実験とはどういうものだったのか

ドの部屋を利用して実験しました。東北大学には当時残念ながら磁気シールドの部屋がなかったので、地球磁場の1000分の1まで落としている横河電機の磁気シールドの部屋を借りて、そこに化学天秤を持ち込んで測ってみました。そして現象としては、普通の部屋の中で実験するのと変わりがないことを確かめました。

それでもまだ心配で、地磁気とのカップリングの問題を必ずつっこまれる可能性があるから、ジャイロをひっくり返してみました。電磁場が介在しているならば現象が反対になるはずなので、それもやってみたのです。

それから、今度は一番単純な化学天秤に移った。それは全部非磁性材料で作ったもので、天秤の皿の上の真空のガラス容器の中にジャイロを入れて回しました。片方に標準分銅を載せて測っても電子天秤を用いて得た結果と変わりがないということで、やっと論文で発表したわけです。

── これは実際に実験を始められてから、論文が完成するまでどのくらいの時間がかかっているのでしょうか。

提出する論文を作るまでには丸3年かかっています。何度も何度もやりましたね。やっとできて論文の形で出したのはいいけれど、審査に1年半かかりました。

レフェリーが四人も立って、1年半かかった異例ずくめの論文審査

Anomalous Weight Reduction on a Gyroscope's Right Rotations around the Vertical Axis on the Earth

Hideo Hayasaka and Sakae Takeuchi

Department of Radiation Engineering, Faculty of Engineering, Tohoku University, Sendai 980, Japan
(Received 7 March 1988; revised manuscript received 9 August 1989)

The weight change of each of three spinning mechanical gyroscopes whose rotor's masses are 140, 175, and 176 g has been measured during left (spin vector pointing upward) and right (spin vector pointing downward) inertial rotations around the vertical axis by means of a chemical balance. The experimental results show that the weight changes for rotations around the vertical axis are completely asymmetrical: The right rotations (spin vector pointing downward) cause weight decreases of the order of milligrams (weight), proportional to the frequency of rotation at 3000–13 000 rpm. However, the left rotations do not cause any change in the weight.

PACS numbers: 04.80.+z

To confirm the reflection symmetry relating to the rotational motion of objects in the gravitational field of the Earth, the weight of each of three spinning mechanical gyroscopes has been measured during left (spin vector pointing upward) and right (spin vector pointing downward) inertial rotations around the vertical axis by means of a chemical balance. The experimental apparatus and method are as follows.

Each gyroscope is composed of the stator, rotor, and rigid frame. Rotors of 139.863, 174.882, and 175.504 g are used, and their diameters are 5.2, 5.8, and 5.8 cm, respectively. The materials of the rotors are brass, aluminum, and silicon-steel. The dynamic balance, which is the criterion of the maximum deviation of the center of a rotor's mass associated with rotations, and the fluctuation of the rotational frequency of each gyroscope are 0.3 mm/s and ±0.2%, respectively, for both rotations. This means that the dynamic characteristic, i.e., the synthetic criterion of the stabilities of spinning and precession of each gyroscope, is the same for the two rotations. An oscillator capable of switching polarities and a voltage amplifier are used to change the frequency of rotation of the rotor and to supply the driving power to the gyroscope. The directions of the left and right rotations are determined by the polarity. A phototachometer is used to measure the frequency of rotation of the rotor. The chemical balance is made of nonmagnetic materials, and the measurable range is 0 to 500 g with an accuracy ±0.3 mg. To exclude fluid effects of air on the rotating gyroscope, a vacuum container made of glass is used. An overview of the experimental apparatus is shown in Fig. 1.

The first experiment was carried out in the environment magnetic field of 0.35 G that is nearly totally due to the geomagnetism. The degree of vacuum in the container containing the gyroscope is kept between 1.3×10^{-2} and 1.3×10^{1} Pa. The electric power is supplied to the gyroscope through superfine wires. The rotational frequency of the rotor is brought to the desired value by increasing the supply voltage and the frequency of the oscillator under the same driving condition for all the measurements. After the desired value of the rotational frequency is attained, the electrical circuit is opened. Then the weight of the rotating gyroscope is measured under inertial rotation. The weight measurements are repeatedly carried out, 10 times, for a given frequency of rotation.

As shown in Fig. 2, the right rotations of each gyroscope always cause weight decreases of the order of milligrams, proportional to the frequency of rotation. The weight reduction occurs for both normal and reverse attitudes. Here, reverse attitude of a gyroscope means merely its upside-down attitude without change of the states of the other equipment and the environment considered. Right rotation means the spin vector pointing downward for both the normal and the upside-down attitudes. On the other hand, the left rotations of each gyroscope yield zero weight change for all frequencies of rotation and both attitudes, within the accuracy of the chemical balance. The weight changes for both rotations

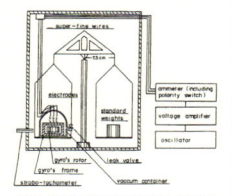

FIG. 1. Overview of the experimental apparatus including the chemical balance.

「フィジカル・レビュー・レターズ」に掲載された第1回実験の論文

―― 通常はもっと早いわけですね。

審査は長くて4か月ですね。通常は3か月もあれば、いいとかダメとかいって審査が終わるのですが。

――『フィジカル・レビュー・レターズ』という雑誌自体が結果を急ぐものを出す、レター形式の雑誌なわけですね。ですから、それが1年半かかるのはかなりの非常事態だったわけですね。

かなりなどころか、前代未聞なんです。

通常、審査員（レフェリー）が一つの論文に対して二人いて、それで答えを出すのですが、最初から三人なんです。こちらに質問が来たりしてやり取りしているうちにどんどん時間が経つわけです。で、埒（らち）が明かなくなって、三人のうちの二人がしょうがないと認めたのですが、一人が非常に食らいついてくる。有難かったのですが、1年経っても埒が明かないので、おそらく重力関係では大家だと思える四人目の審査員が加わり、いままでの審査員と私とのやり取りの手紙を全部見て、OKだといったわけです。要するにレフェリーの意見が間違っていると。それでケリがつくまで1年半かかったのですよ。

おそらく『フィジカル・レビュー・レターズ』としても、最高の長さではないでしょうか。レターズに投稿して1年以上かかったという話はありませんし、審査員が四人登場したという話もない

144

第Ⅱ部　反重力はやはり存在した

んです。

——それはこの実験結果自体が、非常にショッキングだったからでしょうね。

超ショッキングですね。それは繰り返し言っているように、重量変化の大きさの点からいっても、右と左の回転での重量に大小の違いが生ずるとか、通常の測定器で測れたとか、今までの重力理論からしてみればあり得ない話なんです。

——レフェリーというのは、実験が専門の人が多いのですか。この場合は、理論的な人が多かったのですか。

多分、理論を専門にしている人もいたと思います。三人が多分実験をやっている人だと思います。一人だけ、どこに所属しているかわかったのです。コロラド大学の人で、アポロ計画でいろいろ得られた月のデータを解析している人でした。月の公転についていえば、これまでのニュートン力学では説明がつかないことだと主張した人でした。

七つの系統的なエラーについて

――この辺は実験の核心なので続きをお願いします。

一番最初は電子天秤、次に化学天秤と、まったく別の測定器で測定なさったということですが、第Ⅱ部論文篇の第5章115ページにいろんな系統誤差について、七つぐらい書かれてますが、系統的な誤差というのはどういうものなのか説明して下さい。

ジャイロといっても合計3個使ったわけですが、構造的には全く同じ構造をしていますが、右回転をさせた場合と左回転をさせた場合に、ジャイロの動特性といわれている問題、つまり機械的な回転体ですから、べアリングなどを使ったりしているのです。たとえば鉛直軸の周りにどのくらい揺らぎが生じるかという問題、それと回転するローターの材料は、相当均一なものになっているはずですが、その質量分布が半径方向やz方向に微小に違う可能性があるわけです。そういうものを右回りの回転をさせた場合と、左回りの回転をさせた場合に、揺らぎの違いとかがあるのではないか。そういうものに影響されたのではないかと、第1の項目で考えました。

それから2番目は、電子天秤とジャイロとの間には磁気的な弱い結合があるので、そういうものが右回りと左回りの回転で違ってはいないか、ということです。

3番目としては、真空はかなりコンスタントにしていますが、それでも人間のやることですから、右回りの回転と左回りの回転との場合で空気流の違いがあったためではないだろうか。それによっ

て揚力効果が右、左の回転で違ってはいなかったかということを検討しました。

4番目は1番目の項目に関係しますが、ジャイロの軸とローターとの間には小さいボールベアリングが7個使われているんですが、右左の回転でボールベアリングの摩擦や振動による違いが出てきたのではないか。それが系統的エラーの原因かもしれないと、そんなことも検討しました。

5番目は、繰り返し繰り返し実験をやったのだから、その時々で実験環境が違っていなかったか。たとえば、地球の潮汐力が時々刻々微小に変わっているわけですが、その時々で実験の時に違っていないか。あるいは温度（室温）が変わってはいなかったか。それから地磁気も微小に変わるわけですから、そういう環境の違いの問題が系統だったエラーという恰好で出てきたんではないのか、ということです。

6番目は慣性力。つまりジャイロを回転させるというのは、ローターの質量を回転させますから、その時の慣性力というのは、古典的なニュートン力学の範囲内で考えられる遠心力とコリオリの力と、7番目に取り上げている地球の自転の問題があります。地球の自転というものと古典的なジャイロとの自転間の相互作用が右左の回転に出てきたのではないかという問題。

7番目は、地球の持っている自転している角運動量というものと、ジャイロの持っている自転している角運動量との結合の問題があるわけです。これは重力理論で相当高度な話になりますが、二つの回転体の間の角運動量の結合の問題があるので、そういう問題が右回りの回転と左回りの回転では違っていたかもしれない。

このような7項目をいろいろ詳細に検討してみました。その結果、今考えたような系統的エラーとおぼしき原因にはなっていないとわかりました。

——たとえばコリオリの力と言いますと、台風の回転の方向とか、よく言われる例では、流しで水を溜めておいて栓を抜くと回転の方向が決まってしまうとかいう話もあります。でも実際は流しの形状の方の影響が大きいので本当は決まらないとか、いろんな話があるのですが、そういうような地球の自転による影響が回転に影響を及ぼすというコリオリの力が、この場合にも効いているんではないかということが一つの検討項目になっているわけですね。

そういうことですね。地球自体がたとえば北極星のような恒星に対して自転している。それから太陽の周りも回っている。常に地球という回転体の上でジャイロという回転体を回していることになるわけです。そういう場合は、かなり厄介な問題が起きるわけです。そこで、地球の自転の影響が果たして今回の実験結果の原因になっているかどうかということも検討してみた。しかし、少なくともニュートン力学の範囲内、あるいはアインシュタインの一般相対性理論、重力理論から検討してみて、考えられるような効果はない、ということが結論だったですね。

——たとえばコリオリの力にしても、理論的な予測値が出るわけなので、この場合において計算してみれば、そんな大きな差は出ないであろうと、そういう感じだったわけですね。

右左の違いなんてありっこないんですよね。

だいたい、今ジャイロの回転軸は鉛直方向に向かせてある。いって、首振り運動をやる場合がありますが、その場合でも実はニュートン力学の範囲の鉛直方向に重力効果が出てくることはないんですよ。我々の場合は、正にニュートン力学の対象になるような巨視的な物体を回しているわけですから、そういう効果もあるかもしれないと考えましたが、それはない。コリオリの力を皆さんよく指摘するのですが、そういうものはないということですね。

——4番目の摩擦について、たとえばボールベアリングと回転軸との間の摩擦ということは、右に回転させる場合と左に回転させる場合で、何らかの形状の違いから摩擦が違ってきて、それでそういう結果が出るんではないかという可能性ですね。

ジャイロというのは機械的な運動体で、ベアリングを七つ使い、微小な振動が出ますから右回りの回転の場合と左回りの回転の場合の振動の加速度が違うかもしれないと考えて、ジャイロメーカーに計測してもらいました。もちろん回転数をパラメーターとして、右回りと左回りの場合の振動の加速度を測っています。そのデータからいけば、微小な違いはありますが、根本的に右回りと左回りの重量変化が生じたり、差が出てくるだろうというような非対称な効果が生ずることはないだろうと、少なくともその振動の加速度データからは結論づけることができたのです。

149

［第Ⅱ部］第3章　反重力実験とはどういうものだったのか

論文の反響、ネイチャーのあまりにおかしな意図的な否定！

——この論文の反響ですが、肯定的なものと否定的なものに大きく分かれると思うのですが、それぞれについてちょっとコメントしてもらえますか。

この論文は1989年暮れに発表されたわけですが、コロラド大学のフォーラという人たちが、容器の中に入れた羽根車に空気を勢いよく吹きつけ慣性回転をさせておいて、それを磁気天秤で測りました。すると右左の回転でいっぱい揺らぎが出てくるけれど、特に右だけが重量変化して左は重量変化がないという結果は出なかった、というのが最初の反論ですね。

それから、フランスのクイーンという人たちが、やはり似たような実験を行いました。羽根車に空気を吹きつけ羽根車を回転させ、密閉した箱の中に入れて、非常に高精度の、多分化学天秤のようなタイプで非常に複雑な機構を持った天秤の上に載せて測った。すると、最初彼らが行った生のデータが雑誌『ネイチャー』に出ていましたが、右回りの回転で重量が軽くなったことは確かなんです。そして、左回りの回転の場合では重量の変化はほとんどない。ところが彼らが発表したのは、右回りの回転で重量が減少したことは事実だが、私たちが得た重量減少に比べて1/8ぐらいしか出なかった。それでクイーンらは、これは多分天秤の支柱の部分、ジャイロならジャイロを載せているところが、多分右回りの回転でねじれたんだろうという。

クイーンらのは非常に複雑な機構を持った化学天秤なのですが、支柱が多分この程度ねじれたか

150

第Ⅱ部　反重力はやはり存在した

ら、その部分が鉛直方向の重量変化の減少という形で出てきたのではないかと推量して補正をすると、左回りの回転の場合の重量変化の減少はないという結果と同じだった、と私どもの論文を否定したわけです。

——これは分かりやすくいうと、天秤が壊れていたということですか。

まあ、壊れていたというか、支柱がねじれていたんだろうと。なぜ、右回りだけでねじれるのか。そんな馬鹿な話はないのですが。同じ回転体を使って同じ条件で回していながら、右回転でねじれて左の方では何のねじれもなかったということですから。ニュートン力学、古典力学の立場で行けば、右回りでねじれが出るなら、左回りで逆方向のねじれが出るはずなんです。

——これは素人目にもおかしいと思います。非常に大まかですが、天秤が壊れていたのでその結果が出たということなんですか。そうなると別の天秤を使えばいいじゃないか。壊れていない天秤を使ってみればいいじゃないかとなる。

ただ、フランスの度量局の連中が使った天秤は、彼ら自身が作った重力検出用の天秤なので、非常に精密な天秤なんです。機構がもの凄く複雑なんです。私なんかが使ったのは、馬鹿みたいに単純なもので、これ以上単純なものはないというやじろべ

えスタイルなものですから。それで、やじろべえが揺れるかどうかで右左の回転の実験をしたものですから、彼らにしてみればそう簡単に、別な物を使ったらいいというわけにはいかないんでしょう。

——このクイーンという人はフランスの方なんですね。ということは、特別な非常に精密という か、非常に時間をかけて作った天秤であるので、それを取り替えるわけにはいかないと。

1個しかない。確かにそうだと思うんですよ。それは、どういう天秤を作ったかということについての論文を、計量関係の専門のジャーナルに載せてあるのを見ましたけれど、ものすごい複雑ですよ。ちょっと私どもはわからないくらい複雑な機構を持っているんですね。
それで彼に言わせれば、右回りの回転のときだけ天秤の支柱がねじれたんだろうと。なぜ、同じ羽根車を左に回してねじれなかったかというその理由は書いていない。古典的なジャンルなのですがね。

——確かにそういう話を全然関係ない人間が聞いた場合に、そんなに精密な、もの凄い天秤を作っておきながらそれが壊れているというのはちょっと変な話で、おかしいなという気がするんですが。

右回りでの回転をさせた時に天秤の支柱がねじれるならば、古典的に考えると当然左の方でもね

152

第Ⅱ部　反重力はやはり存在した

じれなければいけないはずです。慣性回転体を使っているわけですから。そういう回転では左回転では重量変化がなかったわけですから。でも、左の方では何にもねじれないと言うんでしょう。生のデータではこのぐらいねじれたんだろうと考えてそれに見合った補正計算して、重量が減少したものだから、多分このぐらいねじれたんだろうと考えてそれに見合った補正計算して、右の方の回転の重量変化はゼロ、変化なしと断定しましょうという話なんです。これはおかしいと私は書いたんです。そんなのどこから見たっておかしい。天下の科学雑誌『ネイチャー』編集者自体がおかしな判定をしていたとしか思えない。『ネイチャー』もトリッキーなところがあると聞いてはいましたが。

ソ連のコズイレフは、すでに1957年に反重力を検出していた!?

――その発表された反論については、結果が出なかったというものが今のところ二つと、それと右の場合には確かに軽くなったんだけども、それは天秤が壊れていたんであるというクイーンの結果なんですね。

逆の結果というのはどこも出していないんですか。左回転の場合に変化が生じたという結果はどこも発表してないんですか。

これはだいぶ昔、1957年か60年の頃にロシアのコズイレフという人たちがやった実験があります。この人はロシアでは非常に有名な天文学者で、かつてのレニングラード市（現・サンクトペ

153

[第Ⅱ部] 第3章　反重力実験とはどういうものだったのか

Two Men and a Gyroscope May Rewrite Newton's Law

By WILLIAM J. BROAD

Japanese scientists have reported that small gyroscopes lose weight when spun under certain conditions, apparently in defiance of gravity. If proved correct, the finding would mark a stunning scientific advance, but experts said they doubted that it would survive intense scrutiny.

A systematic way to negate gravitation, the attraction between all masses and particles of matter in the universe, has eluded scientists since the principles of the force were first elucidated by Isaac Newton in the 17th century.

The anti-gravity work is reported in the Dec. 18 issue of Physical Review Letters, which is regarded by experts as one of the world's leading journals of physics and allied fields. Its articles are rigorously reviewed by other scientists before being accepted for publication, and it rejects far more than it accepts.

Experts who have seen the report

> 'It's a careful experiment. But I doubt it's real.'

other scientists can try to duplicate and assess it.

"It's an astounding claim," said Dr. Robert L. Park, a professor of physics at the University of Maryland who is director of the Washington office of the American Physical Society, which publishes Physical Review Letters. "It would be revolutionary if true. But it's almost certainly wrong. Almost all extraordinary claims are wrong."

Dr. Robert L. Forward, a consultant who helps the Air Force investigate advanced forms of propulsion, including claims of anti-gravity devices, said: "It's a careful experiment, but I doubt it's real, primarily because I've seen so many of these things fall apart."

If substantiated by further tests, the finding could have a profound influence on physics and the study of the universe and perhaps in the making of practical anti-gravity devices.

The experiment looked at weight changes in spinning mechanical gyroscopes whose rotors weighed 140 and 176 grams, or 5 and 6.3 ounces. When the gyroscopes were spun clockwise, as viewed from above, the researchers found no change in their weight. But when spun counterclockwise, they appeared to lose weight.

Small Loss, 'Big Effect'

The rate of decrease was small, ranging up to 11-thousandths of a gram

Defying Gravity: A Simple Experiment

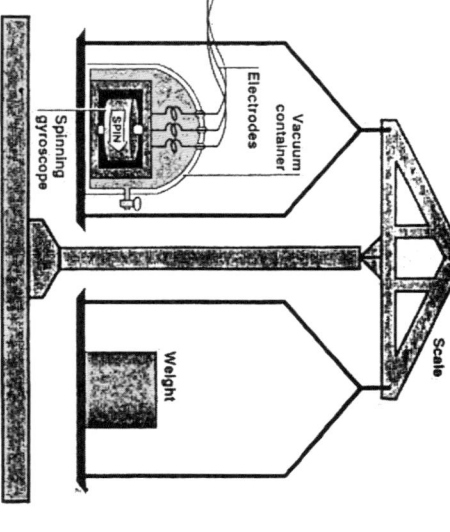

Weight is a measure of the earth's gravitational pull, and Japanese researchers have conducted a simple experiment that suggests a way that might counteract that pull. The experiment used a spinning gyroscope on a scale. The researchers say that counterclockwise rotations appear to cause weight decreases proportional to the frequency of rotation at speeds from 3,000 to 13,000 revolutions a minute. They say clockwise rotations appear to cause no weight change.

Source: Physical Review Letters

The New York Times/Dec. 28, 1989

早坂氏らの第1回実験の特集を組んだ「ニューヨーク・タイムズ」紙

ニュートンの法則を書き換えるか

テルブルク）のプロコーボ天文台の先生なんです。そのコズイレフたちの実験の場合は、左回りの回転で軽くなったという。

ジャイロの回転状況や使った道具が化学天秤であることなど、ほとんど私どもの実験と似ているのですが、左回転で軽くなった。右回転の場合は重量変化は無かった、という実験を相当昔にやっているんですね。

コズイレフたちは上から見てという条件はないんですが、ロシア人と我々と違うのかなということもあるんですよ。

というのは、同じ回転方向でも上から見た場合と下から見た場合では逆になります。私どもが右と言うのはいつも上から見たという話なのですが、アメリカの『ニューヨーク・タイムズ』が、最初に私が出した論文を大々的に新聞報道した時はアンチ・クロックワイズで軽くなったと書いてあるんですよ。上から見てクロックワイズ（ライトローテーション、あるいはライトスピニング）ですが、にもかかわらず記事には、アンチ・クロックワイズと書いてあるんです。つまり我々から言わせれば、左回転です。左回転で軽くなったという記事になってるんです。

また、落下実験を今から3、4年前にやりまして、去年、イギリスの高級紙ザ・サンデーテレグラフ紙が報道してくれたんですが、それ見るとやっぱりアンチ・クロックワイズで軽くなったとあるのです。私の論文には、明確に"上から見て右回転"ですと書いてある。にもかかわらず、やっぱりアンチ・クロックワイズで軽くなったと記事には書いてある。どうも、我々は上から見て右だ左だと言っているけれど、欧米人は下の方から覗いているのではないか。そのように思わざるを得ない。そこが共通しているんです。

あるいは、書いた記者自身がアンチ・グラビティだからアンチ・クロックワイズではないかと考えたのか、ちょっとわかりませんが、共通してどうも彼らは上からではなく下から覗いているような感じなんです。

だからロシア人の場合も、実は右回りで軽くなっていた可能性があるのではないかと推論しているわけです。

ロシアのコズイレフという天文学者がやった実験結果は、最初アメリカのロスアラモス国立研究所という原爆の実験をやったところのスタッフから、ロシア人のこういう人があなたと同じような結果を出していると教えられました。それからロシアの二、三人の研究者から、コズイレフの仕事が大体あなたの実験結果と同じだという連絡をもらって、コズイレフという人たちが私共と似たような研究をやっているとわかったのですが、天秤を使った実験で肯定的な話とすれば、そのコズイレフの実験となります。

ただし、コズイレフは1957年ぐらいだと思いますが、相当昔にそういう実験をやっていたのですが、実は正式な論文としては残っていないんです。ジャーナルという恰好では、多分、当時のことですから、ロシアの物理学会はそれをけってしまったんだと思うんです。従来のアインシュタインの理論とまるっきり違う話ですから、おそらくけって潰したんだと思います。アメリカの方ではそれを英文にしたものを手に入れて、重力研究者ないしはロケット推進などを研究していた人たちが読んでいたらしいんです。

現在、ロシアの国際会議が1年おきぐらいに開かれていますが、ロシアの重力の実験的研究がすべてコズイレフの実験が元になっているのがわかります。しかも、かなり沢山の人が重力実験をし

2, Sept, 1997

The Sunday Telegraph 19

Scientists 'beat gravity' using a gyroscope

by ROBERT MATTHEWS
Science Correspondent

A TEAM of scientists backed by a leading Japanese multi-national company claims to have found a way of generating "anti-gravity" using nothing more than a spinning gyroscope.

Although the claimed effect is extremely feeble — amounting to a loss in weight of just one part in 7,000 — the team insists that it cannot be explained away as experimental error.

Such claims have been circulating for at least a decade and have always been surrounded by controversy. According to conventional physics, it is impossible for any object to generate anti-gravity, or even to screen out its effects.

Devices that reduce the force of gravity would effectively give everyone exceptional strength, able to take on lifting tasks previously unimaginable. They would also revolutionise transportation, where huge amounts of fuel and pollution are used to overcome gravity and so-called rolling friction caused by weight.

The biggest impact, however, would be on space exploration. By eliminating

MEASURING ANTI-GRAVITY

After spinning the gyroscope, anti-clockwise to 18,000 revolutions per minute the electro-magnetic grip releases the capsule containing the gyroscope

Platform with laser measuring device

The capsule, enclosing the gyroscope, takes 1/25,000th of a second longer to fall than when the gyroscope is not spinning

Platform with laser measuring device

Acrylic cylinder 15.75 inches in diameter

63 inches

Platform with laser measuring device

Base platform

Shock absorber

Graphic: Phil Green

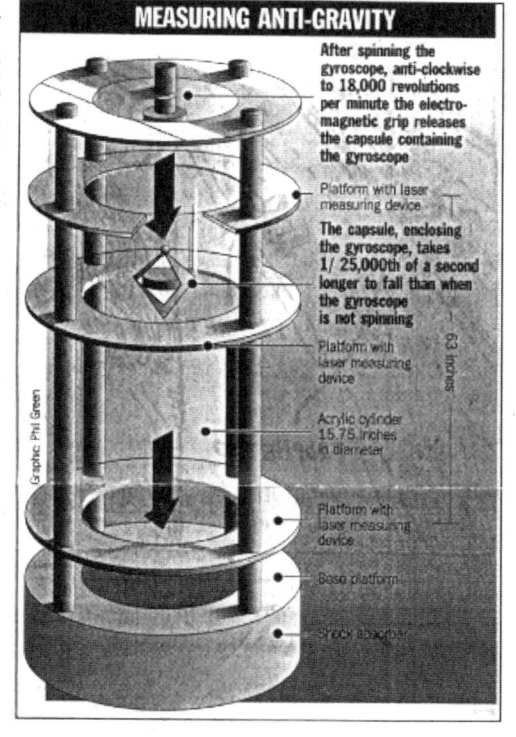

早坂氏らの第2回実験を特集した「ザ・サンデーテレグラフ（デイリーテレグラフの日曜版）」紙

Speculations in Science and Technology **20**, 173-181 (1997)

Possibility for the existence of anti-gravity: evidence from a free-fall experiment using a spinning gyro

HIDEO HAYASAKA[1], HARUO TANAKA[1], TOSHIYUKI HASHIDA[1], TOKUSHI CHUBACHI[1] AND TOSHIKI SUGIYAMA[2]

[1]*Faculty of Engineering, Tohoku University, Sendai 980, Japan*
[2]*Matsushita Communication Industrial Co. Ltd., Yokohama 226, Japan*

A free-fall experiment of a spinning gyro enclosed in a capsule has been conducted in order to investigate the effect of an object's spinning on the fall-acceler[ation...] For 10 runs of the fall-acceleration measurements, in which each run consists of left, ri[ght and zero spinn]ings about the vertical axis, it has been shown that the mean value of the fall-a[cceleration ......] $<g(R)>$ is significantly smaller than $<g(L)>$ of the left-spinn[ing ......,the latter] being almost identical with $<g(0)>$ of zero spinning. The res[ult suggests that R-spinning] generates anti-gravity and that the parity (the reflection sy[mmetry ...... is broken] completely.

Keywords: anti-gravity; spinning gyro

Introduction

Hayasaka and Takeuchi [1] have previously reporte[d ......] of a gyro (viewed from above) about a vertical axis [...... proportional] to the rotational velocity, whereas the left spinning [......] These earlier measurements were made using [......] Subsequently, several authors have reported neg[ative results for the weight-loss] of a right spinning gyro when measured by bal[ance ...... The most accurate data were] obtained by Kepner [5], who found that the f[all-acceleration of the R-spinning gyro is not] significantly different. (T. S. Kepner, personal [communication, 1994, describes an] unpublished experiment in which fall-times [of a R- and non-spinning gyro were] measured repeatedly over a fall distance of 17 [m by use of a He-Ne laser] beam reflected by two mirrors.) From these r[esults, it appears that the anti-gravitational] field generated by an object's R-spinning [is weak enough to be strongly affected by] electronics. In fact, for the measurement re[ported by Hayasaka and Takeuchi [1], part] of the electronic balance was located away [from the gyro and the two were connected by] long lead wires. Furthermore, we have d[iscovered that Newtonian mechanics is not] able to explain our earlier result.

The theory suggests that the gravita[tional force should work in] the opposite directions along a loop (i[n space) related to the] de Rham cohomology group which is [generated by the parity or] mirror transformation. The de Rham [cohomology group (with the] groupoid of loop group) generates [discontinuous interac-] tions, and there is a possibility of t[opologically repulsive] generation of topologically repulsi[ve ......]

0155-7785 © 1997 Chapman & Hall

Fig. 1. Schematic diagram of the experimental apparatus for fall-time measurement of a spinning gyro. 1, Electro-magnet having an electronic circuit for preventing the chattering caused by switch-off of a power supply. 2, Small indent having the same radius as the ball-bearing 9. 2 and 9 are used to fix part 7 at the centre of part 1. 3, Three mercury connectors into which 10 are inserted, where the upward surface of each copper cylinder is covered with the film of solder in order to increase the inner surface tension between copper and mercury. 4e, Laser emitter. 4r, Laser receiver. 5e, Laser stage having micro-gauges in both the vertical and horizontal directions. 5r, Laser stage having no micro-gauge. 6, Gyroscope. 7, Capsule including 6. 8, Spherical pure iron attached to 7. 9, The half of a bearing-ball (1.15 mm diameter) embedded at the top of 8. 10, Three electrodes used to supply electric power to 6, and to prevent 7 from any inertial rotation associated with that of 6. 11, Guide rod of 4 mm diameter. 12, Platform. 13, Acrylic cylinder of 400 mm diameter. 14, Four ceramic pillars made of SiC (thermal expansion coefficient = $2 \times 10^{-6}/°C$). 15, Base platform. 16, Shock absorber. 17, Container having caster. 18, Gate circuit. 19 and 20, Frequency counters (time counters) with the accuracy of 0.1 μs. Each set composed of 4e, 5e, 4r and 5r is put on the respective platforms 12 which are set at the upper, middle and lower positions. A pair of two laser beams is crossed and focused on the vertical line through 2. The two pairs are put respectively on the upper and lower positions, and only one beam is focused on the vertical line at the middle position. Each focus diameter is 0.1 mm.

第 2 回実験の論文は「スペキュレーションズ イン サイエンス アンド テクノロジー」で発表された

ている。そういう意味で、コズイレフという人はロシアでの重力研究の、いわば教祖に近いわけです。ですから、私どもがやった結果はコズイレフの結果と右と左の表現の違いはありますが、完全に非対称の変化を出しているので、ロシアではコズイレフが先に専門誌で発表をしていれば、ロシア人が世界で初めて反重力を発見したんだって言えるわけですよ。ところが、潰されてジャーナル誌で認めていないんでしょうね。最初に世界的に公表されたのが私の論文が89年に出てから、これは急遽認めるべきだってなったんでしょうね。おそらく私の論文が出てから、コズイレフの論文をまとめた論文集が出されていますから。

肯定的な結果は、なぜか世に出ない！

その他、肯定的な実験結果はいろいろな国から来ています。ただし、なんらかのジャーナルには載っていません。皆、個人で密かにやってるんですね。

たとえばイギリスの場合は、キッドという電気技師がジャイロの組み合わせ実験をしている。また、レイスウェートというリニアモーターカーで有名な学者も、複合的なジャイロを使って実験している。そしてこの人たちの実験は、ほとんど私の結果と同じで、右回りの回転では軽くなる。

彼らがやった実験は非常に単純なもので、厳密に測っていません。それは、人間が両手に直径が50〜60センチメートルぐらいの大きさのフライホイールを持って、回転軸を水平にしてフライホイ

ールを互いに高速回転させるわけです。そして黙って動かないで立ってると、かなり重いわけです。全部で25㎏ぐらいあるような大きなフライホイールですから、ものすごく重いんです。ところが、いったん人間の体をゆっくりと右回転させると、このフライホイールがものすごく軽くなる。グーッと上に上がってしまうんです。一方、人間の体全体を左に回しても、重さは相変わらず同じなんです。これは私も確かめてみてびっくりしました。

ただしこの場合、回転しているフライホイールの回転軸は水平です。そのフライホイールを両手で持ちながら、人間が体全体を右に回したり左に回したりする。人間が時計方向に回ると、25㎏あるフライホイールがものすごく軽くなってしまう。そういうことをレイスウェートたちがやりました。

——フライホイールというのはどういうものですか。

ただのローターです。半径と質量が大きなものです。

——それを実際手に持って、人間が回転するわけですね。

人間が体ごと鉛直軸のまわりに回転する。人間が回るのですからゆっくりですよ。持っているだけで、誰でもわかります。そうすると、フライホイールがものすごく軽くなるわけです。ほかの人たちにもやってもらいましたが、確かにそうなりました。

160

第Ⅱ部　反重力はやはり存在した

その実験は、ドイツやいろんな国でもやってたらしいですよ。ほかにもジャイロを使った実験とか、ローターを使った実験とかがあります。ただ、それらがいわゆるオーソドックスな物理学のジャーナルには載ってないわけです。あちらこちらでやっているらしいのですが。そんな状態でしたね。つけ加えて置きますと、ロシアでは「ヨールカ」と名付けられた反重力装置を作っております。「ヨールカ」は、鉛直軸より斜めの軸にジャイロが全部で四つつけられ、全体が鉛直軸のまわりに回転する装置です。全体が右回りすると、「ヨールカ」は軽くなるという実験データが公表されています。

[第Ⅱ部]第3章　反重力実験とはどういうものだったのか

［第Ⅱ部］第4章

反重力の存在を確信させた実験とテクノロジー

ついに反重力を検証する落下実験に乗り出す

その他、これは落下実験のカテゴリーに入っているのですが、飛行機を作っているボーイング社に勤めていたアメリカ人のケプナーという方が、実は自分は落下実験をかなり昔にやったという手紙をくれました。

私どもが最初に出したのは天秤を使っていますから、軽くなったとか重くなったとかいう話ですよね。ところが、彼は落下実験をやってみた。そしてジャイロが上から見て右回りの回転の場合は、落下の時間が長くなっている。左回りの場合は、回転しない場合とほとんど同じ。全部で百数十回、落下実験をやった。だから、結果的には私ケプナーの実験結果と早坂の結果と同じはずだ。一つ落下実験を改めてやったらどうかという手紙が来たのです。

それでいよいよこれは落下実験をやらないと、いろいろつつかれるだけだし、測定器に何にも直接触れないやり方は落下実験しかないですから、それをやってみようということになりました。

――それが第Ⅱ部論文篇第5章の2節にあたるわけですね。［図7］がそうですか。

これを少し説明しますと、落下塔の全部の高さが3メートル。地面から一番高い場所に電磁石をつけている所まで、ちょうど3メートルぐらいあります。ジャイロをカプセルの中に入れて、落下させた距離は、そこに書いてあるように全部で1.7メートル落下させているわけです。

165

［第Ⅱ部］第4章 反重力の存在を確信させた実験とテクノロジー

この[図7]を説明すると、電磁石に電流を流してジャイロが入っているカプセルをくっつける。中でジャイロは高速回転してるわけです。そして、一番上段の所にレーザーを水平に通し、中段のところにも下段にもレーザーを水平に通している。そして、上段のところがスタート点になって、中段のところにジャイロが来たときにレーザーをよぎるわけですから、そのよぎった時の時間間隔を計ります。

——上段がA地点で中段がB地点ですね。

そのAB間の落下時間を計る。AB間は近似的にはほぼ50センチメートル。次に下段のCとの間、AからCまでは170センチメートルです。ですから、AB間とAC間の落下の時間を計っているわけです。時間計測器は、1000万分の1秒まで表示でき、計ることができるわけです。どの4回の落下を1組として、10組のデータを取りました。
それで計ってみると右回りの場合は、落下時間が明らかに左に比べて長いわけです。どのくらいかというと、この条件ではだいたい10万秒の1秒くらい落下時間が長い。ジャイロの回転数は1分間1万8000回転、毎秒300回転です。そういうジャイロの条件で落としました。そして、回転をしないものを2回落下させて時間を計る。それから上から見て左回りの回転で落下する時間を計り、右回りで落下する時間を計る。この4回の落下を1組として、10組のデータを取りました。

期間的には夏で、時間的にはほとんど同じような時間帯で実験しました。ただ、相当気を配ったのは、部屋の温度の変化です。要するに、落下塔の支柱が熱膨張なんかがあったりして伸び縮みし

上：カプセル（第2回実験）　下：カプセルとその中のジャイロ（第2回実験）

ないように、室内温度の変化を±0.2℃ぐらいの範囲内に抑えるようにするとか、使っている落下塔の肝心なレーザービームを載せている台を支える4本の支柱は、熱膨張が少ない炭化ケイ素のようなセラミックスを使うなどしています。そのような、実験装置についてのさまざまな配慮があるわけです。また、実験の細かいことが実は大事なのですが、そんないろいろな注意をして落下させてみました。

すると先程言ったように、回転数が毎分1万8000回転の場合、上から見て右回りの回転で、落下時間は10、10万分の1秒ぐらい長い。左回りの回転の場合は、ゼロ回転とほとんど変わりがない。その結果を重力加速度に計算し直したものが、[表1]です。

[表1]を見ると、g(L)というのが上から見て左回転での落下加速度、g(R)というのが右回りの落下加速度ですが、右回りの回転は左に比べていつも小さいんです。ここで重要なことは、この結果に例外がないことです。だからg(R)からg(L)の差を取ると、マイナスの数値が出ることになります(表の一番右)。

データの数としてはまだ少ないものの、そういうデータが出たので、平均値と揺らぎを計算すると、(5・5)式あたりの形になります。左回転の落下の場合の重力加速度はゼロ回転、つまり回転させないで落下したのに比べて、わずか差が0.0029ガル。つまり0.003ガルぐらいです。左回りの回転の重力加速度から、回転しない場合でのゼロ回転での重力加速度の差を取った平均値が0.003ガルぐらい大きいのです。ここで、1ガルとは重力加速度の単位です(地球の重力加速度は980ガル)。

一方、右の場合は、右の回転の重力加速度979.9266ガルからゼロ回転の加速度を引いた

自転ジャイロの落下実験装置：ジャイロの落下実験塔と落下時間測定器（第2回実験）

ものの平均値は、マイナスの0・1392と、0・14ガルぐらい小さくなっているのです。これは非常にはっきりした差ですね。

――ちょうど第Ⅱ部論文篇第5章の（5・5）式から（5・8）式までの話ですね。

さらに、右回りの重力加速度から左回りの重力加速度の差をとった平均値が、マイナス0・1421。だから、右回りに回転させると、落下の加速度が左回りのそれよりも小さくなるということです。

――これはちょうど、ガリレオのピサの斜塔の落下実験と同じようですね。原理的には同じことですよ。回転体を使ったという違いはありますけど。

――つまりピサの斜塔から右回転のコマと左回転のコマを同時に落とすと、落下時間に差が出てくる。そういうことなんですね。

右回転の方が後で落ちてくる。

――つまりそれは重力が小さくなった。

上向きの加速度が右回りの回転体に働いているということになりますね。[表1]のg（R）からg（L）を引いた値がランダムになっては駄目ですよ。差がプラスになったりマイナスになったのではなんで意味がない。けれども、一貫してマイナスである。データとしては少ないけれど、一貫してマイナスとなる。

ということで、天秤で出した結果と同じなんです。つまり、天秤では1万8000回転の実験はやっていないけれど、1万3000回転での実験の結果を外挿して考えます。ゼロ回転の場合を基準にすると、ゼロ回転を基準として右回りの回転の重力加速度の差をとった平均値を考えてみますと、右回りの方が、マイナスの0・108。だからマイナスの0・11ガルぐらい右回転の場合は小さくならなければならないはずです。

一方、落下実験のデータではマイナスの0・139だから、0・14ガルぐらい小さくなってますね。だから、オーダー的には完璧なんです。天秤で得られたデータに比べて3割増しぐらいになっていますが、基本的にはいい。天秤で出した結果と落下実験で計った重力加速度の変化とは、基本的には一致しているだって、やっと安心したわけです。

そして去年の夏に、新しいジャイロを3個作ってもう一度データを取り直そうと、右と左と0回転とをあわせて都合230回ぐらいの落下実験をしています。40組ぐらいのデータをまた蓄積したんです。

結果は、[表1]で出しているのとほとんど同じ結果です。季節は夏で同じであるが、年が違いますから、そういう意味ではデータは全部で50組くらいになります。トータルでは280回ぐらい

落下させているわけです。ここまでやればまず文句はないだろう。嘘だと思うなら、あなた方やってごらんって感じですね。これだけの装置を作って、今のところ実験としてはそこまで行ったわけです。

――［図8］が概念的比較ということですね。

これは非常に重要でしてね、本を読んで下さった方にはこれさえ理解してもらえればいいということですよ。

［図8］は、繰り返し今まで話してきたベータ崩壊、弱い相互作用というもののベータ崩壊と、重力場の中で物を回転させた場合に多分こういう結果が出てくるだろう、というアナロジーから推論している結果ですね。

それから一番重要なのは、［図9］です。これが私が見つけた新しい一種の発見になるでしょうけど、ニュートン理論にもとづいて回転体が作る重力場（重力効果）ではどうなるのかというのと、アインシュタインの一般相対性理論にもとづくとどうなるか、早坂の理論、つまりド・ラムのコホモロジーにもとづく重力効果ではどうなるかと、三つを比較しているわけです。

私どもの理論だけでなく、実験の結果をここの図に書いていますが、ニュートン力学にもとづけば回転軸を鉛直方向にとる限り、つまりローターは水平面の中で回っている場合は鉛直方向の力は生じないとなる。けれども、コリオリの力や遠心力はあります。だから、これらの力はキャンセルされているのです。だから鉛直方向の重力効果はない。けれども、回転体は軸対称に作られていますから、これらの力はキャンセルされているのです。だから鉛直方向の重力効果はない。

172

第Ⅱ部　反重力はやはり存在した

それからアインシュタインの一般相対性理論の場合(対称場の理論)は、右も左も微小な引力効果を生じる。＊gと書いてあるのがアインシュタイン引力効果ですね。しかし右も左も回転の向きに依存しない、同じだとなる。

それから早坂の理論と東北大学の実験によると、右回りの回転に限って上向きの力が働く。そのオーダーは非常に大きい。

いうなれば[図9]は、全部の要約です。ニュートンやアインシュタインの理論からいえることと、我々の主張とはこんな違いがあるんだと。何が言えるかというと、前から言っているように、鉛直軸の周りで右回りと左回りの回転をさせると、これまでの理論で行くとアインシュタインのような理論になる。しかし、私どもがやった結果では、右回りの回転に限って上向きの反重力効果と言ってもいい効果が出てしまう。左回りではそうはならないと。だから、これは重力の対称性が完璧に100パーセント破れ、その上反重力が生まれているのだということです。

——[図9]の一番最後の右の方で、上向きの矢印g_sという部分が、これがその反重力効果というわけですね。

そうですね。これはちょうどベータ崩壊の場合の電子を放出する向きと同じなんですよね。しかも、予想の通りだということです。

——非常におもしろい結果ですね。

しかし、おいそれとは物理学者は認めませんよ。まだまだいろんな人がやってみないとね。物理実験としてはそうなんですけど、私はこれをベースにして実際に物を浮かせて見せればいいと考えています。要するに反重力機関を作って見せればいいんだと考えて、すでにその技術開発に着手していますけどね。大きな反重力を発生させる装置の基本設計は、ほぼ完成しているのです。

この原稿にも、今まで説明したいろんな他の方法が書いてありますよ。反重力効果、あるいは重力を制御するための、いろんな方法を紹介してあります。

メビウス回路等、ロシアの研究はアインシュタインを超えている!

——それに関連して、メビウス回路とその他について、第Ⅱ部論文篇の6、7、8章の話を全般的にまとめて頂ければと思うんですが。

第6章は「メビウス回路による重力発生実験」です。これはロシアの人たちの研究成果なんですが、発表された論文(1997年のロシアでの国際会議で発表されたもの)によると、メビウス回路を組み合わせ、それに電流を流してやると、強大な重力効果が発生するという実験結果があるのです。

174

第Ⅱ部　反重力はやはり存在した

ロシアではこのメビウス回路を使った実験に8チームが参加し、約30年の歳月を費やし、その成果であるという。こういうことは重力の制御そのものになりますから、機密中の機密の問題だったのですが、ほとんど全部公表したということのようですね。

メビウス回路の中のメビウスコイルの一つのエレメントは、メビウスの帯ですから短冊のようなテープを1回ひねって裏表をくっつけたものです。実際の電流を流すためには当然テープの真ん中に絶縁体をサンドイッチ状にはさんで、その両面に再び導体をくっつけたような3層のテープを作って、それをひとひねりする。この場合、それを全部で4個作って、メビウス回路の集合体を作り、それに電流を流したというものようです。

そして、そこから出てくる重力の波を検出した。検出のための装置は［図13］に詳しく書いてありますが、その結果は、太陽の質量のほぼ10分の1に相当するような巨大な質量を置いたのと同じような重力効果が得られたそうです。

どういう方法で測定したかと言うと、それをクリスタル（結晶体）に入れて、その時の周波数、色の具合（スペクトル）を測ると、いま言ったような効果が出てきたということがわかった。つまり太陽の質量の10分の1ですから、10^{32}グラムくらいの巨大な質量を置いたときの近傍に相当するような重力効果が出てきた、という実験結果なんです。

その結果が、［図14］に書いてあります。この図は発表された論文そのままをコピーしているわけですが、Blue（ブルー）と書いてあるのは、たとえば光を考えると、周波数が多くなった、あるいは光の波長が短くなったことに相当する重力効果。Red（レッド）と書いてあるのは、波長が長

くなった方向にシフトしたというデータなんです。

——この図は、縦軸が波長の変化ということですね。ということは、下の方に変化するということは、いわゆる赤方偏移ですね。

そうです。上の方に変化すれば青方偏移です。つまり、ブルーというのは波長が短くなっている。

それで横軸は、L（cy）となり、cyはロシア語で、センチメートルとなります。それから、たとえば一番上のデータを見ると、100kΓγとありますが、このΓγはロシア語で英語のGに相当するので、キロガウスですね。ロシア語と英語が混じったような恰好になっていますが、そういう非常に顕著な効果が検出されたんだと言っているわけです。

これは通常我々が言っているスカラー波に相当するものですが、そういうものがこのメビウスの電気回路を使うことによって得られたんだと。……あまりに巨大ですよね。

——そうですね。太陽の10分の1というと……。

10^{32}グラムぐらいですよ。そのくらい巨大な質量を置いたのと同じ効果であるということなんです。しかも青い方へも波長がシフトするし、赤い方にもシフトするということで、かつてこういう測定をした実験データは世界中どこを探してもない。ロシアから初めて発表されたものなんです。

そこに電流を流すと、トポロジー的な重力場ができる。

メビウスコイル自体は一度180度ひねっていますから、裏と表の区別がないものなんですよ。それがメビウスコイルの特徴ですが、コイルに電流を流すと、通常は磁場ができるはずですが、その磁場は、我々の通常使っているようなコイルの場合は一定方向にできる。コイルが円形にできているとすると、その円形に対してちょうど貫くような磁界が、決まった方向にできる。たとえば、電流を上から下に流すと磁場の方向がそれに対応して、上の方に出てくる。電流を右回り、時計の針の方向に流すと下向きに出るというのが従来のコイルだったんですが、その磁界の方向の区別がないわけです。メビウス回路を3次元空間で考えますと、2次元平面の場合で考えると、いわゆるクライン瓶と言われている、裏と表が一つになったようなものになるわけです。そういうものを使った結果がここに書かれている[図14]のような結果になっている。

ということで、結局、ねじれた場、あるいはねじれた時空を作ってやると、これだけ巨大な重力効果が出るんだよ、という非常に明確な例だと思いますね。

話を少しさかのぼると、我々のやったジャイロを回す、あるいは質量を回転させるというのは、やはり閉じた経路の上でグルグル回転させるとねじれた場ができる。そういう意味では、このメビウス回路の電気を流す場合も、ねじれた時空を作っているんだといえる。

通常アインシュタインの相対性理論、重力理論でいくと時空が湾曲するだけですが、その他にねじれた時空あるいはねじれた場が考えられる。ねじれた場というのは、どういうものかというと、

ワインのコルクのセン抜きと同じようなもので、全体としてはある方向に進行するのだけれど、コルクの栓抜きと同じように回転をしながら動く。そういうものがねじれの空間、あるいはねじれの場と言われているものです。

結局、人工的に重力の効果を非常に高めるためには、ねじれた時空を作ればいい。ねじれた時空を作るためには、質量を回転させるということが一つの方法だということです。それからディザーのような場合は、スピンを磁場によって制御すれば、ねじれた場ができてくる。ディザーの場合は、慣性質量が重力質量とは違うもので、重力質量が負になりうると。私どもの場合は単純にローターのようなものを回しているんですが、これもやはりねじれた場ができて、しかも完全に右回りと左回りと非対称である。要約すると我々やロシアの実験結果はそういうことを明らかにしたことになります。

ロシアの場合は、多分スカラー波と言ってもいい重力場なのですが、これは全然減衰をしない。どんな場合でも波というものは減衰するわけですが、減衰なしであるという。たとえばどんな物質でも、原子自体は外核電子がぐるぐる回っているのだから、これはねじれた場を作っているんだ。またそういう原子の集合体であるマクロの物体も、実は固有のねじれた場を持っている。したがって、メビウスコイルで作られた重力波、あるいはスカラー波というものをその物質（物体）に投入してやると、その物体の固有のねじれた場そのものをスカラー波が運ぶ。つまり物体の全ての情報をスカラー波によってキャッチできるという。しかも、それは減衰なしだとロシアの実験結果は言っているわけです。

178

第Ⅱ部　反重力はやはり存在した

重力と光の伝播速度は、瞬時である！

それともう一つは、通常アインシュタインがいうような重力波は、光の速さで伝播しているのではないかと考えられていた。誰もそれを測った人はいないけど、そう考えられていた。しかし、そうではない。言うなれば伝播速度は多分無限大だろうといっています。

現実にはロシアの研究者たちは、こういうねじれたスカラー波は、光速度の10億倍ぐらい速いと推論しています。光の速さの10億倍、最低そのくらいの速さだという実験結果が得られているという言うんです。これはロシアの重力の研究者の共通した意見です。たくさん論文があるらしく、まだ私はロシアでのこういう研究を全部サーベイしていないのですが、過去30年分の集約からそういうことが言えるというわけです。

だから光の速さが毎秒30万キロという限定されたものではない。事実上、無限大に近いと。したがって、そういうのを天文学の観測に応用できるのだという。通常我々は100光年彼方の星と言います。それは光が1年かかって到達できるのが1光年の距離ですから、100光年離れた星で天体が何か変化した、と現在地上で観測しても、実はその変化とは100年前の昔の光を見ているわけです。100年前に起きた過去の現象を我々は見ているんですね。

たとえば、ビッグバンが150億年前とするならば、その150億年昔の光をキャッチして、我々はあれこれ言っているわけです。これはロシアの人達に言わせれば、いわゆる考古学的天文学であるということになります。ロシアの研究グループの実験結果によれば、少なくともねじれた重

力波というのは光速度の10億倍くらい速いんだから、今起きている現象は、ほとんど瞬時にして我々のところに来てるんだと。これこそ本当の天文学ではないかと。そういうことを言っているんですよね。

それから先程の話にちょっと戻りますが、ありとあらゆる物質は素粒子を含めて固有のねじれた場を作っている。だから、そういうねじれた場をロシア人の考案した測定器で測定すれば、遠くに離れている天体がどういう物質で構成されているか、ということも全部わかりますと言うんです。しかも、そういう実験もやったんです。だからものすごい、驚異的な論文なんですよ、これは。

さらに、いわゆる光の速さの10億倍くらい速く、しかも減衰がないから、いかなる遠くであっても通信が可能である。瞬時に通信や測定が可能である。今のように人工衛星を飛ばして太陽系から外れていった場合に、通信がなかなか大変になる。一様に光の速さで割った分の時間がかかるわけですから、それだけ時間遅れが出てくるわけです。しかし、そんなことはもはやない。瞬間的に通信が可能だという結論を出しています。

ロシアの研究グループの、ねじれた場、つまりメビウス回路の電気回路を使ってそこから出てくるねじれた重力場の研究成果がやっと1997年出たわけですが、こういうねじれた場を使った重力の実験的な研究がこれからは世界の主流になるんだと思うんですね。それから使い道として考えると、先程説明したようにどれほど遠方であろうと瞬時にしてその天体の状況がつかめると。土の中であろうと水の中であろうと瞬時にしてテレパシーに相当するようなものですから、完全にどこでも瞬時にして通信可能であるというふうなことですね。

ただし、ロシアの結果は反重力の効果ではない。彼らの実験で示されたのは、引力効果なんです。

巨大な天体、たとえば太陽の質量のほぼ10分の1に相当する重力効果が出てくるというのは、引力効果なんです。反重力効果を生むにはどうしたらいいかということは、彼らは明らかにしていない。多分わかっていると思いますが、そこまでは公表していない。多分、メビウス回路の位相をまさに反転させれば反重力効果が出るだろうと私は思いますが。ではどうしたらいいかという問題はいまは私はわからないので、ここには書いていません。

このメビウス回路を使った重力、スカラー波の発生器は、実はロシア人ばかりではなく、かの有名な四国の宇和島の清家新一さんも、やはりこのメビウス回路を使って物が軽くなったと言っています。

その他に仙台に住んでいる佐々木孝司さんという方が、やはりメビウス回路を使ってスカラー波の発生器を現実に作っています。彼は、結論としてロシアの研究者と同じことを言っていますが、このスカラー波は人間の体の治療にも使えると言うのです。それは、相当きちんとした深い知識があった上で、そういう装置を作って人体のバランスを調整できるような装置として売っています。

この佐々木さんは、超多次元理論という、いわゆる超光速タキオン理論と言っている理論を作り、その理論に基づいてこのメビウス回路からのスカラー波の発生器を作ったわけです。佐々木さんに言わせれば、地球でも他の天体でも宇宙空間でも、エーテル流がどんな風に流れているか、そのエーテル流の流れの計算を全部やって、その流れに沿った透明な光ファイバーみたいなものを立体的に組み合わせて彼の装置ができているらしいですね。

それは非常に有効でして、私が全然そういうことを知らない時に佐々木さんが作ったスカラー波の発生装置を持ってきたことがあるのです。その時の私の経験をいいますと、何だかわからないけ

181

[第Ⅱ部]第4章 反重力の存在を確信させた実験とテクノロジー

ど足の底から頭の方にのぼせ上がるような気がウワーッと出るような感じでした。佐々木さんが私の側に座って15〜16分経ってからそういう状態になったので、「何だかわからないけど、のぼせがひどいんですよ」と言ったら、「多分これのせいじゃないかな」と言って見せてくれたのが、直径が細い透明な光ファイバーを彼の理論にもとづいて磁流の流れに沿って作った、全体として球体をしてるものが側に置いてあった。それが凄まじいエネルギーを持ってきているわけです、真空から。

そういうところにもこのスカラー波は使えるわけです。

そういうものが、このスカラー波というものらしいですね。これはアメリカ、ヨーロッパ圏では、誰も研究していません。密かにやっているかもしれませんが、少なくとも公表は全然されていません。だから、メビウス回路を使った装置で重力関係の実験をやっているのは、ロシア人の研究グループ8チームと、日本の清家さんと佐々木さんということになります。

——ロシアのチームというのは、資金はどこから出ているんですか。

もちろん共産党が崩壊する前までは、国の科学研究資金をもらっていました。崩壊してからは研究資金が途絶えているわけです。そこで彼らは多分、私も関わりがあるのですが、アメリカのワシントンに事務局がある国際科学財団という財団から資金提供を受けているのではないでしょうか。その財団はロシアの科学者が基礎研究をする時に必要な資金を提供しているところです。ボスはかの有名なジョージ・ソロスという国際金融界の大立者で、彼が基金を寄付して財団を作り、ロシア人科学者たちの研究資金を提供しているというわけなんです。そういうところからもらっているは

ずなんです。ただ、研究資金は非常に枯渇していて、給料さえろくにもらえないわけですから、気の毒といえば本当に気の毒なのですが。
重力分野でのロシアの研究は、こういうすごい研究ですね。アインシュタインの理論にだけ頼っていては、ロシアの重力研究はまったく理解できないですよ。

［第Ⅱ部］第5章

電磁場と反重力の関係

化学燃料から電磁場による推進へ、世界は移行しようとしている

――続きまして電磁場の話がありますが、これは重力とは直接関係ないものでしょうか。

いえ、結果的には重力というものを何とかコントロールして、反重力的な上向きの力を発生しよう、いわゆる推力を発生しようという試みがありますが、それを電磁場によってやろうというものです。

第Ⅱ部論文篇の第7章、第8章はそういう分野の仕事を紹介しており、で、特に第7章のところは三人程紹介しています。一人は日本のNEC（日本電気）に勤めている南善成さんで、非常に強い磁場を作って、その磁場によって重力場をコントロールしようというのが南さんの考え方です。重力場理論というのは当然、電磁場もある程度含めていますが、ただそれが重力的効果として目に見える効果が出てくるようにするには、強大な磁場や電場が必要なんです。そのことについて、世界で初めて南さんが一般相対論と電磁場、特に磁場との間の関係を推力として使おうと提案をした人なんです。それが第7章の7―1です。

要するに非常に強い磁場を作って（作ること自体が大変なのは問題なんですが、とりあえず強大な磁場ができたとして）、通常我々が知っているような空間、時空を、いうなれば湾曲させる。そうすると、無くした状態の湾曲させた状態でスイッチをポンと切って宇宙空間の磁場を無くす。そうすると、強い磁界を作っているスイッチは、初めに磁場ができてる時は時空が湾曲しているのですが、強い磁界を作っているスイッチを切

187

[第Ⅱ部]第5章　電磁場と反重力の関係

ってしまうことによって、わずかの時間をおいて磁界がゼロになるわけです。そうすると元の平坦な時空になろうとする。そのときに湾曲した空間が平坦な空間にもどろうとして、空間から圧力を受けて、つまり圧力というのは空間的な圧力する、というのが南さんの原理なんです。

1998年の1月25日から5日間ぐらい、アメリカのアルバカーキーという所で、場の推進理論の国際会議というのを大々的にやっているんですが、そこに彼も招待されて、ここに書いたことと同じことを説明しました。

アメリカの場合、NASAが、今までの化学燃料を燃やした反作用で飛ぶというロケット方式を全面的に止めて、電磁場の推進をやって宇宙空間をできるだけ遠くまで行こうじゃないかという提案を受けて、このアルバカーキーの国際会議を開いているんです。この会議の提案者が、この本で南さんの後に、7－2で出てくるホルトという人で、やはりこれも磁界を作ってそれで推進しようという考え方なんです。

──これはつまりNASAが新しいロケットの推進方法というものを模索しているということですか。

そういうことです。アメリカのNASAにいたホルトという人が1980年にそういう論文をアメリカ国内の学会で発表したんです。私からのコメントは付けてありますが、残念ながら私は彼の論文を読んでみて、これがどうして推力を生ずるのかということがまだわからないんですよ。これ

188

第Ⅱ部　反重力はやはり存在した

は第Ⅱ部論文篇の第7章［図17］を見てもらえばいいのですが、円環形のトロイダル、ようするにドーナツ型のチューブの中心にレーザー源があって、チューブの方にレーザービームを当てる。円周方向に順次レーザービームを当てていくと、レーザービームによってその周辺に磁場ができる。そして、その磁場が次々と円周の方向に移動することによって鉛直方向の推力が発生するだろう、というのがホルトの提案なのです。

これは、南さんの強力な磁場による推力のやり方とは基本的に違います。そこがまた面白いのですがホルトも今回の会議で発表したのかどうかわかりませんが、この人がアルバカーキーの国際会議を提案してる本人なんです。

［図18］のところは、レーザービームによって次から次へと作られる磁力線の相互作用の図です。これでどうして一定の方向の推力が出るのかわからないので、私のコメントを付け加えておきました。

ホルトの［図19］も、磁場がどういう風にぐるぐる回るか、そして回った時にどういう推力が発生するだろうかということを書いてあります。しかし、彼の主張するメカニズムは私にも理解できないですね。ホルトの論文を読んだかぎりでは。彼がどういうところから勉強したのか知りませんが……。

次が、7—3のフローニングです。この人は、ホルトと違う考え方を持っています。どういうことをやっているかというと、フローニングの基本的な考え方は、磁性の流体に着目しているのだと思います。それに、円偏向した、つまり単なる直進ではなくて、ぐるぐる回りながら進む円偏向し

た光、あるいは電磁波をぶつける。普通の電磁場（マックスウェルの場の方程式に従うような）の場合は、通常、可換ゲージ場と言っていますが、それではなく非可換ゲージ場が光や電磁場の回転によって生ずる。重力場は非可換ゲージ場なので、ちょうど重力を生み出すような場を円偏向した電磁場によって発生できるはずだ、という考え方です。ホルトと比べると、フローニングの考え方の方が物理的にはかなり筋が通っている話です。

いずれにしても、ホルトとフローニングの二人はNASAの大ボスで、特にフローニングなんかはラムジェットなどのエンジンを実際に製作したボスなんです。ホルトもやはりNASAでの大ボスなんですが、彼らのような60歳をちょっと越えたような実力者たちが、化学ロケットによる推進方式をもうやめようじゃないか、電磁場を使った新しい場の推進理論を考えなければ太陽系の外に飛び出すわけにはいかない、というのです。それが彼らの基本方針なんです。

そして、先程言ったアルバカーキーで開かれた国際会議では、「今の時点ではクレイジーだと思われるようなアイディアをバンバン出してくれ」という提案がされているんです。実際、プログラムでこういう内容が話されるという案内を見ましたが、かなり面白いことが出ていました。今アメリカはそこまで行っている。そしていったんアメリカの連中がそういう方向に動き始めると、もう総力を挙げてやりますからね。大学にいる連中や個別の研究所、現場の連中をひっくるめて何十人もの連中がいろんなアイディアを出しあっているわけですから。

まず、クレイジーだと思えるアイディアをどんどん出して、それを皆で検討しあって、これならいけそうだというものをピックアップする。そして、NASAから資金を出して、場の推進を本格的にやろうじゃないか、というところまで来てるわけです。

190

第Ⅱ部　反重力はやはり存在した

日本の場合はやっとのことで、まだ無人だけれど、一応化学ロケットを飛ばせるようになった。そして来年あたりに火星に打ち上げて火星探査をやるという段階なのですが、今の日本の宇宙航空学会関係者は全部化学ロケット方式を基準にしていますよね。場の推進方式を考えている人なんて、NECの南さん一人、ないしは二人ぐらいです。

ですから、これから場の推進理論が、アメリカを先頭にして本格的に取り組まれることになるんでしょうね。基礎実験は先程言ったように、ロシアの方でメビウス回路を使った実験があり、いわゆるスカラー波というようなもので重力を制御しようと進んでいる。どちらが先に大成功をおさめるのか今のところよくわかりませんが、ロシアの連中は膨大な研究実績を持っているということだけは、はっきりしています。

他方、今いったように、日本の宇宙開発関係者はロケット方式にしがみついている。なんでもそうですが、どうも日本の研究者は欧米人のオリジナルな考えを取り入れてやるだけなのは残念です。

この意味で後進国ですね。

ステルス機B−2が使っているビーフェルド・ブラウン効果とは？

——最後の第8章の所を手短にお願いします。

これは強電界の場の推進理論にもとづいて具体的に今、アメリカで実用的に使われている推進機

器の話です。

現に使われているのはアメリカ空軍のB－2機という爆撃機で、魚のエイのように尾翼など何もないやつです。これは反重力機じゃないかという噂が随分あったのですが、純粋な意味の反重力機ではなくて、強電場推進機というものです。
そしてステルス機という、要するにレーダーに反応しないものです。いうなれば機体の表面にレーダーを完全に吸収してしまうような材料が塗ってあり、レーダーの電波を全部吸収して反射させない、忍者の飛行機なんです。

──この推進原理というのが公開されているんですか。

アメリカの空軍は公開していませんが、暴露した人達がいるわけです。日本では多分初めてだと思いますが、それをこの本で書いてるわけです。
原理は、有名なビーフェルド・ブラウン効果と言っているものです。ブラウンという人はアメリカ人ですが、この人が最初に見つけた効果を使っています。どういう効果かというと、[図20]にコンデンサーの両極に、プラスとマイナスのチャージを与えてやり、天秤の一方には適当な重さ、分銅に相当するようなものをつけておく。そしてコンデンサーにチャージすると、コンデンサーのプラス極に相当する方向に、上向きの力が生ずるということです。プラス極の方に向いて力が働くというのが、ビーフェルド・ブラウン効果なのです。
これは50年前に見つけたんだそうです。[図21]の場合は、物体は上下方向に非対称ですよね。

上に湾曲しているからこうなっていますが、それでもチャージ分布がプラスの方向に力が働きます。こういう原理を現実に使ってアメリカの空軍が開発したのが、いわゆるB—2ステルス機なんですね。それが［図22］から［図24］というようになります。

原理は、どういうメカニズムで飛んでいるかというと、主翼に相当するところに、そちらに推進したいという方向にプラスのチャージを与える。そしてジェット噴射も使っていますが、尾翼に相当するところから出しているチャージはマイナスのチャージに帯電をさせる。そうするとマイナスの方からプラスの方向に向いて、強い推力が働き、これで飛んでいるというわけです。

肝心なことは、ビーフェルド・ブラウン効果を使うので、非常に強い誘電体を搭載しているわけです。たとえば、普通の金属板のコンデンサーの中に、サンドイッチ状に強い誘電体を挟んでやるとチャージアップが非常に大きくなる、というのと原理的には全く同じで、非常に強い誘電体材料を使っている。具体的には何かというと、劣化ウランですね。劣化ウランのセラミックスを使っている。これをアメリカ空軍では秘密にしたいわけです。通常はビスマスのセラミックスを使っていたけれども、非常に強い誘電体として劣化ウランのセラミックスを使った。それをズラッと並べているのでしょう。そして、マイナスのチャージの方からプラスのチャージの方に大きな推力が発生してステルス機が飛んでいる、というのが今から4、5年前にアメリカの航空専門雑誌に暴露されたそうです。発行後アメリカ空軍から相当圧力がかかったそうですが。日本ではこんなこと書いたのは、私の本が初めてでしょうね。B—2機というのは、反重力機じゃないかと言われましたけれども、実は強電場推進になっているということですね。

193

［第Ⅱ部］第5章　電磁場と反重力の関係

アダムスキー型UFOに特許!

それから、もう一つは、アメリカの有名なUFO研究者にアダムスキーという人がいるのですが、その方がどうやら友人に教えたという金星型飛行体、いわゆる金星型UFOです。その詳細な構造が、実は日本の特許庁に申請され、昭和37年に承認されているんです。ほとんどの人が知らないでしょうが、この本に特許番号などが書いてあります。

この原理が、[図25]から[図27]に書いてありますが、これが構造です。肝心なことは、湾曲したお碗形の電極が3枚ある。そのお碗の頂点のところにプラスの高い電圧を与え、下の方がゼロポテンシャルに相当する電圧の基準点になるわけです。そういう高電圧をお碗形のものに与えると、お碗全体が自然回転を始めて上向きの推進が発生する。これが電磁場推進でしょうね。ただし、それがなぜ回転するかということは、私はまだ十分考えていません。そういう高い電位を与えた湾曲したもの、全体としてお碗のようなものが一定方向の自然回転を始める。そうすると上向きの推力がどんどん発生する、というのが原理らしいですね。

他に円柱に相当するものがあります。アダムスキーの本を見てもらえればわかりますが、大きな円柱があってUFOの上から下まで円柱が真ん中にドンとあるらしいのですが、円柱の中はコイルや何か、全体としてコンデンサーになるようなものが納まっていて、そこに高周波の電磁場を作る。そしてもう一つは、先程の湾曲したお碗形のものに高圧を与えることによって自然回転する。これらの合体した電磁場が、上向きの推力を発生するという。これが通常言っているアダムスキー型U

194

第Ⅱ部 反重力はやはり存在した

FOの機構のようです。

これは日本の特許庁が承認しているものですから、隠しようがないますが、日本人としては、重力制御のために具体的な技術を習得するために、こういうものをまず作ってみたらいいのではないかと思います。そのためにはいろんなことを考えなければいけないでしょうが、これだけはっきりした構造がわかっていますから、割に短時間で日本人でも重力制御ということが電磁場でできるんじゃないか、やってみたらという提案をしているわけです。

UFO、ETI（地球外知性）を否定する化石的思考の科学者たち

今まで、ここにあげてきたものは、外国人や日本人のものなど概要を紹介したものが多いのですが、全部根拠のある参考文献から取ってきています。空想とか、何も無い話ではまったくないわけですから、参考文献は100以上になっています。それを一つずつ丹念に当たってもらえばいいでしょう。

最後に言っておきたいことは、私は二つの目的のために反重力研究を進めてきたということです。一つは反重力で地球から他の天体に行くためには、そのための技術を開発しなければいけない。第一段階としてまず原理を考え、反重力があるかないかということを確かめなければいけないと、反重力機関をつくるための技術を開発する。今やっていますが、そしてもう一つは、真空のエネルギーを励起させることによって、そこからプラスのエネルギー

[第Ⅱ部]第5章 電磁場と反重力の関係

を取り込めば、真空のエネルギーから電力への転換が可能になるだろう。そういう技術開発のための反重力研究であるということです。

なぜ、そういうことをやらなければいけないかというと、一つは当然他の星に行こうという意図があるならば、他の星に住んでいるだろうETI（地球外知的生命体）と地球人が早く交流しないと、今のような現状では地球を破壊してしまい、地球人類自身が宇宙から消失してしまうだろう。こんなことを防止するために高度な知性体で、しかも精神性の非常に高い知性体との交流が必要であり、こうした目的を実現するために反重力の研究をしているのです。

ここで特に言っておきたいことがあります。それはUFOやETIの存在を否定している人々についてです。自分は一流の自然科学者だと思っている人で、いわゆるUFOもETIも否定している学者がいますが、これらの人々は化石的思考の持ち主です。ちょうどガリレオ・ガリレイの地動説を否定したローマ法王庁の大司教と同じです。もっとも、最近ヨハネ・パウロ二世は先輩達の見解を過ちとしてガリレオの地動説を公認したそうですが。偉い学者達も、いずれ彼等の過ちをはじることになる。

自然というものは奥が非常に深くて、今まで知った知識が全部だと思うことは学者のゴーマンさの表れです。過去のある時点で、それまで知られていなかった現象を否定する例が沢山ありました。けれども、その当時の偉い先生の否定は次々と否定されて来ている。だからこそ自然科学は広い視野を得ることができたのです。UFOやETIについても同じです。

大哲学者のカントは、元来自然科学の出身ですが、1755年に出版した彼の論文の中で、この太陽系の他の惑星のすべてに高度知性体が居住していると推論しているのです。このことは、第Ⅱ

部論文篇第3章で詳しく述べておりますが、驚くべき推論です。現代の偉い科学者と思っている方々は、このカントの著書を是非読んでほしいものです。カントの自由な精神性を知ってほしいものです。

もう一つは真空エネルギーから電力を取り出すことによって、環境の公害問題も完全に防止できる。理想的なエネルギー源が真空から得られるに違いない、ということを第Ⅱ部論文篇「あとがき」にまとめてあります。私達は現在、この分野の開発研究に着手しております。近い将来、この分野での結果も得られるでしょう。

Implications, Rep. Prog. Phys., 41, p. 1881, 1978.
(80) T. Eguchi, P. B. Gilkey and A. J. Hanson, Physics Reports, 66, p. 213, 1980.
(81) T. W. Barrett, Electromagnetic Phenomena not Explained by Maxwell's Equations: Essays on the Formal Aspects of Electromagnetic Theory, World Scientific Publ, 1993.
(82) V. F. Mikhailov, Experimental Detection of Discriminating Magnetic Charge Response to Light of Various Polarization Modulations, Annales de la Fondation Louis de Broglie, 19, p. 303, 1994.
(83) R. Sigma, Ether-Technology, Adventures Unlimited Press, Kempton, Ill., 1996.
(84) T. Valone (ed.), Electrogravitics Systems, Reports on a New Propulsion Methodology, Integrity Research Institute, Washington. DC, 1995.
(85) P. Lorrain and D. Corson, Electromagnetic Fields and Waves, 2nd ed., W. H. Freeman, New York, 1970.
(86) J. A. Thomas Jr., Antigravity, The Dream Made Reality (The Story of John R. R. Searl), Direct International Science Consortium, 13 Blackburn, Low Strand, Grahame Park Estate, London, 1993.
(87) 横屋正朗，ＵＦＯはこうして製造されている！，徳間書店，1993.
(88) コンノケンイチ，月はＵＦＯの発進基地だった！，徳間書店，1992.
(89) 水島保男，新・第3の選択，たま出版，1983.

真空エネルギー関連の資料
1 新戸雅章，超人ニコラ・テスラ，筑摩書房，1993.
2 多湖敬彦，未知のエネルギーフィールド，世論時報社，1992.
3 深野一幸，宇宙エネルギーの超革命，廣済堂，1991.
4 D. H. Childress, The free-energy device handbook, Adventures Unlimited Press, Stelle, Illi 60919, 1995.
5 D. ケリー，井原宇玉訳，フリーエネルギー技術開発の動向，技術出版，1988.
6 M. B. King, Tapping the Zero-Point Energy, Paraclete Pub., P. O. Box859, Provo, UT 84603, 1989.
7 横山，加藤監修，フリーエネルギーの挑戦，たま出版，1992.
8 J. Davidson, The secret of the creative vaccum, The C. W. Daniel Co., England, 1989. (邦訳：梶野修平訳，コズミック・パワー，たま出版，1994.)

Gravitonics;Proc. of Inter. Conf. on New Ideas in Natural Sciences, (held by the Russian Academy of Sciences), St. Petersburg, Russia, 1996.
(68) С. М. ПОЛЯКОВ, О. С. ПОЛЯКОВ, ВВЕДЕНИЕ В ЭКСПЕРИ МЕНТАЛЬ НУЮ ГРАВИТОНИКУ, ПРОМЕТЕЙ, МОСКОВА, 1991.
(69) H. Hayasaka, H. Tanaka, T. Hashida, T. Chubachi, and T. Sugiyama, Possibility for the Existence of Anti-Gravity and the Complete Parity Breaking of Gyro;Proc. of Inter. Conf. on New Ideas in Natural Sciences, (held by the Russian Academy of Sciences), St. Petersburg, Russia, 1996.
(70) H. Hayasaka, H. Tanaka, T. Hashida, T. Chubachi, and T. Sugiyama, Possibility for the Existence of Anti-gravity: evidence from a free-fall experiment using a spinning gyro, Speculations in Science and Technology, 20, p. p. 173－181, 1997.
(71) I. M. Shakhparonov, Kozyrev-Dirac Emanation Methods of Detecting and Interaction with Matter;Proc. of Inter. Conf. on New Ideas in Natural Sciences, (held by the Russian Academy of Sciences), St. Petersburg, Russia, 1996.
(72) 清家新一，消えた地球重力，大陸書房，1984．
(73) 佐々木孝司，タキオンと超多次元空間，No.1，1989，No. 2，1901，NLL 物理研究所，仙台．
(74) A. E. Akimov and G. I. Shipov, Torsion Fields and Their Experimental Manifestations;Proc. of Inter. Conf. on New Ideas in Natural Sciences, (held by the Russian Academy of Sciences), St. Petersburg, Russia, 1996.
(75) Y. Minami, Spacefaring to the Farthest Shores-Theory and Technology of a Space Drive Propulsion System, J. of the British Interplanetary Society, 50, p.p. 263－276, 1997.
(76) A. C. Holt, Prospects for a Breakthrough in Field Dependent Propulsion, AIAA80-1233, AIAA/SAE/ASME 16th Joint Propulsion Conference, Hartford, Connecticut, 1980.
(77) H. D. Froning, Jr., and T. W. Barrett, Inertia Reduction-and Possibly Impulsion-by Conditioning Electromagnetic Fields, AIAA97-3170, 33rd AIAA/ASME/SAE/ASEE Joint Propulsion Conference and Exhibit, Seattle, 1997.
(78) A. Aspect, J. Dalibard and G. Roger, Experimental test of Bell's Inequalities Using Time-Varying Analyzers, Phys. Rev. Letters, 49, p. 1804, 1982.
(79) J. Clauser and A. Shimony, Bell's Theorem: Experimental Tests and

(49) G. de Rham, Variétés différentiables, Hermann, Paris, 1960.
(50) M. B. Mensky, Gruppa, Putei, Izmereniya, Polya, Chastitsy (Group of Paths, Observation, Field, and Elementary Particle) Nauka, Moscow, 1983.
(51) S. Chern, Complex Manifolds without Potential Theory, Springer-Verlag, 1979.
(52) 松山豊樹，(2＋1)次元時空上の場の理論とトポロジー，数理科学11，サイエンス社，1991．
(53) 大森英樹，チャーンクラスについて，数理科学11，サイエンス社，1991．
(54) 深谷賢治，ゲージ理論と幾何学（チャーン・サイモンズ場），数理科学3，サイエンス社，1996．
(55) C. Nash and S. Sen, Topology and Geometry for Physicists, Academic Press, London, 1983.（邦訳：佐々木隆訳，物理学者のためのトポロジーと幾何学，マグロウヒル出版，1987）
(56) H. Hayasaka and S. Takeuchi, Anomalous Weight Reduction on a Gyroscope's Right Rotations around the Vertical Axis on the Earth, Phys. Rev. Letters, 63, p.p. 2701－2704, 1989.
(57) J. E. Faller, W. J. Hollander, P. G. Nelson and M. P. McHugh, Phys. Rev. Letters, 64, p.p. 825－826, 1990.
(58) J. M. Nitschke and P. A. Wilmarth, Phys. Rev. Letters, 64, p.p. 2115－2116, 1990.
(59) T. J. Quinn and A. Picard, Nature, 343, p.p. 732－735, 1990.
(60) 私信であり、かつ発信者から名前は公表しないようにとのことであったから、公表しない。
(61) (60)と同じ理由で名前は公表しない。
(62) (60)と同じ理由で名前は公表しない。
(63) N. A. Kozyrev, On the possibility of experimental investigation of the properties of time, Pulkovo Observatory, 1971.
(64) Н. А. КОЗЫ РЕВ, ОВО ЗМОЖНОСТИ ЭКСПЕРИ МЕНТАЛЬНОГО ИССЛЕДОВАНИ Я СВОЙСТВ ВРЕМЕНИ, ИЗЬРАННЫЕ ТРУДЫ, ИЗДАТЕЛЬСТВО ЛЕНИНГРАДСКОГО УНИВЕРСИТЕТА, ЛЕНИНГ РАД , 1991.
(65) T. S. Kepner, 私信，1992－1995.
(66) E. Laithwaite, 私信，1994.
(67) S. M. Poliakov, and O. S. Poliakov, The Beginning of Experimental

(36) A. Einstein, L. Infeld and B. Hoffmann, The gravitational equations and the problem of motion, Ann. of Math., 39, p.p. 65−100, 1938.（邦訳：内山龍雄訳，重力場の方程式と物体の運動法則，アインシュタイン選集2，共立出版，1970）．

(37) A. Einstein, Kosmologische Betrachtungen zur allgemeinen Relativitätstheorie, S. B. Preuß. Akad. Wiss., p.p. 142−152, 1917.（邦訳：内山龍雄訳，一般相対性理論についての宇宙論的考察，アインシュタイン選集2，共立出版，1970）．

(38) A. Einstein, The meaning of Relativity, 5th ed., Princeton University Press, Princeton, New Jersey, 1955.

(39) D. Goldsmith, Einstein's Greatest Blunder? The cosmological constant and other fudge factors in the physics of the Universe, Harvard University Press, 1995.（邦訳：松浦俊輔訳，宇宙の正体，青土社，1997）．

(40) C. Sagan (ed.), Communication with Extraterrestrial Intelligence, MIT Press, Massachusetts, 1993.

(41) H. Hayasaka, Parity Breaking of Gravity and Generation of Antigravity due to the de Rham Cohomology Effect on an Object's Spinning;in Selected Papers of 3rd International Conference "Problems of Space, Time, Gravitaion", (held by The Russian Academy of Sciences) May, 22−27, 1994, St. Petersburg, Politechnika, St. Petersburg, 1995.

(42) T. D. Lee and C. N. Yang, Phys. Rev., 104, p. 254, 1956.

(43) C. S. Wu, E. Ambler, R. W. Hayward, D. D. Hoppes and R. P. Hudson, Phys. Rev., 105, p. 1413, 1957.

(44) L. Pauwels and J. Bergier, Le matin des magiciens, Gallimard, 1960.（邦訳：伊東守男訳，神秘学大全，サイマル出版会，1975）．

(45) J. N. Goldberg, Invariant Transformations, Conservation Laws and Energy-Momentum;in General Relativity and Gravitation Vol.1 (ed. by A. Held), Plenum Press, New York, 1980.

(46) S. Murakami, Manifolds; The lecture of mathematics Vol.19, Kyoritu Pub., Tokyo, 1969.

(47) S. Kobayashi, Differential Geometry of Connections and Gauge Theory, Shokabo, Tokyo, 1989.

(48) B. F. Schutz, Geometrical methods of mathematical physics, Cambridge University Press, Cambridge, 1979.

(20) S. Deser, R. Jackiw and S. Templeton, Topologically Massive Gauge Theories, Annals of Physics, 140, p. p. 372−411, 1982.
(21) J. A. Wheeler, Geometrodynamics, Academic Press, 1962.
(22) C. W. Misner, K. S. Thorne and J. A. Wheeler, Gravitation, W. H. Freeman, San Francisco, 1973.
(23) A. Einstein, Über den Einfluß der Schwerkraft auf die Ausbreitung des Lichtes, Ann. der Phys., 35, p. p. 898−908, 1911.
(24) S. Deser, Gravitational Anyons, Phys. Rev. Letters, 64, No. 6, p.p. 611−614, 1990.
(25) S. Deser, Equivalence principle violation, antigravity and anyons induced by gravitational Chern-Simons couplings, Classical and Quantum Grav., 9, p.p. 35−39, 1992.
(26) I. Kant, Metaphysische Anfangsgründe der Naturwissenschaft, 1786, Dritte Auflage, 1799.（邦訳：原佑（編），自然科学の形而上学の原理（1786年），第2章　動力学の形而上学的原理，カント全集10巻，理想社，1966）．
(27) M. Abraham, Zur Theorie der Gravitation, Phys. Z. 13, p.p. 1−4, 1912.
(28) M. Abraham, Phys. Z. 13, p. p. 793−794, 1912.
(29) H. Hayasaka, Study note on antigravity, 1982.
(30) ゴールドマン，ヒューズ，ニート（藤井，多田，沼田訳），サイエンス，18，p.50，1988．
(31) 藤井保憲，反粒子の重力と等価原理，数理科学，34，p.39，1996．
(32) I. Kant, Allgemeine Naturgeschichte und Theorie des Himmels (oder Versuch von der Verfassung und dem mechanischen Ursprunge des ganzen Weltgebäudes nach Newtonischen Grundsätzen abgehandelt, 1966), Alois Höfler, 1911.（邦訳：天界の一般自然史と理論．別名，ニュートンの諸原則に従って論じられた全宇宙構造の体制と力学的起源についての試論．カント全集第10巻，理想社，1961）．
(33) A. Einstein, Aether und Relativitätstheorie, 1920.（邦訳：内山龍雄訳，エーテルと相対性理論，アインシュタイン選集2，共立出版，1970）．
(34) A. Hermann (ed.), From "Einstein-Sommerfeld Briefwechsel", Schwabe Co., Basel/Stuttgart, 1968. さらに，次のテキストを参照のこと．
　　J. Mehra (ed.), "The Physicist's Conception of Nature, Part I, Space, Time and Geometry", D. Reidel Pub., Dordrecht-Holland, 1973.
(35) D. Bohm, Quantum Theory, Prentice Hall, New York, 1951.

参照文献

(1) コールマン・S・フォンケビッキー編,国際UFO公文書類集大成Ⅱ,開星出版,1995.
(2) F. Y. ジーゲリ,ソ連のUFO研究,東洋書院,1990.
(3) ノーボスチ通信社編,モスクワ上空の怪奇現象,二見書房,1991.
(4) J. A. Hynek, The Hynek UFO Report, Dell Pub., 1977.
(5) B. O'leary, Exploring Inner and Outer Space, North Atlantic Books, Berkeley, California, 1994.
(6) F. E. Stranges, Stranger at Pentagon, Inner Light Publications, New Brunswick, New Jersey, 1991. (邦訳:韮澤潤一郎監訳,大統領に会った宇宙人,たま出版).
(7) R. Hall, Uninvited Guests, Aurora Press, SA, 1988.
(8) G．アダムスキー,空飛ぶ円盤実見記,高文社,
(9) 矢追純一,第5種接近遭遇の謎,雄鶏社,1993.
(10) G．アダムスキー,空飛ぶ円盤同乗記,高文社,
(11) W．スチーブンス,宇宙人との遭遇,徳間書店,1980.
(12) L. D. Landau and E. M. Lifshitz, Theory of Field, Nauka, Moscow, 1962.
(13) G. W. Gibbons, Quantum field theory in curved space time;in General relativity, An Einstein centenary survey (ed. by S. W. Hawking and W. Israel), Cambridge University Press, Cambridge, 1979.
(14) B. S. DeWitt, Quantum Gravity;in General relativity, An Einstein centenary survey (ed. by S. W. Hawking and W. Israel), Cambridge University Press, 1979.
(15) A. Trautman, Fiber Bundle, Gauge Field, and Gravitation;in General Relativity and Gravitation, Vol. 1, Plenum Press, New York, 1980.
(16) R. Geroch and G. T. Horowitz, Global structure of spacetime; in General relativity (ed. by S. W. Hawking and W. Israel), Cambridge University Press, Cambridge, 1979.
(17) B. S. DeWitt, C. F. Hart, and C. J. Isham, Topology and quantum field theory, Physica, 96A, p.p. 197−211, North Holland Pub., 1979.
(18) S. J. Avis and C. J. Isham, Vacuum solutions for a twisted scalar field, Proc. R. Soc. London, A. 363, p.p. 581−596, 1978.
(19) D. J. Toms, Symmetry breaking and mass generation by space-time topology, Phys. Rev. D 21, no. 10, p. p. 2805−2817, 1980.

で掲げたものは，あくまでも過去の研究に関する参考のためである。

　終りに当り，6年間にわたって，この本の執筆を辛抱強く待ってくれ，その上著者らが必要とした資料の入手に協力して下さった徳間書店の石井健資氏に心から感謝する。また，NASA関係の宇宙開発の指導者らの最新の論文を提供下さった，NECの南善成氏に厚く感謝したい。

で重力制御の技術は，エーテルエネルギーを利用可能とする技術とまさに表裏一体なのである。

著者らは，この技術のアイディアをも持っており，直ちに基礎実験できるものである。重力制御とエーテルエネルギー利用技術は基本的に同一のものと考えてもらって差しつかえない。エーテルエネルギーから電力エネルギーへの転換が現実のものとなれば，地球の環境汚染問題は解消する。当然のことだが，地球人類にとってのエネルギー源は，真空エネルギーの利用によって初めて恒久的に確保されるのである。真空エネルギー（エーテルエネルギー）の励起と反重力との関連性は，（5・11）式以降で具体的に明らかにした通りである。鉛直軸のまわりの質量の右回転だけが真空を励起するのではないことはすでに述べた。

地球人類が，この地球上で生存している他のすべての生物と共存して行くためには，これ以上の環境汚染は許されない。著者ら2人は，自動車を所有していないが，公共の車を止むを得ず利用している。石油や天然ガスを燃料とする車は，大気中の酸素を大量に消費し，大量の酸化物を排気する。このようなことはもう許されないのだ。この原稿を執筆中に，環境保全の国際会議が京都で開催されており，日本が議長国となって環境保全の案をまとめていた。しかしながら，この案は米国の反対によって排気ガス規制はなんら進歩していない。こんな勝手な一国エゴは絶対に許されない現状なのだ。このような状況からして，地球人類が真空エネルギー（エーテルエネルギー）を利用するための研究・開発事業は，焦眉の急の課題である。

この本は，反重力の研究とその技術に関する内容を述べているが，すでに述べたように，反重力の研究・開発と真空エネルギーのそれとは一体のものである。けっして，好奇心が盛んな研究者の夢の中のことではないのである。再び主張したい。我が国の政府機関や民間の企業が真空エネルギーの開発・研究に注目し，脱石油，脱核燃料へ努力している研究者を支援されることを希望する。我が国に先憂後楽の士の出現を期待したい。

この本を読み了えた読者諸氏に著者らは訴えたい。この本で紹介した多くの知識を知ったことに満足せず，読者諸氏自身の思考を全開活動させ，もっと有効な重力制御と真空エネルギー利用の技術を開発されることを強く期待する。正しい意図を持ち，精進努力すれば，自然はその人に対して自然の秘密を打ち明けてくれる。"宇宙の叡知"と共に進もうではないか。

真空エネルギー利用の研究・開発に関するいくつかの資料を参照参考文献の末尾に掲げておく。関心のある方は利用して頂きたい。これからの本格的な真空エネルギーの技術は，これまでの方法とは違うと云うことを云っておきたい。ここ

特質を彼らに分け与えることも必要である。

これまで宇宙に関する知見は、主として米・ソ(ロ)両国のロケットを用いた探査に頼らざるを得なかった。両国による探査から得られた情報は、我々日本人の宇宙に関する知識を増大させてくれた。このことに我々日本人は感謝している。しかしながら、両国が得た知見の全部が公表されていないことは甚だ残念なことである。たとえば、最も身近な月に関するデータについて云えば、未公開の情報が多数ある。このことは、NASAのアポロ計画において得られた、月の写真を保管しているNASAの図書館から写真を直接入手し、入念な調査をして来たコンノ[88]の報告から十分推察できる。それ故に、日本人自身による月の探査が行われれば、もっと多く月の真実を知ることができる。金星に関しても、米・ソの情報はウソが多い。このことは水島[89]の秀れた分析にもとづいた著書に述べられている。現在、米国が実施している火星の探査についても同じことが云える。すでに、米政府と火星人との間で交易が開始されている、と云う情報すらある。百聞は一見にしかずである。

何度も述べて来たように、地球引力からの脱出のためには、もはや化学燃料の燃焼ガスの反作用と云う原理に頼る必要はない。このことは、第4章から第8章において紹介した回転あるいは自転、スピン、メビウス回路、そして非アーベル電磁場等による重力制御の新しい方法を用いると、ロケット方式は不必要となる。今後、宇宙開発の分野において我々日本人が貢献できるのは、これらの方法にもとづく技術開発である。幸い我が国は、工業技術のほとんどすべての分野において最高のレベルに達している。それ故に、上述の重力制御方式を我々が十分検討し、実現化可能な技術を開発すべきである。著者らは、すでにこの方向づけに沿った重力制御技術のアイディアを持っている。これは直ちに基礎実験が可能なアイディアである。このアイディアは近いうちに公表する積りである。したがって、この方向に沿って研究できる能力を持っている研究者の組織化、財政的支援が得られれば、日本の宇宙開発技術は、飛躍的に増大することは明らかである。政府と民間の協力を得たい。

時空・重力制御方式を採用する場合、当然のことながら宇宙船の初期駆動用の動力源を必要とする。どんな制御方式を用いようと、初期動力源は予めその宇宙船に貯えなければならない。しかしながら、貯えたエネルギー源のみに依存するのであれば、宇宙空間の移動距離は限定されてしまう。この限界を解消しない限り、地球人類が光年単位の距離にある星に移動することはできない。この限界を破るには、宇宙のいたるところに充満しているエーテル(真空エネルギー)を電力エネルギー、あるいは他のエネルギーに転換する技術を必要とする。この意味

あとがき

　反重力をなぜ研究するのか，その目的を第1章で述べた。反重力の研究をすることは，けっして夢の中のことでない。地球人類が無限と思われる程広大な宇宙を知ろうとすることは，純粋に学問上の行為である。けれども，反重力の研究はそれだけの目的のために行っているのではない。一つは輸送機関の開発，真空とは何か，そして真空エネルギー利用の基礎研究でもある。これは，地球人類の生活を物質的側面から豊かにする技術につながる。

　今一つの目的がある。それは，この広大な宇宙の多くの天体に居住しているであろうETIとの直接交流を実現するための空間移動の手段を得ることである。重力制御機器を開発するのがもう一つの目的である。もとより，ETIのすべてが，我々地球人類にプラスとなる存在ではない。我々の交流対象は，ただ単に知的レベルが高いETIではなく，精神レベルが我々よりはるかに高いETIである。この様な生命体が存在していることは，各国におけるUFOに関連する多くの調査報告から推量できる。

　精神レベルが高いとはどんなことか。著者らが思うに，宇宙で生起するあらゆる現象の根源である"宇宙の叡知（宇宙意識）"を認めることができる状態に達しているか，あるいはそれに向って意識的に努力している生命体の精神レベルのことである。こうしたETIのことは，近年多くの報告がなされている。たとえば，米国の著名な牧師[6]ストレンジェスは，バリアント・ソーと云う金星人（1957年，アイゼンハワー大統領，ニクソン副大統領達と会見し，地球人救済のための多くの提案をした）と友人となり，金星での生活，地球環境保全のための金星人の努力，地球人の精神レベルの向上，などについて話し合った。この様に，地球人をETIの友人として交友関係を結ぼうとする同一太陽系の惑星人が存在している。今や，地球人類のみが，宇宙に存在している高等な知的生命体であるとする独善的思考は捨てなければならない時となっている。

　我々地球人は，依然として莫大な核兵器を持ち，いつでも大量殺人ができる準備をしており，そして今も殺し合いをしている。飽食によって病となる多くの人がいる一方で，食糧がなく餓死する人もいる。コンピュータを操作し，投機によって他国民から巨額の利益を収奪し，金融・経済を大混乱させ，多くの国民の生活基盤を破壊している。悲しみがこの地球に満ち溢れている。我々のこうした低い精神レベルから高みに上るには，上述の高い精神レベルのETIとの直接交流が必要である。同時に，こうしたETIが持っておらず，地球人類が持っている良き

し，ゼータ・レチクル星人は除く）。この話は，話だけではないのだ。このことは第1章で次のような表現で暗に述べてある。すなわち，「我々が反重力の研究を行う目的の一つとして，高い精神レベルに達しているか，あるいはそれに向って努力している ETI との直接交流をするためである」，と述べておいた。知的に高いと云うことは，高い精神性とは違うのである。知のみの追求は"宇宙の叡知"から離れ，生命力の力強さを失い，結局その種族が滅亡に向うのである。地球人にとっても同じことである。

*1 ナチスは第2次大戦前から大戦中，有人飛行のための UFO を製作していた。このことは，矢追の著書，"ナチスが UFO を造っていた"，河出書房新社，1994，に述べられている。著者早坂の友人であるドイツ人とチェコ人の研究者も，このことが事実であったと云っている。だが，第2次大戦後は，ドイツで UFO の開発は行われていない。ただ，有名なドイツの数学者・物理学者であったヨルダン（Pascual Jordan）は，質量の回転が重力制御を可能とすると云っていた。このことは，ニューヨーク・ヘラルド・トリビューン紙の記事にあった。

*2 Space Technology & Applications Inter. Forum（STAIF − 98），Jan. 25 − 29, 1998, Albuquerque, New Mexico.

び重力制御に関する研究開発の実態である。

　一方，我が国はどうであろうか。第2次大戦後，占領軍によって一切の航空機の開発は禁じられており，ロケットの開発は論外であった。化学燃料を用いたロケット方式技術は，やっと米・ロに次いでその基礎的技術取得を完了した。有人飛行はこれからである。だがしかし，電磁場等の場の推進方式については，これから開始されるかも知れない程度である。上で述べたように，米国およびロシアにおける重力の研究層の厚さは，我が国との比ではない。我が国の企業においては，まったく行われていない，と云ってよい。萌芽的な動きはあるけれども，我が国の宇宙開発に関する基礎研究，技術は，残念ながら自らの発想によって行われてはいない，と云ってよい。第7章で紹介したように，米国も場の推進方式を本格的に考え始めている時期であるから，ある意味では，この分野において日本独自の技術を開発できる可能性がある。事実，1998年1月，アルバカーキーにおいて場の推進に関連する全分野の国際的フォーラムが開催される。特に注目すべきは，テーマとして，breakthrough physics（従来の物理学をぶち破る）が取り上げられていることである。

　最後にロシアはどうであろうか。ソ連時代のロシアの宇宙開発は御存知の通りである。けれども，ロシアの重力研究の過去30年間に蓄積された知見は，目を見張らせるものがある。ロシアの実験的重力研究の方法は，米国のそれとはかなり異なる。第6章において，ねじれた場に関するロシア人の具体的研究の成果を紹介しておいた通りである。さらに，1996年9月の"ロシア新聞"に，次の驚くべき記事が載っていた。ロシアとウクライナの研究者が共同して地球製UFOを作ろうとしている。その宇宙航行機の直径は240m，高さ80m，乗組員800人，最低移動速度は毎秒80km，最高は毎秒300kmに達する（単位は間違っていない）。現在，この宇宙機製作に関与している国は15にのぼる，と云う記事が1ページ全部を使って報道されていた。同じ記事が，もう一つのロシアの新聞にもあった。よく話半分に聞いておけと云われるが，話半分でもとんでもない記事である。だがしかし，ロシアで開かれた国際会議に提出された論文を読むと，ロシアでの重力研究のすごさが判る。この事実から，"ロシア新聞"の記事には，かなりの事実の裏付けがあってのことと推量せざるを得ない。

　一方の米国は，相も変わらず重力制御技術を極秘にしている。その上，悪しきETI（いわゆるグレーやオリオン星人など）から，その技術を取得しているとの話も伝わって来ている。悪しきETIとは，知的には地球人類より高いが，彼らの生命力の枯渇を補うために，地球人を拉致し，地球人類の遺伝子を用いた遺伝子組み換えさえ行い，彼らの子孫を改良しようとしているETIのことである（ただ

組織はどんな企業，大学，そして研究所があるのか，それをここで紹介しておきたい。この理由は次の通りである。

B-2機の推進方法は，ビーフェルド・ブラウン効果であることはすでに述べた。B-2機に用いられてる技術の基礎は，ブラウンの発明である。米空軍が，重力制御を可能とするブラウン効果に着目したのは，1954年頃からである。この時期は宇宙開発のためにロケット技術を開発した時期でもある。米国政府が，ロケット技術と異なる技術を同時に開発し始めたことは注目に値する。つまり，2枚腰で宇宙開発を進めていたことである。もちろん，B-2機は軍事技術として用いようとしていたことは，ロケット技術開発と変りはない。

なぜこの本でB-2機の製作に関与した組織を具体的に述べようとするのか。その最大の理由は，如何に米国，ヨーロッパ諸国が重力制御に重大な関心を持っていたのかを，具体的に研究開発組織を明らかにすることによって，これからの我が国における宇宙開発に対する心がまえを啓蒙するためである。

つまり，こう云うことだ。ロケットは，第2次大戦中，ナチスによって開発された技術[*1]であり，これから脱却して各国独自の技術を自らの力で得ようとする意図に，如何に多くの企業，大学が賛同したか，と云うことである。第1章で述べたように，ニューヨーク・ヘラルド・トリビューン紙（1954年，3月3日-5日）は，重力制御の技術開発に米国が全力を挙げて着手すべきだとの記事を書き，そして重力制御に関与している企業，大学および研究者名を挙げていた。研究者の中に，ドイツのヨルダン，米国のド・ウイット（DeWitt）の名があった。P. ヨルダンは世界的に著名な数学者・物理学者であった。ド・ウイットは量子重力場理論の大家である（今は）。この記事はいわゆるUFOの出現に触発されてのことである。

1980年，米国国防総省は，場依存の推進に強い関心を示し，B-2機の製作に着手した。B-2機の製作に最も強い関与をしたのは，ノースロップ（Northrop）とGE（General Electric）である。ノースロップは，1968年から電磁場による推進機の機体の研究に着手していた。GEは，B-2機の電子回路の全部門を担当した。重力研究を行っていた大学，研究所は，The Massachusetts Institute of Technology, Gravity Research Foundation of New Boston, The Institute for Advanced Study at Princeton, The Caltech. Radiation Laboratory, Princeton University, The University of North Carolina 等であった。1954年当時，世界の超一流の企業と大学が重力制御に関与したのである。同時期，フランスでは，国立および私立の組織による研究開発が行われていた。そして，スウェーデンの1つの会社と，カナダの2つの会社が開発研究をしていた。これがB-2機製作およ

以上が，バーンソンによる電気重力推進機，すなわちアダムスキー型の航行機の構造である。このタイプのものは，真空から電力エネルギーを取り出す装置がないため，一つの惑星の周辺のみを航行できる。しかしながら，電場，磁場を用いて引力場をどのようにコントロールして推力を発生させるのか，と云う技術を知る上では，地球人にとって非常に大きい参考になる。むしろ，このタイプをモデルにして地球人が同型のものを実際に製作してみて，その上でもっと航行範囲の大きいタイプのものを目標とすべきと思う。

　8－2を終えるに当って，著者らは次のことを読者諸氏にコメントしておきたい。ただし自然科学者でUFOを頭から否定したい方々をコメントの対象にはしない。UFOの研究者および一般の市民の方々で，UFOに関心を持っている読者に云いたい。アダムスキーと云う人物は金星人には会っていないし，UFOに乗って金星や土星に行っていない，などと云う人が居る。アダムスキーは，いかがわしい人物であると。こんな話をする人は，中途半ぱにUFOを研究している人物で，濁った精神しか持ち合せていない。真実に共鳴できる人であれば，アダムスキーの存在と，彼の主張の真実性が直ちに判るはずである。もしも，それでも判らないのであれば，彼の墓地がアメリカ合衆国国立アーリントン墓地にあると云う事実を知ってもらうことだ。アーリントン墓地に直接行き，目で確かめることだ。

　米・ソ両国（今のロシアは，以前のソ連の時代に発表したデータを，今も正しい資料としてそのままにしており，未だ真実を明かしていない）の金星に対する探査結果の発表によると，金星の地表面は450℃を超える高温であると云っている。したがって一切の生物は生存できない，と。こんな天体に地球人に似た高度知的生命体がいるはずがないにもかかわらず，アダムスキーは金星人に会ったし，彼等の作った航行機に乗ったと云う，彼の主張は真赤なうそであると云うわけである。これらの人々は，自己の頭脳を自ら働かせて，米・ソの公的発表データに根本的矛盾をいくつも含んでいることを見抜けない人々である。これらの方々が，UFO研究者と称するのは，もうこの辺りでお止めになるべきである。

　英国人サールの発明した航行機については，すでに多く他の著者によって説明されているので割愛したい。それでもサール機について知りたい方は，文献［86］，［87］を参考にして頂きたい。

8.3　電磁場に依存する航行機開発に関係した組織

　電磁場に依存する推進機器，特にB－2機にかかわる研究開発にたずさわった

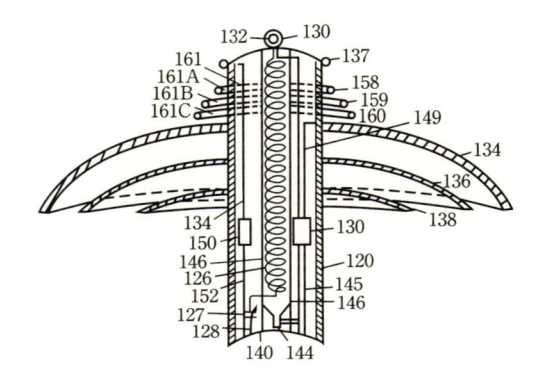

図27　バーンソンの推力発生機の第3部分の構造図

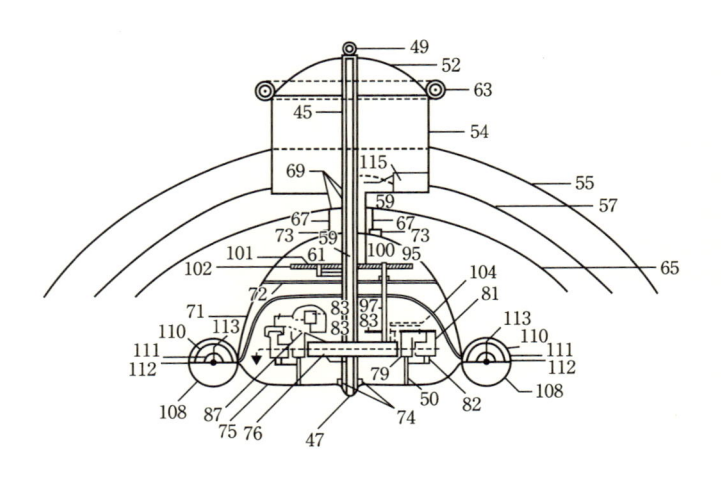

図28　バーンソンの推力発生機の全体構造図

［第Ⅱ部論文篇］第8章　電磁場を用いた空間推進機

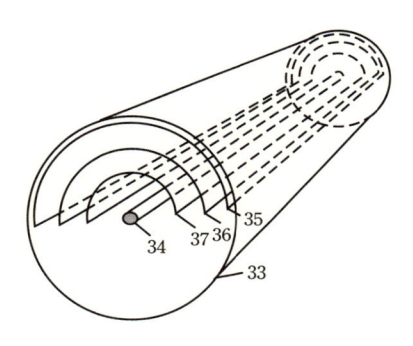

図26　バーンソンの推力発生機の第2部分構造図

　大別された第3の部分は、図27を参照して頂きたい。134，136，138は図25の14，18，24に対応している。120は、大きい誘電率を持っている中空の誘電体である。132，150と140は電極であり、126はコイルである。144は高周波コーンである。144は、電極134，136および138の方に指向性電力を放射する。134でゲインを上げて逆方向に反射するから、機体周辺空間に影響を与える。それで、さらに装置全体に対して推力を増加させる。
　電源150は、直流あるいはパルス電源であり、152および161で電源140および電界形成コイル137と接続する。交流電源130は、適当な導波管あるいは導体145によって電極140と高周波輻射器144と接続する。さらに、交流電源130は、149を通して電極134に接続している。
　全体の構造図は図28に示される。第1，第2および第3部分は、図28を参照しながら見て欲しい。

樹脂のような非導電材料で作られている。18の表の面のすべては，導電材料で作られている。12と14は同電位であり，24はどこにも接続されていない。16,20, 26はベアリングである。24は，18の高圧印加に伴って自然に一方向に回転する。この回転が始まると，大きな推力（上向き）が発生する。

　図の28は球形コンデンサーであり，3個の球形コンデンサーは，支柱10のまわりの円周上に120°の等間隔に配置されている。それぞれのコンデンサーの中で，その中心のまわりに回転できるようになっている。これら3個の球形コンデンサーのいずれか1個に電荷を与えると，装置全体に対する推力の方向を変えることができる。

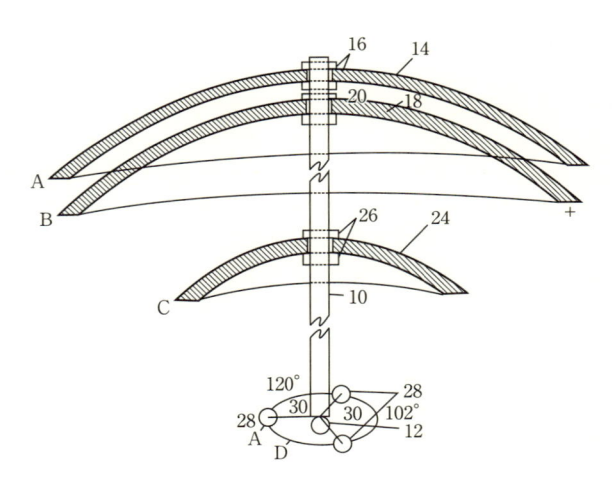

図25　バーンソンの電磁場応用の推力発生機（金星タイプの推進機）の第1部分構造図

　大別された第2の部分は図26を参照してほしい。35は導電性の内面を持ち，円環電極14に相当する。36は誘電体であり，その働きは24に相当する。34と35は同電位であり，36と反対の電位が与えられる。各電極に加える電圧は交流かあるいは直流である。

ブラウンの発明した電気的重力推進の核心は，強誘電体の両端に高圧をかけることによって強電場を生じさせ，その電場勾配に起因する力によって推進すると云うことである。この推力[85] f は

$$f = -\frac{\varepsilon - \varepsilon_0}{2}(\nabla E^2)V_{eff}$$

ここで，ε はパーミティビティ，ε_0 は水素の誘電率であり，V_{eff} は誘電体の実効的体積である。Ｂ－２機で用いている強誘電体は，劣化ウランのセラミックスである（これが秘密の１つであった）。

　Ｂ－２機の推進方式は，電場を用いて重力（引力）を制御する実例である。ブラウンが研究に着手したのは，1930年頃であり，米空軍によって実用化されたのは，1985年である。実に長い年月が経過している。電場を用いると重力を制御できると云うブラウンの実験的裏付があり，多くの特許が許可されているにもかかわらず，主流的技術者や科学者が従来の固い思考の枠に囲まれて安住し，彼の発明を無視し続けたことは，新しい物事を好む米国人であっても変りはないと云うことである。このことの最大の原因は，重力と云うものは，巨大物体とか，光速に近い速度でないと効果が生じないから，人工的に制御不可能であると云う間違った信念が支配していたからである。その間違った信念が呪縛となって技術の進歩を押えてしまう。Ｂ－２機の製作過程を通して学ぶべきことが多い。

8.2　バーンソンの電気的推力発生機

　バーンソンの電場を用いた反重力的航行機は，日本特許庁によって承認されている（昭和37－6555）。伝聞によると，この装置は，金星人の宇宙船の知識を，かの有名なアダムスキーがバーンソンに知らせ，UFOを否定する米国政府による妨害を避けるために日本で公開した，と云われている。バーンソンの特許で公示されている金星型UFOの構造は詳細を極めているので，本腰を入れれば，日本の技術で容易に製作可能である。ただし，特許の公示内容には，いわゆる物理学的な原理は説明されていない。以下において，バーンソンの反重力的推力発生機の具体的構造のみを明らかにする。惑星の引力場と電場あるいは磁場との相互作用については，著者らと共に読者諸氏の思考によって理解し解明したいと思う。

　この航行機の第１部の機構は図25を参照して頂きたい。部分14, 18, 24および12は，金属体であり，10も金属である。その内部は，同心円柱状の電極である。12と18との間には100KVに印加される。18の内面は，ガラスファイバーと

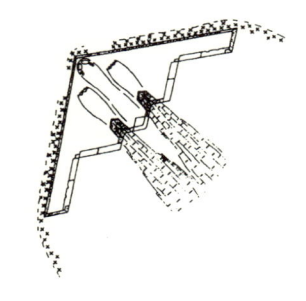

図22　上方から見たB-2機のプロフィールと帯電状態

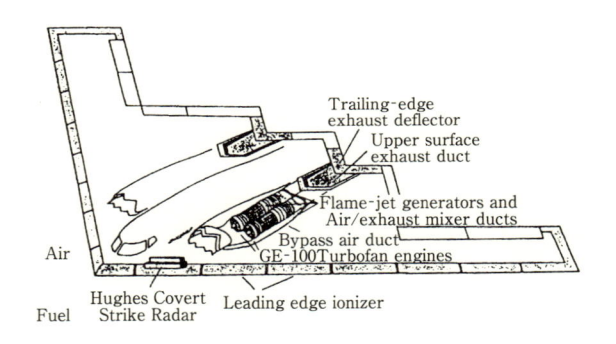

図23　B-2機の flame-jet generators の配列断面図

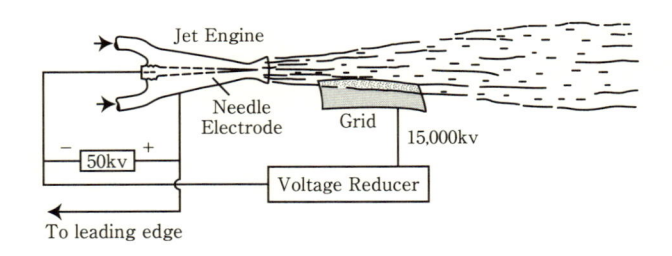

図24　高圧 flame-jet generator

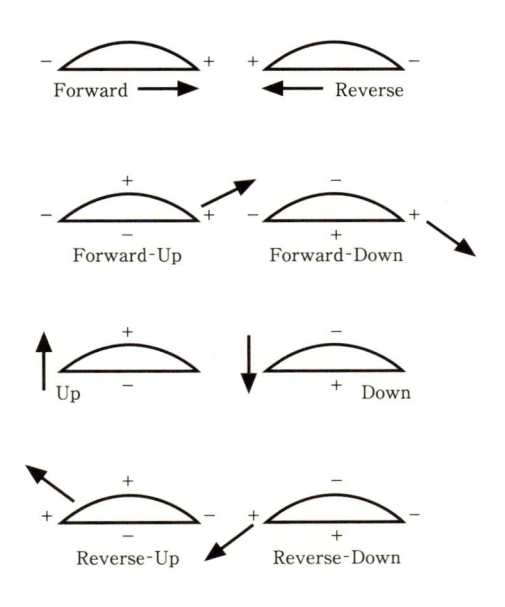

図21　上下方向に非対称な形状物体に生ずるビーフェルド・ブラウン効果

　ブラウンの実験から得た結果をまとめると，次のことが判明した。1，効果はコンデンサーの極板が接近する程大きい。2，コンデンサー極板に挿入する誘電材料の誘電率 K が大きい程，その効果は大きい。3，極板の面積が大きい程，効果が大きい。
　その後，主としてブラウンが研究を続け，その効果を国際誌 Journal of the British Interplanetary Society Vol.16, p.p. 84‑94, 1957 に公表したが，ほとんどの人は彼の研究に関心を示さなかった。けれども，米国空軍が電場による重力制御の開発研究を行っていると云う噂が立ち，1992 年遂に前述の航空機の専門誌に B‑2 機の技術が明らかにされた。同誌は，その後米空軍の The Black R & D の組織から強い警告を受け，同誌と接触していた技術者達は，同誌との接触を絶った。
　B‑2 機の推進原理は，ブラウンの基本的発明に根拠を置いている。B‑2 機の機体構造は図22，23，24 に示す。ゼネレータは，ゼネラル・エレクトリック社が開発した flame‑jet high voltage generator を用いている。

[第Ⅱ部論文篇] 第8章
電磁場を用いた空間推進機

　この章では，すでに具体化されている電磁力推進機器を紹介する。

8.1　ビーフェルド・ブラウン効果を用いたステルス機（米空軍B－2機）

　ステルス爆撃機は，米空軍がノースロップ社とゼネラル・エレクトリック社に依頼して1981年に製作した航空機である。この機の推進原理は，ビーフェルド・ブラウン効果（強誘電体の電場勾配が推力を発生させる）にもとづいている。この機の推進技術は，ほんの数年前までは機密になっていたが，1992年3月，米国の航空機の専門誌 Aviation Week and Space Technology 誌上で曝露された。以下でビーフェルド・ブラウン効果と，ステルス機の推進技術について明らかにする。これらに関する文献として，ロー・シグマ[83]の著書およびトーマス・ヴァロン[84]の著書を御覧頂きたい。

　ビーフェルド・ブラウン効果は，1923年米国のデニソン大学のビーフェルド教授が，タウンゼント・ブラウンに対して，電磁場が重力場に影響を及ぼすと思われるから実験をしてみよ，と指示したことから発見されたのである。図20, 21で示された現象はブラウンによって見出された。

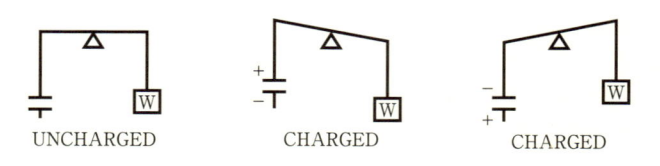

図20　コンデンサーの重量変化

＊3、5　非アーベル的とは、2つの（物理）量AとBの積ABとBAが同じでないことを云う。つまり積算の掛ける順序によって値が違う場合を非アーベル的と云う。行列はそのよい例である、$AB \neq BA$。アーベル的とは、$AB=BA$。

＊4　ゲージ場とは次のことを云っている。電磁場を例にとる。電磁場は電磁Eと磁場Hで記述される。Eはスカラーポテンシャルζ、HはベクトルポテンシャルAでそれぞれ規定される。ζは、任意関数fの時間tについての1回微分$\partial f/\partial t$を付加項として与えても、そしてAはfのgrad, grad f, を付加項として与えても、EとHが満足するマックスウェルの方程式をやはり満たす。すなわち、$\zeta \to \zeta' = \zeta + \partial f/\partial t$, $A \to A' = A + \mathrm{grad}\, f$, はマックスウェルの場の方程式を満たす。このようなζ'とA'で規定される場のことをゲージ不変な場、略してゲージ場と云う。

SCEMの場の方程式に含まれている非可換性の付加項は，あたかも磁気的電荷，磁気的電流を持っていることを示唆している。このことが真実ならば，4.2で説明したチャーン・サイモンズ項と良く似た結果を生ずることになる。(2 + 1) 次元におけるチャーン・サイモンズ項と電磁場との関係は，次式で与えられる。

$$\text{div}\vec{E} + MB = \rho.$$

この式は，磁場 B が電場の湧き出しの源の一部を担っているとみなせる。このことが，SCEMの場と似ているのである。このSCEMのベクトルポテンシャル $\vec{A}$ の非アーベル成分が，非アーベル的重力場と相互作用することを可能とする。

　バーレットのSCEMが本当に存在しているか否かは，ミカイロフの実験[82]によっても確かめられている。すなわち，溶液における常磁性エアゾルが，あたかも磁気電荷を持っているように振るまった。さらに，ミカイロフは，上述の常磁性エアゾルを含んでいる溶液に偏極したレーザービームを照射し，エアゾル粒子が振動することを見出した。この振動は，ある与えられた偏極周波数になったときに最大となる。以上のことから，通常の電磁場より高次の対称性を持っている電磁場が存在し，そして類似の高次な対称性を持っている場と相互作用しうることが判る。すなわち，常磁性体に偏極したレーザービームを照射すると，生成される電磁波はSCEMとなり，真空場あるいは重力場と相互作用できるようになると云うことである。そうすれば，真空エネルギーの励起が可能となる。

　上で，フローニングらの真空エネルギーの励起，あるいは重力場の制御をSCEMによって可能であると云うアイディアをみてきた。一般にEMは，マックスウェルの方程式からのみ導出されるアーベル的場ばかりではなく，非アーベル場であって，そのような場を生成することが可能である，と彼らは主張する。非アーベル場を用いると，重力場そして真空と相互作用が可能になり，我々地球人類は重力をコントロールできることになる。そうすれば，本格的宇宙航行機を製作できるし，同時に，真空エネルギーを利用できることになる。

　こうした発想の例をみるにつけて，残念ながら我々日本人の思考の貧弱さを思い知らされる。フローニングは完全な技術畑の人であり，功成り，名を遂げた人物にもかかわらず現状にあきたらず，さらに前進せんとする姿勢に驚きの念を禁じ得ない。我々日本人は，彼等の生き方に学ばなければならないと思う。

* 1　G. Zukav, The Dancing Wu Li Masters, An Overview of the New Physics. 1978. （邦訳：佐野，大島訳，踊る物理学者たち，青土社，1985）。
* 2　R. Penrose, the Emperor's New Mind, Oxford University Press, Oxford, 1989. （邦訳：林一訳，皇帝の新しい心，みすず書房，1994）。

7.3 フローニングの非アーベル的電磁場依存の空間推進

　フローニングは，元マクダネルダグラス社の宇宙推進部長であり，ラムジェット，スクラムジェット，エアーターボラムジェットのエンジンの開発者である。そして南とは友人である。ここでは，フローニングのアイディア[77]を紹介する。

　フローニングの宇宙航行技術の基本は次のようである。真空のグランドエネルギーを励起し，このエネルギーを用いて電磁力を作動させて宇宙船の推進を行う，と云うのがフローニングの基本的なアイディアである。フローニングとバーレット[77]は，このアイディアをもう少し具体化した。要するに，宇宙船の後方に強い電磁場を作り，前方に船を推進する。このために，真空エネルギーの励起を必要とする，と云っている。彼らのアイディアの1つである，真空エネルギーの励起の必要性を主張する点は南や早坂のそれと同じであるが，それを実現する技術が今のところ異なる。彼らの考えをもう少し具体的に聞こう。

　重力場は非アーベル・ゲージ場であり[※3]，一方，通常の電磁場（マックスウェルの電磁場）は，アーベル・ゲージ場[※4]であるから[※5]，通常の電磁場を用いては真空や重力場とは相互作用しない，すなわち，通常の電磁場を用いても真空の励起は生じない。励起を可能とするには，通常の電磁場を非アーベル化する必要がある。このような変換の可能性は，バーレット[81]によって研究されている。

　バーレットの非アーベル電磁場は，ベクトルポテンシャル$\vec{A}$と電場$\vec{E}$との非可換性，$\vec{A}$と磁場$\vec{B}$と非可換性などを内包している場である。こんな成分は，$i\rho(\vec{A}\cdot\vec{E}-\vec{E}\cdot\vec{A})$, $i\rho(\vec{A}\times\vec{B}-\vec{B}\times\vec{A})$, $i\rho(\vec{A}\cdot\vec{B}-\vec{B}\cdot\vec{A})$, $i\rho(\vec{A}\times\vec{E}-\vec{E}\times\vec{A})$ などである。ここで，ρは電荷，iは虚数単位である。要するに，ここで云っている非アーベル電磁場とは複素的な場である。これらの成分は，通常のマックスウェルの方程式に付加されている。非アーベル的電磁場のことを彼らは，specially conditioned electro-magnetic field（S. C. E. M）と呼んでいる。

　SCEMは，バーレットによって考案されたpolarization rotator（偏極回転体）を用いることによって作ることができる。このような輻射を偏極変調された輻射と名付けた。SCEMが作られているかどうかは，電磁場の強さが減少し，ベクトルポテンシャル$\vec{A}$が増大したかどうかを調べると判る。このSCEMを検出するには，リング・レーザー・ジャイロを使うと検出可能である（リング・レーザー・ジャイロとは，光ファイバーを閉じた経路に作り，上から見て左廻りと右廻りにレーザー光を同時に通過させると，両者のレーザーの位相の差がゼロとならない）。この性質を用いる。もしもSCEMがそこに存在すると，SCEMが存在しない場合の位相と違ってくることになるはずである。

P_1P_2間にポテンシャルバリアが存在していても，トンネル効果によってそのバリアを透過できる，このアナロジーを宇宙船に適用する。

この考え方は，ホルトのアイディアであって，宇宙船と人体をまるごと量子化（波動化）するにはどうすればよいのか，解決されるべき大きい問題である。もしも，この量子化技術を手に入れるならば，宇宙船と人体の全部があたかも素粒子のように振るまえるから，宇宙空間の如何なる位置へも瞬時移動できることになる。このことは，素粒子の状態変化の情報伝達は瞬時に行われていると云う事実にもとづいているのであろう。このような素粒子の振るまいは，アスペ[78]やクラウザ[79]らによって実験的に立証されている。※1※2 瞬時テレポーテーションは，多分インスタントンの生成と制御の技術すなわち，古典的スピン（回転）と，量子力学的スピンの制御技術を確立することによって可能となるであろう。21世紀は大変面白い世紀となりそうである。ここで，インスタントンとは，瞬間的に出現するトポロジー的粒子のことを云う。

以上がホルトが提案したアイディアである。彼の提案は生煮えであるが，極めて斬新である。もしも，ホルトの提案が受け入れられ，実験室での基礎研究が実施されていれば，1990年代には，ホルトのアイディアにもとづく宇宙船を建造できていたであろう，とホルトは云っている。しかしながら，彼の提案はNASAといえども受け入れなかった。それは，NASAもすっかり官僚的システムで固められてしまったからである。ホルトのような学会の大ボスであっても，NASAが動かなかったのは，米国における研究開発が事なかれ主義の官僚に如何に毒されているか，それを示す例である。

我が国は，どうにかやっと脱化学燃料推進のための調査が始まったと聞いている。宇宙開発の後進国である日本は，NASAの行いを強く反省し，無駄な時間，無駄な労力，無駄な資金支出とならぬ様に心すべきである。そうすれば，我が国の宇宙開発技術は飛躍的に進歩し，宇宙探査の範囲が急速に拡大する。このことによって，地球人類が宇宙で孤立した存在でないことを実体験するであろう。

元来，ナチが開発したロケットに頼って宇宙探査をする時代は，もはや過ぎようとしている。我が国は，ほとんどすべての分野における高度技術を持っている。これを土台として，創造的人材を結集し，良き組織を作れば，宇宙開発のモデル国となるであろう。これこそが，平和国家を国是としている我が国の証となろう。今後の宇宙探査のための新しい技術開発は，これだけのものではなく，実は真空エネルギー開発の技術でもあることを，ここで強調しておきたい。

TRAVELING WAVE

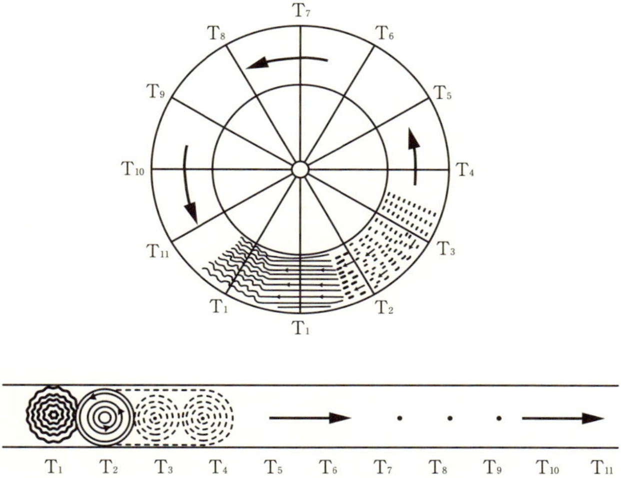

AT T1 HYDROMAGNETIC WAVES ARE INTRODUCED INTO A MEGAGAUSS MAGNETIC FIELD SOURCE WITH FIELD STRENGTH B0. THE WAVES ARE USED TO INHIBIT MAGNETIC FIELD LINE RECONNECTION AND THUS PROVIDE A FIXED BOUNDARY. THE 4B0 MEGAGAUSS SOURCE REACTS AGAINST THIS BOUNDARY AND TOGETHER WITH 90 DEGREE PHASING OF SEQUENTIAL SOURCES INITIATES A PULSE WHICH TRAVELS AROUND THE TOROID. THE ENERGY IN THE PULSE CAN BE INCREASED EACH TIME THE PULSE RETURNS TO ITS ORIGINAL POSITION.

Typical energy pattern (rotating field/energy pulse).

図19　回転場とエネルギーパルスに関する典型的パターン

　第一提案である宇宙船の加速方法は，以上の通りである。だが，これだけの説明では宇宙船の推進を理解できない。もっと具体的な説明が必要と思う。
　第2のタイプに関する提案は，次の通りである。非常に遠い距離に位置する空間点（深宇宙）に移動するためには，宇宙船の位置 P_1 におけるエネルギーパターンの振動と，深宇宙の位置 P_2 におけるエネルギーパターンの振動との共鳴現象を利用する。この技術は，量子力学でのトンネル効果と同じである。すなわち，

1979年に完了した実験によると、磁力線の振動は、磁力線の再結合を強化したり、弱めたりすることができる。これらの磁気流体的効果は、その振動数、波数、振幅、波の方向などに依存することが判明した。パルス的磁気の源の強さ、そのパルス幅を変化させることによって、空間的、時間的な干渉に関するエネルギーパターンを自由に形成できた。

　実のところ、著者らはホルトの提案にもとづく宇宙船の加速方式を十分理解できていないが、次の様に推量した。すなわち、半径方向外向きに射出された電子ビームによって同心円形的な磁力線が形成され、隣り合う磁力線とぶつかり合う。すると、トロイドの中心方向の磁気圧が高くなり、一方、トロイドの中心から外側の方向における磁気圧は弱い。なぜならば、内側と外側における磁束密度に差が生じるからである。したがって、トロイドの内側の磁気圧の高い方から、外側の磁気圧の低い方へ磁力圧が働く。この磁気圧がトロイドの外側への推力となるのではないのか、と推量した。しかしながら、電子ビームの強度がどの半径方向でも同じであれば、一つの定まった方向への推力とはならない。定められた方向にのみ宇宙船を加速するためには、その方向に射出される電子ビーム、したがって円形磁場を強く発生させねばならない。もう１つの疑問は、宇宙船をこの紙面に直交する方向に、つまり地球に対する鉛直線方向に加速するにはどうしたならばよいのであろうか、このことはホルトの論文に説明されていない。宇宙船とその周辺空間のエネルギーパターンが違うことは理解できるが。

　地球の鉛直線方向への推進はどのように考えたならばよいのであろうか。このことについては次のような推量をしてみた。トロイドのすべての半径方向に同時に射出された電子ビームは、同時に円形磁場を形成するから、これらの磁力線がぶつかり合い、高い振動数の振動磁場を発生させる。そうすると、宇宙船自体が高い振動数の電磁場に包まれるから、宇宙船が占める空間のみが高いエネルギー空間となるであろう。すると、地球あるいは他の天体が持つマイナスエネルギー場をプラスのエネルギー場に変化させるから、斥力場を発生させる。結果として、地球あるいは他の天体から反発されてしまうのではないか、と。

　図19において、２つのT_1が記入されている。これは、異なった２つの半径方向で同時にB_0と$4B_0$の強さの磁気パルスを発生させることを図示している。左側のT_1でB_0の強さのパルス磁場を発生させ一種の磁気壁を作り、そして右側のT_1においてB_0の４倍の磁気パルスを発生させる。次に、T_1より遅れた時刻T_2でB_0を発生させ、T_3でもB_0を発生させる。すると、$4B_0$の左側が壁となり、$4B_0$の圧力はT_2, T_3, ……の方向に伝播する。したがってパルス磁場波は、トロイドの内側を左回転し、もとのT_1（B_0を発生していた）にもどって来る。ホルトによる

に形成された同心円的磁力線が変形し，トロイドの円周と直交する方向に磁力線が押し出され，この様な磁力線の構造パターンがトロイドの周辺空間に形成される。この方法によって，宇宙船のエネルギーパターンが周辺のエネルギーパターンと大幅に異なったものになる。この差が大きい程，宇宙船の加速が大きくなる。このことを図18で示す。

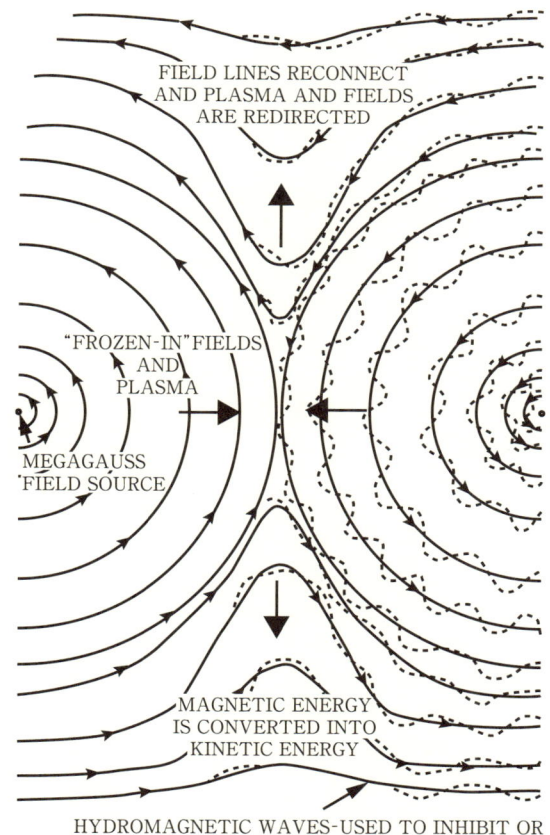

図18 磁力線の再結合と磁気的流体波

を生成する。第2のタイプは，遠い距離における空間との共鳴現象によって空間飛躍を行い，宇宙空間を瞬時移動する，と云うものである。問題は，このアイディアを現実化するための技術開発であるが，ホルトは実験的に研究可能な基礎技術の提案をしている。彼の提案は以下の通りである。

　第1のタイプに関する，コヒーレント場とエネルギー共鳴システムの概要は，図17で示す。

SUPERCONDUCTING MAGNET

HYDROMAGNETIC/ELECTRON WAVE GENERATOR

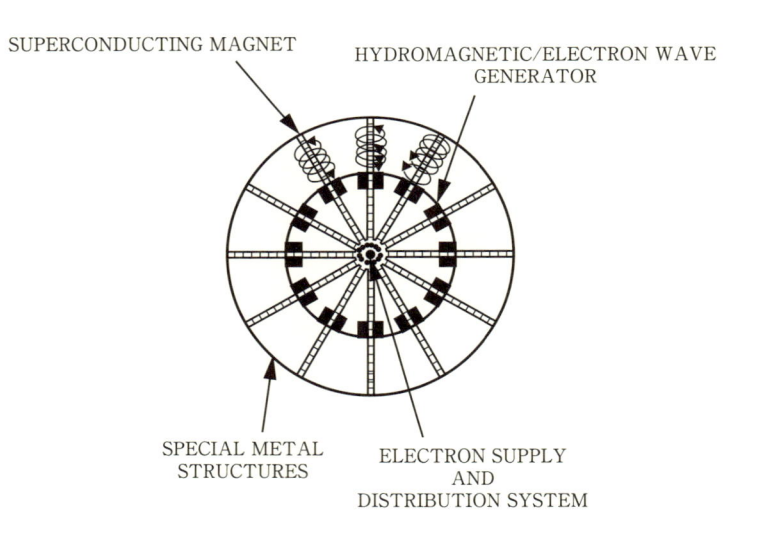

SPECIAL METAL STRUCTURES

ELECTRON SUPPLY AND DISTRIBUTION SYSTEM

図17　コヒーレントな場とエネルギー共鳴システム

　上図のトロイドは特殊な金属で作られており，その円周上の等間隔な位置とトロイドの中心を結ぶ半径方向に電子を発生させる。電子ビームによって形成されるメガガウス程度の磁場が源から広がると，それらの磁力線再結合過程を通して互いに相互作用する。すなわち，この過程においては，互いに反対方向を向いている磁場とプラズマは，磁力線の破れと再結合を生じ，これによって互いに強調される。結果として，幾分かの磁気エネルギーは運動エネルギーに転換し，空間場の中に凍結される。そして，凍結された磁場とプラズマは初めの方向に直交する方向に向く。すなわち，電子ビームがトロイドの半径方向に射出されると，同心円的磁場が発生する。互いに隣り合うこれらの磁力線がぶつかり合って，初め

図16において,パルス磁場をオン,オフした時の宇宙船の推進加速度 a_{NET} が示される。ここで留意してほしいことは,磁場を作る電磁石のスイッチをステップ状にオン,オフしても,慣性の法則によって逆起電力が発生し,常に過度現象が生ずる。このことを考慮すると,船の加速度は下図のように変化する。これがタイミング問題である。

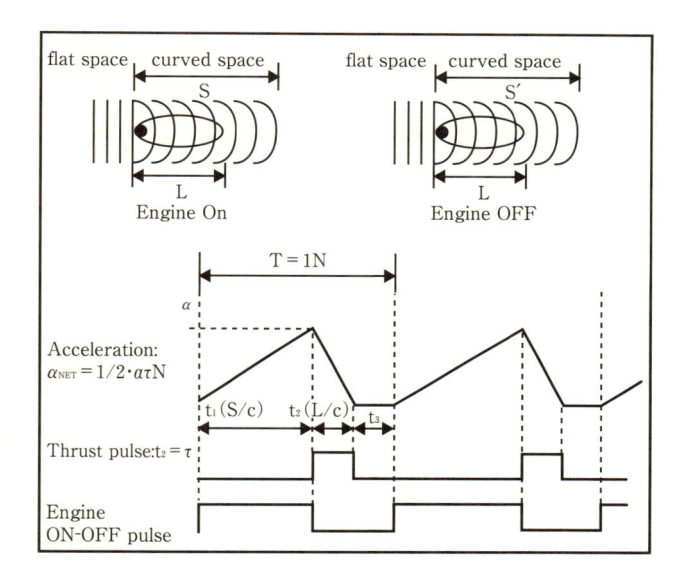

図16 パルス磁場のタイミングチャート

7.2 ホルトによる電磁場依存の推進技術

アラン・ホルトは,NASA で推進システム開発(スカイラブ,ロケットの上昇・帰還の開発)に従事していた。彼は,米国宇宙船航空学会(AIAA),米国自動車工学会(SAE),米国機械工学会(ASME)のスポンサーであり,脱燃料依存型推進システムの可能性,と云う報文をこれらの学会のジョイント会議(1980年)で発表している。ここでは,ホルトの報文[76]の概要を紹介する。

ホルトによって提案された電磁場に依存する推進方法には,2つの基本的タイプがある。第1のタイプは,コヒーレントな電磁場によって人工的な重力的磁場

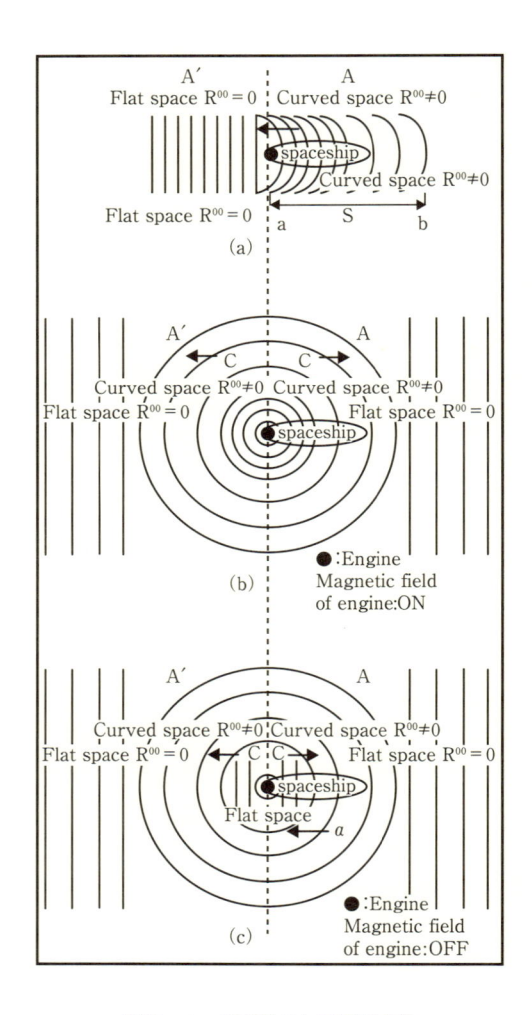

図15 パルス強磁場による宇宙船推進

をもう少し具体的にみよう。

宇宙船内で人工的な磁場 B を発生させると，空間の曲がり（曲率 R^{00}）は，

$$R^{00} = \frac{4\pi G}{\mu_0 c^4} \cdot B^2 = 8.2 \times 10^{-38} \times B^2, \quad (B はステラ)$$

で与えられる。μ_0 は真空の透磁率である。

弱い重力場では，曲がった空間領域においては宇宙船に働く加速度 a は，

$$\alpha = \sqrt{-g_{00}} \int_a^b c^2 R^{00}(r) dr, \quad (g_{00} \approx -1),$$

ここで，a, b は 3 次元空間（連続体）の 2 つの位置である。曲げられた空間領域における宇宙船（質量 m）は力 f を受ける，

$$F^3 = f = m\alpha^3 = m\sqrt{-g_{00}}c^2 \int_a^b R^{00}(r) dr = m\sqrt{-g_{00}}c^2 \Gamma^3_{00},$$

ここで，$\Gamma^3_{00} = \dfrac{-g_{00,3}}{2g_{33}} = \dfrac{-\partial g_{00}/\partial r}{2g_{33}}$,

南のパルス磁場による空間推進システムの特徴は，①慣性力が原理的に消去できる。②到達速度は準光速となりうる。③宇宙船の移動加速度は，数 G（1G = 980 gal）から数 10G と大きく，かつ任意の大きさにパルス制御可能である。④大気中の高速移動に伴う空気加熱の発生が軽減される。⑤惑星大気圏および宇宙空間を航行できる，などである。

解決すべき課題としては，①空間を湾曲させるための強力パルス磁場（あるいはパルス電流）を必要とするので，莫大な投入パワーが必要である。②潮汐力効果を除去しなければならない，ことである。しかしながら，②の問題は，ヒックス場の真空期待値 ϕ の最小値 $V_0(\phi) = \lambda \phi_0^4 / 4$（一定値）によって規定される一定の加速度を得ることが可能であるので，この問題は解決できそうである。①の問題は，強磁場の集中，レーザーフォーカッシングによる電場の集中，質量体の高速回転等によって真空を励起し，この励起エネルギーによって宇宙船を加速させることによって，必要な磁場の強さを軽減できるであろう。

南の電磁場による宇宙船推進原理は図 15 で示される。

[第Ⅱ部論文篇] 第7章
電磁場による空間推進のアイディア

　米・ソ（ロ）両国による宇宙探査のための空間推進技術は、化学燃料の燃焼ロケットを用いることであった。この基本技術は第2次大戦中にドイツが開発した技術であり、確かに有効な技術であった。けれども、この方式では地球を中心とする1天文単位以下の空間のみをやっとカバーできるだけであって、それ以上の距離の宇宙空間を探査しようとすることには無理がある。それ故に、原子力推進とか光子推進とか種々の推進方式が考案されたが、実効的な方式ではない。そこで考えられたのは、電磁場を用いた重力制御方式である。

　この章においては、日本と米国における宇宙航行技術開発の第一線で活躍していた南[75]、ホルト[76]、そしてフローニング[77]らの電磁場による空間推進技術のアイディアを紹介したい。彼らのアイディアは、強い電磁場によって空間をゆがめ、それによって宇宙船の位置とその周辺の空間の間に重力ポテンシャルの差を作り、空間移動を実現しようとする考え方である。

7.1　南の空間駆動推進システム

　南はNECに勤務し、20数年にわたって日本の宇宙開発の第一線で活躍しており、IAA（International Academy of Astronautics）のInterstellar Space Exploration Committeeのメンバーである。南の研究は、主としてIAF（International Astronautical Federation）やAIAA（American Institute of Aeronautics and Astronautics）で発表されており、これらの総括論文はJournal of the British Interplanetary Societyに掲載された[75]。彼の理論は、一般相対性理論で記述される重力場を磁気によってコントロールしようとする意図にもとづいており、この考え方は、推進方法として斬新なものである。その概要は次の通りである。

　3次元空間を連続体（弾性質的な場）として仮定し、強力なパルス磁場によってこの3次元連続体を曲げる。そして磁場のスイッチ・オフ（段階的オフ）の時、曲げられた連続体が平坦な状態（湾曲が平坦な状態）にもどろうとしてパルス的な復元圧力を宇宙船に作用する。この空間の復元作用力によって宇宙船は一定の方向に押され、その圧力によって一定の方向に推進させられる。彼のアイディア

衝突したシュメーカー・レビー彗星から放出された重力波（スカラー波）の検出ができただろうことからも云える。そればかりでなく、メビウス回路を用いた通信あるいは情報伝達が可能であると佐々木は云っている。このことは、遠隔通信の手段として電磁波のみが用いられて来たが、今後メビウス回路からのスカラー波通信が可能であると示唆している。

ロシアにおけるねじれた場の研究は、過去30年間にわたってアキモフ、シポフ[74]ら8チームによって精力的に進められている。ねじれた場は、古典的なスピン（回転や自転）によって生成可能であり、ねじれ波の伝播は、光速の10^9倍以上である。すなわち、光速の10億倍以上である。佐々木と同じく、アキモフらは、ねじれた場による通信が可能であると云っている。今後の重力制御の有効な技術は、ねじれた場の実験的研究によって実現されるであろう。我々日本の研究者は、ロシアの研究者や清家、佐々木から学ぶべきことが非常に多い。メビウス回路による重力制御の研究は米国やヨーロッパでは行われていない。このことは、第7、8章において明らかにする。

最後に、ロシアの研究者によって得られたねじれた場の主たる特徴を明らかにしておく。(1) ねじれた場は、古典的なスピン（回転と自転）によって生成される。それ故に、任意の物体へのねじれた場の投入は、その物体のスピン状態を変化させる。(2) ねじれた場中の同種電荷は、互いに引き合い、異種の電荷は斥け合う。このことは、通常の電磁界の電荷の振るまいと逆な現象を呈する。(3) ねじれた場の波が任意の媒質を通過する時、その媒質によって吸収されることがないから、ねじれた場の波の損失がない。(4) ねじれ波の群速度は、光速度cの10億倍より小さくはない。(5) すべての物質はゼロでない集合スピンを持っているので、すべての物質は彼等自身のねじれた場を持っている。(6) 任意の媒質あるいは空間をねじれ波が通過すると、そのねじれ波に、通過して来た媒質あるいは空間が持っている情報が付与される。

以上のようなねじれた場あるいはねじれ波の特性を用いると、これまで予想もできなかった理学的測定方法、工学的技術の実現が期待できる。ロシアではすでに幾つかの測定技術、工学的技術が実用化されている。

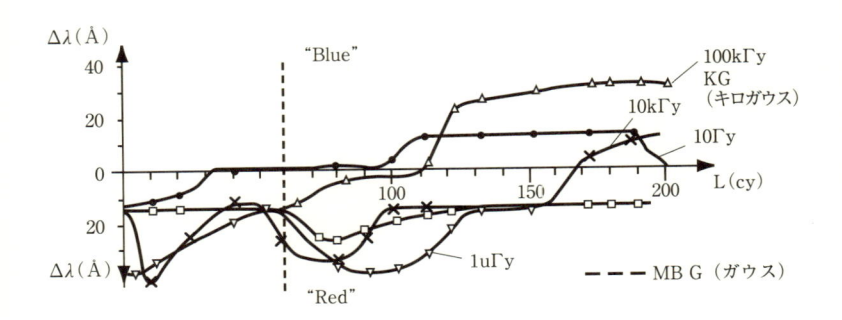

図14　メビウス回路から発生する重力場の光による測定データ

　実験結果を要約し，そこから得られる結論は次の通りである。(1) モン・ビームのパルスは真空中で光速を超える。この様な現象は，実験前にすでに導出されていた理論とよく合致した。(2) 重力波はスカラー波である。(3) 重力波は，それ自身によって形成されるものではなく，空間とモン・フラックスとの相互作用によって生ずること。(4) モン・ビームがテープレコーダのテープの材料を通過すると，1.5cmから150cmの厚さにわたってテープが破壊された。このモン・ビームの強さは，18～1800GeVに相当する。(5) 検出器を厚い鉛でシールドしてモン・ビームを照射すると，検出器は冷却された。このことは，検出器とモン・ビームとの相互作用および磁気冷却効果とから説明できる。(6)，(5)までの効果を応用すると，多様な応用が考えられるが，特に興味深い応用例として，放射性核種の崩壊をコントロールする技術を実現できる。

　以上のように，ロシアにおけるメビウス帯の電気回路を用いた実験は，驚くべき巨大な重力効果を示している。日本におけるメビウス回路を用いたスカラー波発生装置は，かなり以前から清家の研究所において作られており，物体の重さが軽くなったことを確かめた[72]。清家の重力研究は，相当早い時期から開始されている。メビウス回路を用いたスカラー波の発生器は，佐々木[73]によっても開発されており，非常に興味深い種々の結果を得ている。佐々木は彼自身の理論であるタキオン理論（超光速多次元理論）を構築し，この理論にもとづいてメビウス回路による実験を行って来た。メビウス回路から発生するスカラー波は重力場を生成するばかりでなく，不調和状態となった人体の調和化を実現できる。また，重力波の発生ばかりでなく，逆に重力波の検出に用いることができる。このことは未発表であるが，佐々木，早坂らが行った天体に関する実験，すなわち，木星に

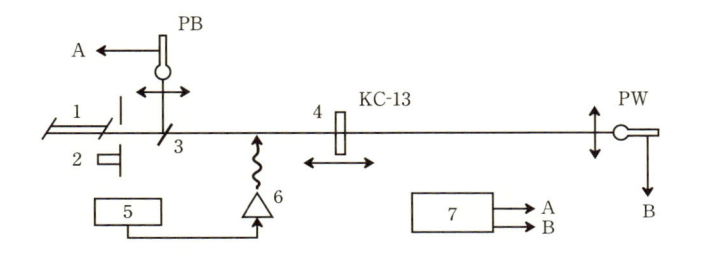

```
        PB                      KC-13              PW
   A ←  ↕                                           ↕
      ↔                    4                        
    1     ╲ 3         ┌───┤├───┐              ──○──
   ─┤├─   ╱                                        │
    2   ↕         ↕                                B
                 ↔
       ┌───┐    ▲ 6        ┌──────┐ → A
       │ 5 │    ╱╲          │  7  │ → B
       └───┘                 └──────┘
```

Distance PB-PW = 500m

Silicic phototube bearing

Distance from transiucent glass-PB = 10cm

Silicic phototube working

1. Laser
2. Mechanical grid
3. Translucent glass
4. Filter for light
5. Block feeder
6. Radiation Mon
7. Oscilloscope

図13　メビウス回路から発生した重力波の検出装置

　光フィルターと光源との距離，およびメビウス回路の集合体からのエネルギー注入の周波数の関数として，光の波長を測定した。その結果，重力ポテンシャルばかりなく，モン・ビーム（メビウスコイルで生成される事実上の磁気単極ビームのことである）によってひき起される重力的ねじれの値をも決定することができた。初歩的な計算によると，メビウス回路系による空間の乱れは，10^{32}g の質量の物体によってひき起される重力場と同等であった。10^{32}g は太陽の質量の1／10程度である。このような結論を得ることが出来る実験データは図14で示す。

帯については，ナッシュとセンの文献[55]を参照して頂きたい。

シャクパロノフらのロシアの研究グループは，メビウスの電気回路を図12で示すように作った。

図12 メビウスの電気回路

4つのメビウスの帯から成る集合回路もまたメビウス帯となるように作られている。この集合体は大きな重力場を生成することが予想されるので，検出器は電磁気的にシールドされた。熱的な変動を受けない水晶レジスターを用いた。

このような回路の集合体から音波と重力波が発生する可能性があるので，重力波が発生していることを検出するために，次の方法を採用した。すなわち，理論的には，光波が重力場に接近するか，あるいは遠ざかる時，検出される光波の周波数が変化することが判っている。すなわち，光波が重力場に接近すると，検出される光の波長は青色の方にずれ，重力場から遠ざかると，光は赤色の方にずれる。このような原理が，この実験で行うに当って用いられた。

この実験において重要なことは，複雑な光学システムを用いなかったことである。研究グループは，光源の波長と調和できる鋭い特性曲線を持った光フィルターを用いた。実験系の構成は図13に示す。

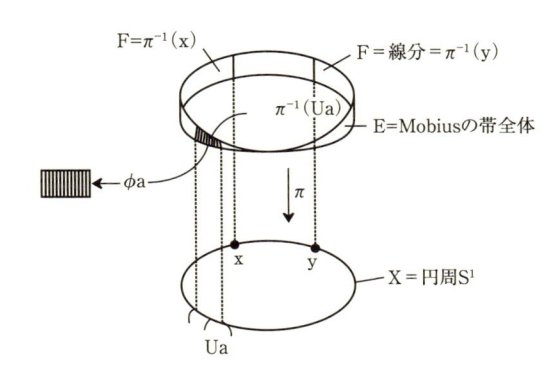

トポロジー的に表現するならば、円柱は局所的にも大域的にも、位相空間 T は $L \times S^1$ のように L と S^1 との直積で表すことができる。ここで L は線分、S^1 は円周を表す。一方、メビウスの帯は、局所的には円柱と同じであるが、大域的には円柱と異なり、空間の直積となっていない。大域的に空間の直積で与えられる位相空間 T のことを自明（trivial）であると云い、そうでない位相空間 T は自明でない（non-trivial）と呼んでいる。メビウスの帯は自明ではないのである。図10 で示したように、メビウスの帯の幾何学的構造の特徴は、帯の表に上向きの矢印↑をつけて、帯の長い方向に移動させ、1 周させると、帯の裏側では下向き↓となって現れる。したがって、メビウスの帯を、帯より離れた空間の1点からみると、空間の同一地点で矢印は上向きの↑と下向きの↓が存在する。このことを、メビウスの帯の構造群 G は 2 つの元 a と b から成り立っていると云う。したがって、メビウスの帯を一巡すると、a と b を 1 度ずつ通過することになる。メビウスの

ファイバー束（E, π, F, G, X）とは次に述べるものの総称である：
i．位相空間 E で、全空間（total space）と呼ばれるもの
ii．位相空間 X で、底空間（base space）と呼ばれるもの、および E から X の上への射影 $\pi : E \rightarrow X$
iii．位相空間 F で、ファイバー（fibre）と呼ばれるもの
iv．ファイバー F の同相写像の群 G
v．束 E の局所的自明性を反映する X の開被覆（Ua）、さらに各座標近傍 Ua は同相写像：
　　　$\phi a : \pi^{-1}(Ua) \rightarrow Ua \times F$
および ϕa^{-1} の満たすべき条件
　　　$\pi \phi a^{-1}(x, f) = x$　ここで　$x \in Ua, f \in F$
により特徴づけられる。

図11　メビウスの帯の幾何学的構造

[第Ⅱ部論文篇] 第6章
メビウス回路による重力発生実験

　この章においては，反重力場を発生させる実験ではないが，メビウス回路を用いて巨大な重力場を発生させるロシアの実験を紹介したい。メビウス回路は，元来典型的なトポロジー性を持っている回路であり，これによって巨大な重力場（引力場）を発生できることは，如何にトポロジーが重力の実験研究にとって重要であるかの実例を示すためである。場合によっては，メビウス回路は逆に反重力場を生み出す手段となりうることが考えられるからである。

　ロシアにおいては，メビウス回路を用いた重力場の生成実験が，30年間にわたり8チームの研究グループによって行われて来た。このことについて，1996年の5月に開催された国際会議"New Ideas in Natural Sciences"においてシャクパロノフ[7]の報告がある。メビウス回路を用いた重力の研究は，他国では見られない新しい方法による研究である。

　メビウスの帯は，長方形の帯を180°ひねって両端を張り合わせることによって形成される。したがって，表と裏の区別はつけられない。すなわち，帯の表面に立てた法線の向きづけは一意に定められない。図10に示すように，円柱は，局所的にも大域的にも法線の向きは一意に定めることができる。けれども，メビウスの帯の表面ではそれができない。

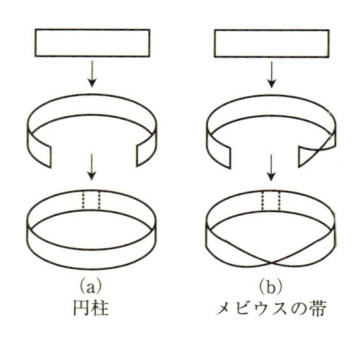

図10　円柱とメビウスの帯

が，45組（1組はゼロ，左，右回転での落下はそれぞれ3，1，そして1回より成る）の落下時間を比較すると，前回とほとんど同じ結論が得られたと推定されている。前回と今回のすべての落下実験をまとめた結果をできるだけ早く公表する予定である。

　ジャイロの落下実験の論文が，英国のジャーナル"Speculations in Science and Technology"誌に掲載された直後（1997年，9月21日），英国で最大の発行部数を持つ高級紙"Sunday Telegraph"（Daily Telegraphの日曜版）に我々の論文が大きく紹介された。この記事を参考のために本文中に掲げた。さらに，BBC（英国放送協会）は，反重力研究をドキュメンタリ番組として取り上げる，との連絡があったことを，ここでつけ加えておく。

＊1　R. Thompson, Beyond 2001, Sidgwick and Jackson, 1 Tavistock Chambers, Bloomsbury Way, London WCIA 2SG, 1990.

次に，鉛直軸のまわりの右回転が反重力を発生させることは，真空からプラスのエネルギーを励起させると云うことをランダウの式によって示す。引力場に関するランダウの公式[12]によると，引力加速度gの引力場のエネルギー密度$E(g)$は，

$$E(g) = -\frac{g^2}{8\pi G}, \qquad (5\cdot 11)$$

で与えられる。今，gが$g-\Delta g$に減少したとすると，この場合のEの変化ΔEは，

$$\Delta E = -\frac{(g-\Delta g)^2}{8\pi G} - \left(-\frac{g^2}{8\pi G}\right) \cong \frac{g\cdot \Delta g}{4\pi G} > 0,$$
$$(g >> \Delta g) \qquad (5\cdot 12)$$

鉛直軸のまわりの右回転について具体的にΔEを評価してみる。我々のジャイロの場合，$g = 980$ gal，右回転で$\Delta g = 0.14$ gal，回転数 300rps，においては，

$$\Delta E = \frac{g\Delta g}{4\pi G} = \frac{980 \times 0.14}{12.6 \times 6.7 \times 10^{-8}} = 1.63 \times 10^8 \text{erg/cm}^3 \qquad (5\cdot 13)$$

ジャイロ・ローターの体積Vは11cm^{3}であるから，ローター全体で生成するプラス・エネルギー$\overline{\Delta E}$は，

$$\overline{\Delta E} = (\Delta E) \times V = (1.63 \times 10^8 \text{erg}\cdot\text{cm}^{-3}) \times 11\text{cm}^3$$
$$= 1.79 \times 10^9 \text{erg}, \qquad (5\cdot 14)$$

この値は，右回転の回転運動エネルギー$E_{rot}(\omega)$が転換したものではない。なぜならば，もしもそうならば，左回転の回転運動エネルギー$E_{rot}(\omega)$は右のそれと同じであるから（E_rはω^2に比例する），左回転においても反重力が生成されるべきである。けれども，実験事実は，この仮定を否定するからである。

鉛直軸のまわりの右回転がプラスのエネルギーを生成できることは，真空エネルギーの励起を意味する。ウイラーらの研究によると，真空エネルギー密度は10^{115}erg／cm^{3}程度であろうと推量されている[21]。この様な事実上無限である真空エネルギーの利用の一つの方法は，物体の右回転によって可能となる，と云うことを我々の実験が明らかにした。

1997年の8月，ジャイロの落下実験を再び行った。このことは，前回の落下実験の結果が経年に独立かどうかを確かめるためである。ジャイロは2個新しいものを用いた。これらのジャイロの構造は前回のものと同じである。今回は，落下中のカプセルの空気抵抗の効果をも考慮に入れた。現在，データを整理中である

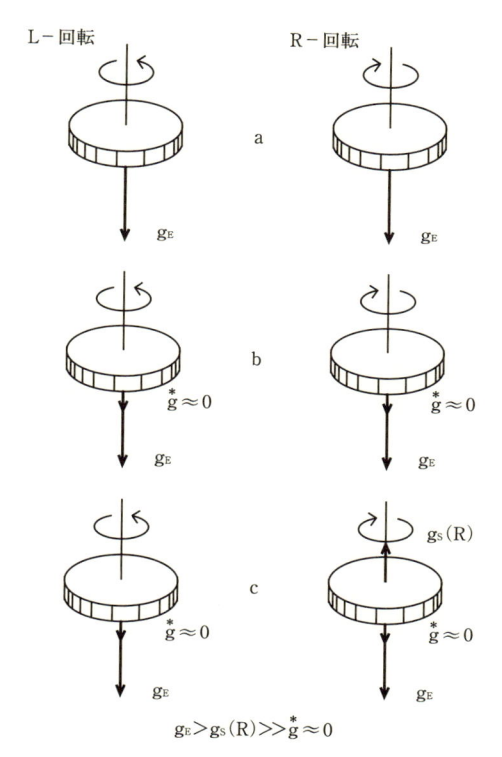

$g_E > g_S(R) \gg \overset{*}{g} \approx 0$

a ニュートン理論、b アインシュタイン理論、c 早坂理論 – 東北大学実験
g_E：ニュートン理論にもとづく地球重力加速度（引力）
$\overset{*}{g}$：アインシュタイン理論にもとづく付加的重力加速度（引力）
$g_S(R)$：東北大学の実験から発見された付加的トポロジー重力加速度（R–回転による反引力）

解析条件：回転速度vは光速度cより遥かに小さい、c>>v.

図9　回転体の重力に関するニュートン，アインシュタイン理論と早坂理論 – 東北大学の実験結果の比較

a：コバルト60のベータ崩壊。$e^-(\beta)$ と $e^-(J)$、μ_N と $e^-(\beta)$ は左手系を形成
b：右回転で生成される反重力、ω と $g_S(R)$ は左手系を形成
$e^-(\beta)$：コバルト60の原子核から放出される電子
μ_N：コバルト60の原子核の磁気モーメント
J：磁場Hを作るためのコイルに流れる電流
$e^-(J)$：電流Jに対応している電子流
$\bar{\nu}$：反中性微子
$g_S(R)$：右回転体によって生成される反重力加速度
g_E：地球による重力加速度

図8　ベータ崩壊と重力は左手系を好む

いて両者を比較図示する

　物体が鉛直軸のまわりに回転する場合、ニュートン力学によると鉛直軸方向には重力は生じない（コリオリの力や遠心力は、水平面内の力である）。アインシュタインの一般相対性理論（対称場の理論）によると、極めて微小な引力を生ずる。（4・20）式で示したように、この引力は回転の方向に独立である。一方、早坂のトポロジー重力理論によると、右回転のみが反重力を生成する。東北大学の重力研究グループによる2種類の実験は、早坂の理論を支持する。図9において、ニュートン、アインシュタイン、早坂の理論および東北大学の実験結果の比較を図示する。

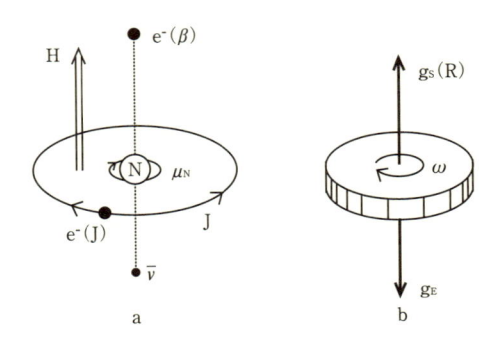

さらに，$g_S(L)$と$g_S(R)$のゆらぎが（one standard deviation）は，平均値のまわりでオーバラップしていない。つまり，$g(L)$と$g(R)$は分離している，と云える。したがって，この10組のデータは，十分な有意性を持っている。
　(5・5) から (5・9) 式で示した実験結果は，天秤で測定した重量変化の測定値とよく一致している。たとえば，18,000rpmの回転において，天秤で測定した左回転ではほとんど重量変化がみられないが，右回転では-0.108 galであることが外挿値として得られる。一方，落下実験からは，-0.139 galだけ減少している。両者の値は実によく一致している。特に注目すべきことは，10組のどの組においても，右回転の落下加速度$g(R)$が，左回転でのそれ，$g(L)$よりも常に小さいと云うことである。この現象には例外がない，と云うことである。
　こうした結果は，何か系統立ったエラーが原因になっているかどうか検討した。検討項目は次の通りである。(1) 右回転のときだけ潮汐力の減少があったのではないか。(2) 両回転における回転速度と落下速度との結合効果が対称でないのではないか。あるいは，地球の自転方向とジャイロの落下速度の結合が対称でないのではないか。(3) 右回転の時だけ室温が増加したために落下塔の長さが長くなったのではないか。(4) 左，右およびゼロ回転の落下について，レーザービームを横切った時，ジャイロの姿勢が違っていたのではないか。(5) 左と右の回転の時に，カプセルの慣性回転が生じ，慣性回転に伴う空気の循環が生じ，それによる揚力効果が違ったからでないか。(6) マグネットの残留磁気とカプセルの鉄球の残留磁気との相互作用が両回転において違っていたのではないのか。(7) ジャイロの回転によって生成されるバーネット効果（金属体が回転すると微少磁気が生ずる）と地球磁場の勾配との相互作用が，左と右の回転で違っていたのではないか。(8) ジャイロの回転によって生ずる摩擦電荷に起因する電磁気的現象が左と右の回転で違うのではないか，などの諸問題を検討した。しかしながら，これらの考えうる系統立ったエラーが原因となって，(5・5) から (5・9) 式で示された結果が生じたのだろう，と云う推測は否定できた。
　かくして，1994年に行ったジャイロの落下実験から次のことを結論した。鉛直軸のまわりの左回転は，なんら落下加速度の変化を生じないが，右回転は落下加速度を減少させる。すなわち，右回転は反重力を発生する。したがって，重力のパリティは完全に破れている。このことは，1989年に発表した重量変化の測定結果の正しさを改めて立証したことになる。
　弱い相互作用であるベータ崩壊における崩壊電子とコイルに流す電子とは左手系を形成するが，反重力と物体の右回転もやはり左手系を形成する。この意味で2つの現象は，左手系を好み，パリティは100％破れている，と云える。図8にお

表1 鉛直軸のまわりの 18,000rpm での L―回転と R―回転に関する落下加速度の測定値とそれらの差

Experiment date	$g(L)$, gal	$g(R)$, gal	$g(R) - g(L)$, gal
27July	980.0965	979.9153	− 0.1812
27July	979.9622	979.8324	− 0.1298
28July	979.9912	979.8702	− 0.1210
8Aug	980.0322	979.9356	− 0.0966
9Aug	980.0196	979.8185	− 0.2011
10Aug	980.1682	980.0159	− 0.1523
11Aug	980.1331	980.0166	− 0.1165
12Aug	980.1577	980.0259	− 0.1318
9Sept	980.0653	979.8926	− 0.1727
28Sept	980.0613	979.9432	− 0.1181

左回転の g の平均値 $\langle g(L) \rangle$ と右回転のそれ $\langle g(R) \rangle$ は,それぞれ

$$\langle g(L) \rangle = 980.0687 \pm 0.0663 \text{ gal}, \tag{5・5}$$

$$\langle g(R) \rangle = 979.9266 \pm 0.0716 \text{ gal}, \tag{5・6}$$

ゼロ回転の $g=g_E=980.0658$ gal と $g(L)$ との差,及び $g(R)$ との差は,

$$\langle g(L) - g(0) \rangle = \langle g_s(L) \rangle = 0.0029 \pm 0.0663 \text{ gal}, \tag{5・7}$$

$$\langle g(R) - g(0) \rangle = \langle g_s(R) \rangle = -0.1392 \pm 0.0716 \text{ gal}, \tag{5・8}$$

そして,

$$\langle g(R) - g(L) \rangle = \langle g_s(R) - g_s(L) \rangle = -0.1421 \pm 0.0317 \text{ gal}, \tag{5・9}$$

ここで,±の値は one standard deviation (1σ) である。
(5・7),(5・8) 式から判るように,右回転はゼロ回転の場合よりも落下加速度が明らかに減少し,一方,左回転では,ゼロ回転の場合からほとんど変化していない。

その比は,

$$\frac{|\langle g_s(R) \rangle|}{|\langle g_s(L) \rangle|} \cong 48. \tag{5・10}$$

$$h_3 = h_1 + \Delta h = \frac{1}{2}gt_3^2 + v_0 t_3, \quad (\Delta h = 0.3 \text{cm}) \tag{5・3}$$

そして落下加速度 g は,

$$g = g_E + g_T + g_S(\xi, v) + g_H(d), \quad (\xi = L, R), \tag{5・4}$$

ここで, h_1, h_2 は, レーザービーム AA′−BB′ の距離, AA′−CC′ の距離である。v_0 は, AA′ を通過する時の速度。g_E は仙台における地球の引力加速度, 980.0658 gal。

g_T は, 時々刻々変化する潮汐力の加速度で, g_E のまわりに ±100μ gal の範囲にある。$g_H(d)$ は, カプセルの純鉄球8の頂点と電磁石の表面との距離 d における磁気的相互作用力の加速度で, $d \geq 2$cm では, g_H は 40μ gal より遥かに小さくなる。$g_S(\xi, v)$ は, ジャイロの回転方向 $\xi(L, R)$ と回転数 v に依存するであろうトポロジー的重力加速度である。図6で示した結果を外挿して考えると, 18,000rpm (300rps) においては, 右回転で $g_S(R, 18,000\text{rpm}) \cong -0.108$ gal 程度と予想される。一方, 左回転では, $g_S(L, 18,000\text{rpm}) \cong 0$ gal と予想できる。かくして, (5・4) 式の g は下のように近似する。

$$g = g_E + g_S(\xi, v), \quad (\xi = L, R), \tag{5・5}$$

ただし, $|g_E| \gg |g_T| \geq |g_H(d)|$,

h_1, h_2 はメジャーで測ると, mm 単位の精度しか得られないので, 次のようにして h_1, h_2 を決めた。ゼロ回転において1度落下させ, t_1 と t_2 を測る。次に2度目には, h_1 から 0.3cm 下にレーザービーム BB′ を移動させて, t_3 と t_2 を測る。そうすると, (5・1), (5・2), (5・3) 式から, $g = g_E = 980.0658$ gal における h_1, h_2 が決められる。この h_1, h_2 を用いて, 左回転と右回転における t_1, t_2 を測定し, $g = g_E + g_S$ を決定する。ジャイロの回転数 v は, 18,000rpm (300rps) にした。ジャイロの回転数が, 18,000rpm になっていることは, ジャイロの駆動電圧, 電流, 発振周波数, 定常回転数に達する時間を予め調べておき, それらを基準とする。

1組の落下実験は, ゼロ回転が2回, 左回転1回, そして右回転1回の落下における時間を測定した。全部で10組のデータを得た。実験室内の温度は, 1組ごとに少し違うが, 1組の実験の間の室温変化は ±0.2℃にコントロールした。

各組における g について云えば, 常に右回転における $g = g_E + g_S(R, 18,000\text{rpm})$ の方が, 左回転のそれ, $g = g_E + g_S(L, 18,000\text{rpm})$ よりも小さい。そして左回転の g は, ほとんどゼロ回転のそれと同じであった。データは表1に掲げる。

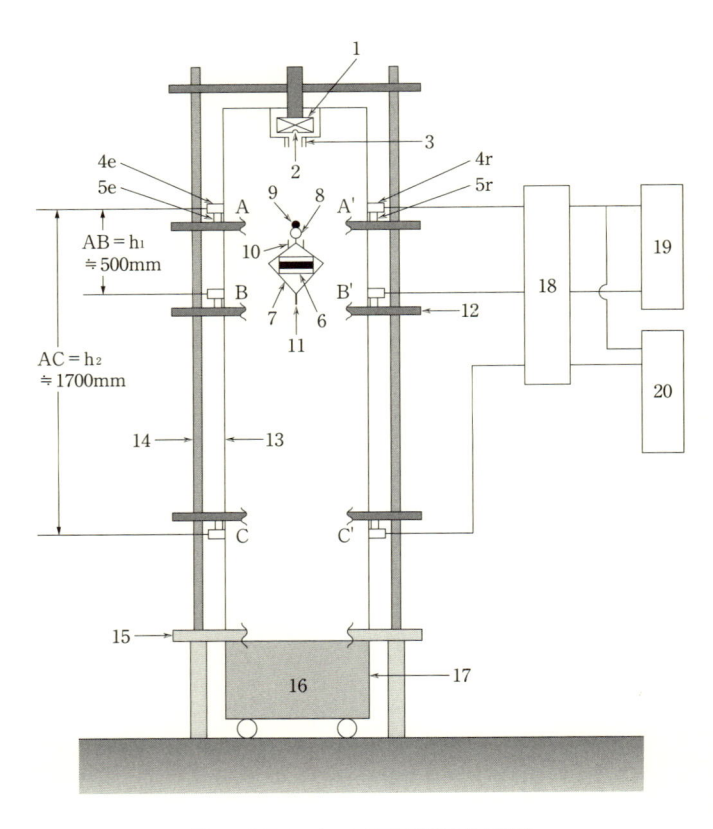

図7 自転ジャイロの落下時間測定装置概要

　ジャイロの落下は，ニュートンの運動方程式の形式に従うとする。ただし，カプセルが空気中を落下する時の空気抵抗は，1994年に行った実験においては無視した。カプセル（ジャイロを封入した）の落下運動は下式で与えられる。

$$h_1 = \frac{1}{2}gt_1^2 + v_0 t_1, \tag{5・1}$$

$$h_2 = \frac{1}{2}gt_2^2 + v_0 t_2, \tag{5・2}$$

9と同じ半径をもっているくぼみ。2と9は部分1の中心において部分7を固定するために用いられる。3，3つの水銀コネクター，この中に部分10が挿入される。4e，レーザー射出器。4r，レーザー受光器。5e，鉛直方向と水平方向の2つの方向におけるマイクロゲージを持っているレーザーステージ。5r，マイクロゲージを持たないレーザーステージ。6，ジャイロスコープ。7，なめらかな表面を持っているカプセル。8，部分7にくっついている純鉄球。9，部分8の頂点に埋め込まれた直径1.15mm ϕのボールベアリングの半球。10，部分6に対して電源を供給するためと，部分6の慣性回転に伴う微小振動から部分7を守るために用いられる3つの電極。11，直径4mm ϕのガイド棒。12，プラットホーム。13，直径400mm ϕのアクリルの筒。14，SiCで作られた4本のセラミックの柱（熱膨張係数 $= 2 \times 10^{-6}$／℃）。15，ベース・プラットホーム。16，ショック吸収材。17，キャスター。18，ゲート回路。19と20，$0.1\mu s$の精度を有する周波数計数器（時間計数器）。レーザービームの射出と受光器の一対は，上，中，下段のプラットホームの上に置かれる。各ビームは，部分2を通る鉛直線上で焦点が合わされる。各焦点のスポットの直径は，0.1mm ϕである。

　自転しているジャイロの落下時間は，次のようにして測定された。カプセル7の純鉄球8を電磁石1につけて，ジャイロを廻す。そして18,000rpmまで回転数を上げて，定常回転になったことをジャイロの駆動周波数，電流値，電圧値で確認する。そうしてから電磁石をステップ状に切ってジャイロを落下させる。カプセルのガイド棒の先端11がレーザービームAA′を横切った時にゲート18が開き，タイム・カウンター19と20が作動する。ガイド棒の先端11がBB′を横切ると，ゲート18が閉じ，同時にタイム・カウンター19が時間計数を止める。先端11がCC′を横切ると，ゲート18が閉じ，同時にタイム・カウンター20が計数を止める。

ジャイロをカプセルに封入して 120cm 落下させ，ジャイロの自転時の落下時間を測定していた．その結果，上から見て右まわりの自転（10,000rpm）の落下時間は，左まわりの自転の場合のそれよりも，10^{-5}sec 程長いことを見い出した．左回転は，ほとんどゼロ回転の場合と同じであった．ジャイロは，半径 3.5cm，ロータの質量は 400g であった．右回転で落下時間が長いことは，落下加速度が小さくなっていることであるから，我々の天秤による結果（右まわりは重量を減少させる）と同じ現象であることを意味する．しかも，落下距離は 120cm であって，右回転時ではゼロ回転の時よりも 10^{-5} 秒程長いことは，我々の天秤を用いて得られた加速度変化の結果とオーダ的にちょうど対応している．

その他，英国，ロシア，ドイツなどから多くの肯定的コメントが寄せられている．これは，単一ジャイロではなく，複数のジャイロの集合体に関するものである．英国のレイスウェイト[66]（インペリアル・カレジの教授で，リニアモータカーの発明者）は，英国人技師サンディ・キッドの発明を紹介してくれた．すなわち 2 個の同じジャイロを鉛直線からやや傾け，その傾斜線のまわりで同じ方向（上から見て）に回転させる．そしてその複合ジャイロ系全体を，鉛直軸のまわりに右まわりに回転させるとその系全体は大きい重量減少を示した．※1

ロシアのポリヤコフ[67][68]らは，4 個の同じジャイロを鉛直線から傾斜線のまわりに回転させ，その全体系を鉛直線のまわりで右回転させると，その全体系の重量は大きく減少した．

以上のように，回転によって重力（引力）を軽減しようとする研究は，多くの国で行われている．我々は，こうした多くのコメントを検討した結果，鉛直軸のまわりの右回転が本当に反引力を生ずるのか否かを別な測定方法，すなわち，ジャイロの落下時間あるいは落下加速度の測定からチェックすることにした．2 つの異なった方法で測定してもやはり同じ結果が得られるならば，天秤を用いた重量変化の結果は真実であると考えてよいはずであるからである．

5.2 右回転するジャイロの落下時間測定による反重力の検出

第 1 回の落下実験は 1994 年の夏に実施された．この時に用いたジャイロは，1986 年から 1988 年に行った実験で用いたジャイロと同じものである．落下実験装置の全系は図 7 で示す．この実験結果は，すでに公表ずみである[69][70]．

装置の部分は，番号で示す．1，電磁石である．電磁石の電源を切ることによって生ずるチャタリング（過渡時間中のゆらぎ）を防止するためと，1 ミリセカンドの過渡時間を確保するための電子回路を持っている．2，ボールベアリング

て回転させ，容器全体を磁気天秤に載せて重量変化を測定したところ，右と左の回転では，事実上差違がなかったと報告した。また，ニッチック[58]らは，ジャイロを容器に入れ，電子天秤で重量変化を測定したところ，左，右の回転において重量変化の差はなかった，と報告した。2つのグループの実験結果が否定的であることは，すでに述べたように，電子天秤や磁気天秤を用いるとき，電子回路と回転体が作るなんらかの場との相互作用の効果を考慮に入れなかったためであろうと思われる。さらに，クイーン[59]らは，羽根車を容器に入れ，ガスを吹きつけて回転させ，複雑な機構を持った化学天秤タイプの天秤によって，重量変化の有無を測定した。その結果，右回転は，早坂らの実験結果と似た現象，すなわち，回転数に依存する重量減少を検出し，左回転ではなんらの重量変化を見出せなかった。ただし，右回転での重量減少は，我々の得た値の1／8程度であった。それで，クイーンらは，この完全非対称な重量変化は，天秤の支柱のねじれに起因しているだろう，と考えて数値的に補正した（右回転について）ところ，左と右の回転における重量変化の差違はなくなった，と主張した。彼らのデータの処理は正しくないことは，一目りょう然である。このような論文をなぜNatureが採用したのか，理解に苦しむ。多分，査読をしておらず，編集者らが彼等の判断で出版したのであろう。

　早坂らの実験結果に多くの肯定的コメントが寄せられた。その代表的コメントを紹介する。米国のある会社の社長は，かつて米国国防総省から依頼されて，2つのジャイロを用いた実験[60]では，早坂らと同じ結果を得ていた。すなわち，2つの同じ寸法と構造のジャイロを鉛直の同軸のまわりで互いに逆方向に同じ回転数で回したところ，かなりの重量減少を示した，と手紙をくれた。そこで，早坂は，この人物に当時（1960年頃）のデータを見せてくれるように云ったところ，そのデータは国防総省が機密扱いにして，提供してくれない，との返事があった。

　さらに，ロスアラモス国立研究所のスタッフ[61]及びロシアの科学者2人[62]らが，ロシアの天文学者コズイレフの研究[63]が，早坂らの結果とよく似ている結果を得ていると云う手紙をくれた。コズイレフは，我々と同じく，ジャイロと化学天秤を用いて多くの種類の実験を1960年の後半頃行っていた。しかしながら，彼の研究論文はロシアの物理のジャーナルには公表されず（多分，ロシアの物理学会が公表を拒否したのであろう），秘かに米国に持ち出され，米国の研究者達によって読まれていた[63]。コズイレフの研究がロシアで正式に出版されたのは1991年であった[64]。

　もう一つ肯定的なコメントを紹介する。米国のケプナー[65]からのコメントである。ケプナーは，ボーイング社（航空機のメーカー）に勤務していた1976年頃，

$$Mr_{eq} = \iint 2\pi\rho(r,z)r^2 dr dz,$$

であり，Mはジャイロ・ローターの全質量，$\rho(r,z)$は，ローターの各部分の密度である。ローターは，アルミニウム，真ちゅう，硅素鋼板の多層構造から構成されているから，ρは，回転半径rと鉛直方向（厚み方向）zに依存している。

2種類の天秤を用いて，自転しているジャイロの惰性回転中の重量変化を測定した結果，鉛直軸のまわりの右回転のみが重量を減少させる。一方，左回転はなんらの変化も生じさせないことが判った。この結果から，回転体が作る重力場は，100%対称性が破れており（重力のパリティの完全な破れ），かつ右回転だけが反重力を発生する，と云える。

上の結果は，従来のニュートン力学とアインシュタインの一般相対論ではまったく説明のつかない現象である。したがって，この結果は第4章，4.1，で述べた通り4次元角運動量のトポロジカルな（ド・ラムのコホモロジー）現象であり，それは右回転による真空エネルギーの励起に起因していると云える。

得られた実験結果は，系統立ったエラーが原因で生じたものかどうか，このことを十分検討した。検討した項目は，(1) 右と左の両回転に関するジャイロの動特性の違いがあったのではないか。(2) 両回転に関するジャイロの異なった電磁気的結合があったのではないか。(3) 両回転に対して空気抵抗が違っていたのではないか。(4) 両回転において，ジャイロのボールベアリングと回転軸との間に異なった摩擦が生じていたのではないか。(5) 繰り返された測定時において異なった環境条件があったのではないか。(6) 両回転において，慣性力の差違が生じていたのではないか。(7) 両回転において，地球とジャイロの角運動量のスピン－スピン結合に差違があったからでないのか。これらの考えうる系統立ったエラーについて検討したが，これらは実験結果の原因とはなりえない，と結論できた。かくして，得られた実験結果は，従来の理論（ニュートン力学とアインシュタインの理論）からは説明がつかない現象である。

上の実験結果は，米国の物理学会誌の一つである Physical Review Letters（1989年）に掲載された[56]。この論文は，世界の物理学界において公表された論文としては，初めての反重力の実験的研究であった。そのために，各国から300通ものコメントが早坂に寄せられた。これらは，専門誌 Phys, Rev, Letts. を読んだ専門家ばかりでなく，ニューヨーク・タイムズ，ワシントン・ポストその他各国の新聞を読んだ読者からのコメントであった。

早坂のこの論文に対する反論と同意の代表的なコメントを紹介する。最初に，否定見解を紹介する。フォーラ[57]らは，容器に封入した羽根車にガスを吹きつけ

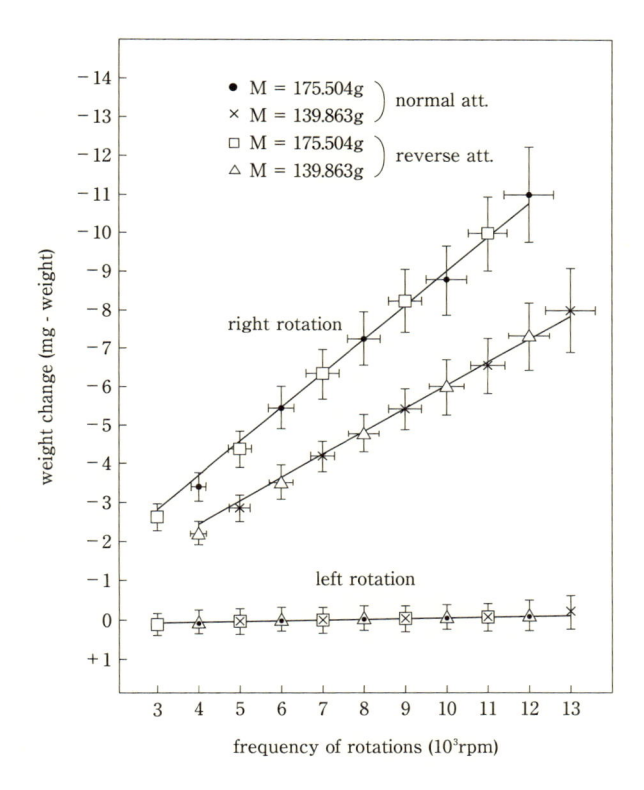

図6 電子および化学天秤を用いた自転ジャイロの重量変化

M：ジャイロ・ロータの質量
normal att.：正常姿勢
reverse att.：逆姿勢

電子天秤と化学天秤の両方を用いてジャイロの重量変化ΔWを測定した結果をまとめると，鉛直軸のまわりの右回転において，

$$\Delta W \cong -2\times 10^{-5} M r_{eq} w \quad (\text{dyne}),$$

ここで，r_{eq}とは，

ジャイロの惰性回転 13,000rpm 以下で行った。

　実験結果は図6に示す。3本の実線は電子天秤による測定結果である。実線と交差するタテの I は，後で説明する化学天秤で測定した場合のゆらぎを表す。しかしながら，両方の天秤で測定した平均値の結果は完全に一致している。第4章，4.1で推論したように，上から見て左回転においては，ジャイロの重量変化はゼロであり，他方，右回転では，回転速度 $r\omega$ に比例した重量減少が生ずる。減少の係数は，$2 \times 10^{-5} cm^{-1}$ であった。推論では，その減少係数は，$1 \times 10^{-5} cm^{-1}$ であったから，理論と実測値は，ほとんど一致している。このことから，第4章で述べた推論はまったく正しい，と云ってよい。

　次に化学天秤による重量変化測定について述べる（化学天秤を用いた実験装置は特に図示しない）。非磁性材料で作った化学天秤を用いてジャイロの重量変化を測定した。その理由は次の通りである。すでに述べたように，電子天秤は，皿の付近で 1.2 ガウス程度の鉛直方向の磁場を持っている。一方，ジャイロは惰性回転において，0.06 ガウスの磁場（鉛直方向）を持っている。それ故，両者の磁気的結合の可能性がある。このことを排除するために，化学天秤はすべて非磁性材料で製作した。ジャイロはガラスの真空容器に封入した。残る問題は，地磁気（0.4 ガウス程度）とジャイロの磁気との磁気結合の可能性である。この疑いを取り去るために，化学天秤を磁気シールド室（1×10^{-3} ガウス）に入れ，その室の中で重量変化を測定した。その結果は図6に示している。

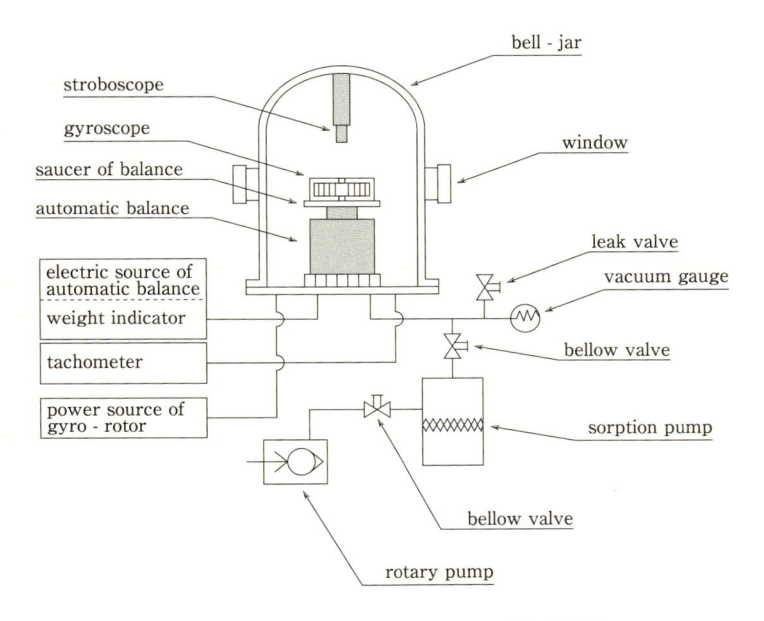

図5　電子天秤を用いた自転ジャイロの重量変化測定装置

　電子天秤を用いた場合，特に留意しなければならないことがある。それは，制御回路全体，重量指示装置やジャイロ駆動装置などは天秤本体から離したことである。理由は，天秤の皿の上でジャイロを回転させると，天秤本体が1ガウス程度の固有磁場を持っており，その上ジャイロもわずかの磁場を伴うので，両者の磁気的カップリングが見られる。その上，ジャイロの回転時における複雑な制御用電子回路への磁気的影響を最小にするために，制御回路などを本体から切り離し，改めてリード線で本体に連結したのである。
　天秤を用いてジャイロの重量変化を測定する時，ベルジャー内の気圧を一定に保持する必要がある。ジャイロの回転数に応じてジャイロからグリースのガスが出ることと，低圧下のガスの，回転による揚力効果が生ずるからである。このことを防ぐために，常にベルジャー内のガス圧を一定にするようにコントロールしなければならないことである。圧力のコントロールは，吸着材封入のボンベのファイン・バルブ，そしてロータリーポンプで行った。ジャイロの重量変化測定は，14,000rpm まで回転数を上げ，その時点でジャイロの駆動電源回路を開放にし，

[第Ⅱ部論文篇] 第5章

回転による反重力発生実験

前章,4.1,で鉛直軸のまわりの右回転が反重力を発生する可能性を理論的に明らかにした。反重力加速度は,回転速度 $v(=r\omega)$ に比例し,反重力係数は,$1 \times 10^{-5} \mathrm{cm}^{-1}$ 程度である。したがって,半径が数cm,回転数が $1 \sim 2 \times 10^4 \mathrm{rpm}$,質量が数100gのローターを用いると,ミリグラム単位の精度を持つ天秤を用いて重量変化を測定できる可能性がある。もう一つは,回転体を落下させて左と右回転およびゼロ回転の落下時間を測定して,3つの場合の落下時間を比較することも可能である。この方法によって3つの場合の落下加速度変化を比較できる。以下でこれらの2つのケースについての早坂らの [56],[69],[70] の実験を紹介する。

5.1 電子天秤と化学天秤を用いたジャイロの重量変化の測定

使用した装置は次の通りである。ジャイロは3個用意した。ローターの構成材料は,アルミニウム,真ちゅう,硅素鋼板である。これらは多層の構造になっている。ローターの外半径は,2.6,2.9cmである。3つのジャイロの動バランスは,いずれも0.3mm/s以下であり,回転数のゆらぎは±0.2%である。電子天秤の精度は,1ミリグラムである。

ジャイロは天秤の皿の上に固定され,ジャイロの真上にストロボスコープ(回転計)が置かれる。これらは,真空容器の中におさめられる。それから,電子天秤の制御電子回路部分は,天秤の本体から取り出され,本体から切り離され,ベルジャーの外に置く。本体以外の制御回路,重量表示器はベルジャーの外に置かれる。ジャイロが回転している時は,ベルジャー内のガス圧を一定に保つ。ジャイロの駆動電源もベルジャーの外に置かれる。これらは天秤本体から100cm以上離し,そして天秤本体とリード線で結ぶ。装置の概要は図5で示す。

親指を上向きに向け、他の4本の指をまるめると、4本の指の向きは右廻りを示す。右回転をベクトルで表すと、親指の差す上向きを右回転の向きであると規定する。このようなベクトルの取り方を左手系と云う。

$$m_G = m_I + \mu\sigma = m_I + \mu S_I, \qquad (4 \cdot 60)$$

ここで，m_I は慣性質量，そして S_I は慣性系にかわるスピンである。

かくして，m_G と m_I は等しくはない。云いかえれば，アインシュタインの等価原理 ($m_G=m_I$) は成り立たない，と云うことができる。この結果は極めて重大である。もしも μS_I が負の大きい値をとると，

$$m_G = m_I + \mu S_I < 0, \qquad (4 \cdot 61)$$

となりうるから，m_G は負となる。$m_G < 0$ の場合，ニュートンの重力の観点からすると，反引力，すなわち反重力が発生することになる。このことは，(2・3) 式で明らかにしておいた。

次に，(4・55) 式における関数 W に関して，係数 $\mu^{-1}(m+\mu\sigma)$，すなわち，$\mu^{-1}m+\sigma$，は重力的スピンとみなすことができる。

$$S_G = S_I + \mu^{-1}m, \qquad (4 \cdot 62)$$

そして，$\mu^{-1}m$ は，慣性質量によって生成される重力磁気場の量とみなすことができる。

(4・61) 式で明らかにした内容は，極めて重大なことである。なぜならば，素粒子が持っている固有スピンを外部磁気によってコントロールして，負の重力質量を生成する技術の基礎を与えているからである。自然に対する地球人類の認識は，日々新しくなっている。であるから，ある時点までに得られた知見が自然の法則のすべてであるとして，その知見を固定化すると，自然が持っている深い内容を限定化してしまう。この危険性は，かなり物を知っている人間といえども，しっかりと心にとめておかねばならないことである。

この章では，トポロジー重力理論を2つ取り上げて紹介した。多くの読者諸氏にとっても，トポロジーの概念は目新しい数学上の学問であろう。もちろん，重力や素粒子以外の多くの物理屋も勉強はしていない分野である。トポロジーと物理との関連を知るために，参考文献をいくつか挙げておいた。興味のある読者は，文献 [48]，[52] ― [55] を御覧頂きたい。

---

*1 2つの位置 A と B の間を光の速さで信号を伝えようとする場合，t 秒間では ct の距離まで光が進む。それ以上の距離には光が到達できない。このような ct より大きい距離のことを空間的距離と云う。l=ct より小さい距離にある位置を時間的空間と云っている。
*2 右手を基準にすると，親指を上向きに向け，他の4本の指をまるめると，4本の指の向きは，左廻りを示す。この場合，左回転をベクトルで表すと，親指の差す上向きであると約束する。左手系とは，

$$E_0^0 \equiv \frac{1}{2}\nabla^2(\phi+\mu^{-1}\nabla^2 W)=Km\delta^2(r),$$

$$E_0^i \equiv -\frac{1}{2}\varepsilon^{ij}\partial_j\nabla^2 [W+\frac{1}{2\mu}(\phi+n)]=\frac{1}{2}k\sigma\varepsilon^{ij}\partial_j\delta^2(r),$$

$$E_{ij} \equiv -\frac{1}{2}(\delta_{ij}\nabla^2-\partial_{ij}^2)[n+\mu^{-1}\nabla^2 W)]=0.$$

上の E の望まれる解は,次の w, ϕ, n によって規定される

$$W=\mu^{-1}K(m+\mu\sigma)(C-Y), \tag{4・56}$$

$$\phi=K(m+\mu\sigma)Y-2Km, \tag{4・57}$$

$$n=K(m+\mu\sigma)Y, \tag{4・58}$$

ここで,C と Y はテンソルではなく,クーロンと湯川のグリーン関数であり,

$$-\nabla^2 C=\delta^2(r), (\nabla^2+\mu^2)Y(r)=\delta^2(r),$$
$$2\pi C=-\ln r, 2\pi Y=K_0(\mu r),$$

K_0 はベッセル関数である。

w, ϕ, n の式は極めて重大な結論を表している。すなわち,ϕ は,線形近似 $h_{ij}=\phi(r)\delta_{ij}$ で与えられているように,ニュートン的ポテンシャルである。したがって,(4・56) 式の $(m+\mu\sigma)Y$ の係数 $(m+\mu\sigma)$ に関して,m が慣性質量であり,σ はスピンを表しており,そして μ はチャーン・サイモンズ理論で導出されている

$$-e\oint\vec{A}\cdot\vec{dl}=e^2/\mu, \tag{4・59}$$

の μ である。この μ は,したがって磁気的量である。さらに,(4・59) 式の右辺は,粒子の全角運動量を J,運動量を P とすると,チャーン・サイモンズ理論における全角運動量 J_{CS} が

$$J_{cs}=\vec{X}\times\vec{P}+e^2/4\pi\mu,$$

で規定されている μ である。

したがって,$m+\mu\sigma$ は,$\mu\sigma$ を通して重力質量 m_G とみなされる。すなわち,

$$E^\mu_\nu \equiv \sqrt{-g}G^\mu_\nu + \mu^{-1}C^\mu_\nu = -K^2 T^\mu_\nu \tag{4・53}$$

$$C^\mu_\nu \equiv \varepsilon^{\mu\alpha\beta} D_\alpha (R_{\beta\nu} - \frac{1}{4}g_{\beta\nu}R), \tag{4・54}$$

ここで, G はアインシュタイン・テンソル, C はコトン・テンソルと呼ばれている。R は曲率テンソル, D_α は共変微分を表す。T はニネルギー・運動量テンソルである。K はアインシュタインの重力定数, μ^{-1} は後で評述する。定常な状態で存在している粒子（質量 m）の T は

$$T^0_0 = -m\delta^2(r), \quad T_{ij} = 0,$$
$$T^i_0 = -\frac{1}{2}\sigma\varepsilon^{ij}\partial_j\delta^2(r) = \sigma\delta^2(r)\varepsilon^{ij}\partial_j ln r,$$

ここで, σ はスピンを表す。添字 0 は時間 x^0 ($=ct$) に関する記号であり, $i,\ j$ は 2 次元の空間成分を表す。ここで注目すべきことは, スピン σ は T^i_0 成分に含まれていることである。粒子の運動量密度は, 定常に自転している粒子のそれである。

$$\int T^i_0 d^2 x = 0, \text{そして} \int \varepsilon^{ij} x^i T^i_0 d^2 r = \sigma.$$

重力場の計算ポテンシャル $g_{\mu\nu}$ は, 線形近似

$$g_{\mu\nu} = \eta_{\mu\nu} - K h_{\mu\nu}, \tag{4・55}$$

で表されるものとする。そして $h_{0i} = \varepsilon_{ij}\partial_j W(r)$, $h_{ij} = \phi(r)\delta_{ij}$, $h_{00} \equiv n(r)$, この近似において, 場を表す $E,\ G,\ C$ が決められる。$E,\ G,\ C$ は関数 $W,\ \phi,\ n$ の一組で規定される。すなわち,

$$C^0_0 = \frac{1}{2}\nabla^4 W, C^i_0 = -\frac{1}{4}\varepsilon^{ij}\partial_j\nabla^2(\phi+n),$$

$$C_{ij} = -\frac{1}{2}(\delta_{ij}\nabla^2 - \partial^2_{ij})\nabla^2 W,$$

$$G^0_0 = \frac{1}{2}\nabla^2\phi, G^i_0 = -\frac{1}{2}\varepsilon^{ij}\partial_j\nabla^2 W,$$

$$\varepsilon_{ij} = -\frac{1}{2}(\delta_{ij}\nabla^2 - \partial^2_{ij})n,$$

そして,

4.2 トポロジカル質量重力理論

　この理論は、ディザー[20][24][25]らによって研究された理論であり、素粒子のスピンのトポロジー的性質によって、素粒子の重力的質量 m_G を負にすることが可能である、と云う理論である。したがって、重力的斥力が生成できると主張されている。それ故に、アインシュタインの等価原理（慣性質量 m_I と重力質量 m_G が等しい）は成り立たなくなる。

　この理論は、スピンのトポロジー性に起因した重力理論であるから、トポロジー全体を知らないと仲々理解しがたい。けれども、ディザーらの理論の本質は、チャーン・サイモンズ項[51]をスピンに適用したことであるから、チャーン・サイモンズ項の特質をまず紹介する。その上で、トポロジカル質量重力理論の結果のみを紹介したい。チャーン・サイモンズ項についての比較的判りやすい解説は、文献［52］，［53］［54］を見て頂きたい。

　チャーン・サイモンズ項（あるいはチャーン・サイモンズ理論）の第1の特徴は、空間と時間は（2＋1）次元を対象としていることである。通常、3次元空間を対象とするが、チャーン・サイモンズ理論は、複素2次元空間と時間とからなる3次元を対象としている。第2の特徴は、ラグランジャンLは閉じた経路上での積分量として定義しているので、(4・8)，(4・9)式で示したド・ラムのコホモロジーのカテゴリーに属している。すなわち、ラグランジャン $L(a)$ は

$$L(a) = \oint_C a \wedge da, \qquad (4 \cdot 51)$$

ここで、記号∧は外積を表す。C は底空間上の閉じた経路を表す。

第3の特徴は、変分 du について、積分不変であると云うことである。すなわち、

$$L(a+du) = \oint_C (a+du) \wedge d(a+du) = \oint_C a \wedge da = L(a), \qquad (4 \cdot 52)$$

ここで注意すべきことがある。(4・52)式において、被積分量の $a \wedge da$ と $(a+du) \wedge d(a+du)$ が等しい、と云うことではなく、あくまでも閉じた経路上での積分が等しいと云うことである。トポロジカル質量重力理論は、こうしたチャーン・サイモンズ理論に立脚している。以下でディザーのトポロジカル質量重力理論の結論のみを紹介する。いくつかの数式を列記するけれども、これらを理解する必要はなく、数式にとらわれないで頂きたい。数式の最後に文章で述べた結論だけを知ってもらえればよいのである。

　トポロジカル質量重力[20][24][25]（TMG）の場は、次の式で規定される

けれども，角運動量に関するトポロジー効果（ド・ラムのコホモロジー効果）は，左と右の重力が違うことを導くので，この場合は接続係数は対称（ν，σ の入れ換えに対して）ではなくなる。非対称の接続の場は，"ねじれた場"である。"ねじれた場"とは，2点間の最短経路のまわりにねじれながら質点が運動する場のことである。

"ねじれた場"は，一般に真空のエネルギーレベルを持ち上げる。すなわち，プラスのエネルギーを励起する。右回転のみが真空エネルギーを励起することは，右回転のみが反重力を生成することになる。なぜならば，引力場はマイナスのエネルギー場であり，真空のエネルギーの励起はプラスのエネルギーを生み出すからである。質量 m が右回転して真空エネルギーを励起することは，その物体を構成する原子が右回転することによって，真空を励起することと同じことである。原子には，核の質量と電子の質量に起因するニュートン引力が働いているとすれば，これに対抗する斥力があると考えられる。この斥力は，核と電子の距離 r の3乗に逆比例している。この斥力の係数 $\overset{*}{G}$ は，万有引力定数 G とボーア半径 a_0 との積 Ga_0 程度である。この斥力はまた，原子内部の真空エネルギーが持っている内圧とみなすことができる。

この斥力と時間 $x^0 (=ct)$ との積であるトルクを1秒間にわたって積分すると，その大きさは Ga_0 程度のエネルギーとなる。このエネルギーが，原子の右回転（鉛直軸のまわりの）で顕在化して反重力となる，と解釈した。この結果，場の強さを表す接続係数の大きさが推定された。それは $3.5 \times 10^{-16} \mathrm{cm}^{-1}$ である。

鉛直軸のまわりの右回転する質量 m が生成する反重力 $F_{rep}^3(R)$ は，

$$F_{rep}^3(R) \cong m \times 3.52 \times 10^{-16} \times cr\omega \quad (\mathrm{dyne}),$$

で与えられるので，$F_{rep}^3(R)$ は

$$F_{rep}^3(R) \cong m \times 10^{-5} \times r\omega \quad (\mathrm{dyne}),$$

で与えられる反重力が発生するものと期待される。ここで，r は回転半径，ω は回転の角周波数である。もちろん巨視的物体の場合は，密度を ρ として，$\rho \times 10^{-5} r\omega$ の体積積分で $F_{rep}^3(R)$ が与えられる。この反重力は極めて大きく，通常の天秤，ジャイロ・ローター等を用いると，検出可能であろう。

以上の推論によって，回転する物体の重力のパリティが保存されているのか否か，そして右回転で反重力が発生するのか否か判定することが可能となった。同時に，トポロジーと云う数学上の概念の有効性をも判定できる可能性が出て来た。

理論から導かれる引力に比べて極めて大きいことが判る。

上の結果は，一般相対性理論の観点からみると，絶対に考えられないことである。しかしながら，これまでの推論が正しいのか否かは，実験で確認する以外に方法がない。このことの実験は次章で述べる。

[4.1の要約]

4.1における論述は複雑であるので，要約が必要である。質点の回転による反重力生成の推論は，ベータ崩壊のアナロジーと，ド・ラムのコホモロジーの概念にもとづいてなされた。

弱い相互作用の一つであるベータ崩壊で，核から放出される電子はどの方向にも均等に放出されるのではなく，核スピンを整列させるために外部から加えた磁場の方向に放出される。したがって，核から放出される電子は，外部磁場を作る円形コイル中の電子流と左手系を形成する。このことは，ベータ崩壊の電子は，もはや左右対称でないので，パリティ保存を破っている。

自然界の4つの相互作用のうち核力と電磁力はパリティを保存しているが，弱い相互作用ではパリティが破れている。それ故に，弱い相互作用より遥かに相互作用が弱い重力は，やはりパリティを保存していないだろう，と推論した。そして，ベータ崩壊における核からの放出電子は，コイル中の電子と左手系を形成するのであるから，重力においても同じように左手系を形成しているのではないかと推論した。重力の場合は，質点を鉛直軸のまわりに右まわりさせると，上向きの力，すなわち反重力が発生すると推論した。

右回転による反重力は，4次元角運動量，特にM^{03}（またはM^{30}）成分が鏡映変換不変であることは，トポロジー的に不変であると云うことである。それ故に，左と右の回転によって生成される重力が同じでないと云う結果に達する。このことは，4次元角運動量にド・ラムのコホモロジー定理を適用することによって得られた結果であり，M^{03}が，時間x^0と重力f^3との積であるトルクを，時間x^0について閉じた経路に沿う積分として定義されることから必然的に導出された。

鉛直軸のまわりの左と右の回転に伴う重力（鉛直軸方向の）が同じでない，と云うことは，重力のパリティの破れ（非保存）を意味する。もしも，重力においてもベータ崩壊の左手系優位性と同じであるならば，右回転のみが上向きの重力，すなわち，反重力を生成するであろうと推論される。

一般相対性理論は，通常対称場の理論と云われるが，それは接続が対称である（$\Gamma^\mu_{\nu\sigma} = \Gamma^\mu_{\sigma\nu}$）ことを意味し，左と右の回転に伴う重力はまったく同じである。

$$a(R)\,\theta_2^3(R)\,\delta\,(x^0-\overline{n-1}cT) \cong 3.52\times 10^{-16}\text{cm}^{-1}. \tag{4・48}$$

この値は，(4・37) 式における接続係数の値でもある．接続係数は，一般に場の強さを与え，そして cm^{-1} のディメンションを持つから，(4・48) 式は反重力場の強さでもある．

さらに，(4・42) 式の斥力項の係数 $a(R)\theta_2^3(R)c\delta(x^0-\overline{n-1}cT)$ を評価する．

$$\begin{aligned}a(R)\,\theta_2^3(R)\,c\delta\,(x^0-\overline{n-1}cT) &\cong 3.52\times 10^{-16}\times 3\times 10^{10}\\ &= 1.16\times 10^{-5}\text{sec}^{-1},\end{aligned} \tag{4・49}$$

かくして，右回転によって生成される反重力 $F_{rep}^3(R)$ は

$$F_{rep}^3(R) \cong m\times(1\times 10^{-5})\times r\omega,\ (\text{dyne}), \tag{4・50}$$

この大きさは非常に大きい．例をあげてオーダを評価する．ローターの質量 m を 300g，ローターの半径 3cm，回転数 ν が毎分 12,000rpm（=200rps），とすると，

$$\begin{aligned}mr\omega\times 10^{-5} &= (3\times 10^2)\times(3\times 2\pi\times 200)\times 10^{-5}\\ &= (1.08\times 10^6)\times 10^{-5} = 10.8\ \ \text{dyne}.\end{aligned}$$

10 ダインの上向きの力は，あたかも質点が 10 ミリグラムだけ減少することに相当する．この大きさは通常の天秤（ミリグラム精度）で十分測定可能である．

(4・42) 式の右辺の第 2 項（引力項）と第 3 項を比較してみる．$m=300\text{g}$, $v=r\omega=(3\times 2\pi\times 200)=3.76\times 10^3\text{cm/s}$, に関して $4\pi Gm(v/c)^2$ の大きさは，

$$\begin{aligned}4\pi Gm\left(\frac{v}{c}\right)^2 &\cong (12.6)\times(6.7\times 10^{-8})\times(300)\\ &\qquad\times(3.76\times 10^3/3\times 10^{10})^2 \cong 3.67\times 10^{-18}\end{aligned}$$

一方，斥力項，$(1\times 10^{-5})\times r\omega$ の大きさは，

$$1\times 10^{-5}r\omega = 3.76\times 10^{-2}$$

であるから，引力項に対する斥力項の比は，

$$\frac{1\times 10^{-5}\times r\omega}{4\pi Gm(v/c)^2} \cong \frac{3.76\times 10^{-2}}{3.67\times 10^{-18}} \approx 1\times 10^{16}.$$

右回転のトポロジー効果に起因する反重力効果は，回転に関して，一般相対性

る。しかも，この位置を通過するに要する時間は極めて短いので，時間的にパルスとして取扱う。最小距離 $2a_0$ の位置でも斥力は働いているが，斥力と x^0 との積で与えられるモーメントのオーダーを評価するのであるから，最小距離以外の位置では考慮しない。こうすると，計算が簡単となるし，問題の本質は失われない。

電子の毎秒の振動数を ν とすると，1回の回転で最小距離 $2a_0$ を2回通過する。この条件下での斥力と x^0 の積を1秒間について積分する。ただし，時間は $x^0 = ct$ である。

$$\int x^0 F_{rep}(x^0) dx^0 = \sum_{j=1}^{2v} \int_{jc\tau-\varepsilon}^{jc\tau+\varepsilon} x^0 F_{rep}(x^0) \delta(x^0 - jct) dx^0$$
$$= \sum_{j=1}^{2v} F_{rep} jc\tau. \qquad (4 \cdot 44)$$

上の積分は，エネルギーのディメンションを持つ。δ 関数のディメンションは $[L]^{-1}$ であるからである。ここで，$\tau = 1/2\nu$，振動数 ν は $k/(\pi m_e a^2)$ であり，a は最長半径 $4a_0$ である。そして，

$$F_{rep} = \frac{6G\overset{*}{m_p}m_e}{(2a_0)^3}, \qquad (4 \cdot 45)$$

ε は無限小とする。(4・43) 式は，

$$\sum_{j=1}^{2v} F_{rep} jc\tau = cF_{rep}\overline{\nu} = \frac{6c\overset{*}{G}m_p m_e}{(2a_0)^3} \cdot \frac{\hbar}{16\pi m_e (a_0)^2}$$
$$= \frac{\overline{G^*}}{5}, \text{(erg)}, \qquad (4 \cdot 46)$$

ここで，c, m_p, m_e, は，それぞれ 3×10^{10} cm/s，1.67×10^{-24} g，9.11×10^{-28} g，0.53×10^{-8} cm，そして $\overline{G^*}$ の大きさは G^* に等しい。$\overline{\nu}$ は時間のディメンションを持ち，大きさは ν と同じである。かくして，

$$\overline{G^*} = 3.52 \times 10^{-16} \text{(erg)}. \qquad (4 \cdot 47)$$

(4・46) 式の $\overline{G^*}$ は，電子が核から最短距離に位置した場合において励起される真空エネルギーであると解釈できる。この真空エネルギーが，物体の右回転によって顕在化して反重力と云う力となると考えると，(4・40) あるいは (4・42) 式の斥力項の $a(R)\theta_{\frac{3}{2}}(R)\delta(x^0 - \overline{n-1}ct)$ が，真空エネルギーから斥力への転換係数とみなすことができる

$$F^3(R) = -mg_0 - m\left\{4\pi Gm\left(\frac{v}{c}\right)^2 \frac{z}{2R^3}\right\}$$
$$+ m\left\{a(R)\,\theta_{\frac{3}{2}}(R)\,cr\omega\delta\,(x^0 - \overline{n-1}cT)\right\}, \qquad (4\cdot 42)$$

上式の右辺第3項である重力的斥力項は,質点 m の回転半径 r と回転角周波数 ω の積 $r\omega$ に比例する。比例係数 $a(R)\theta_{\frac{3}{2}}(R)\delta(x^0-\overline{n-1}cT)$ はどんな値をとるのか,それが残された大きい問題である。

　ここまで来るのに仲々大変であった。右回転による反重力発生は,ベータ崩壊からの類推の上に立っているのであるから,場合によっては砂上の楼閣的な構造を持っている。(4・42)式の右辺第3項である重力的斥力が,果して実験によって検出可能か否か大きな不安がつきまとう。問題は第3項の係数 $a(R)\theta_{\frac{3}{2}}(R)$ の値がどんな大きさを持っているのかである。以下でこのことを大胆な推論によって評価してみよう。

　質量 m の物体が,鉛直軸のまわりに右回転すると,重力的斥力が生ずることを微視的に考えてみる。当然のことながら,その物体を構成している原子が鉛直軸のまわりに右回転することによって重力的斥力が生じる,と考えてよい。重力的斥力はプラスのエネルギーに対応し,それは,真空の励起に起因すると考えられる。真空あるいはエーテルは如何なる空間にでも存在しているのであるから,原子内部にも充満していると考えてよい。3.2節ですでに述べたように,この真空の内圧は,電子と陽子が作っている微小空間内のニュートン引力に対抗する力であった。そこで,原子内部の真空で有効に働いているであろう重力的斥力と4次元時間 x^0 との積で与えられる力のモーメントを計算してみよう。この斥力と $x^0(=ct)$ のモーメントはエネルギーのディメンションを持つ。このエネルギーが,物体の右回転を通して顕在化したものが巨視的な重力的斥力ではないのか,と推論される。

　(3・8)式の右辺第1項は電子の質量 m_e と陽子の質量 m_p に起因する斥力である。シュレディンガー方程式からは,(3・8)式の第1項は,

$$\frac{3\overset{*}{G}m_pm_e}{r^3} \rightarrow \frac{3k(k+1)\overset{*}{G}m_pm_e}{r^3} \qquad (4\cdot 43)$$

となる。以下で $k=1$ の場合を考えよう。

　$k=1$ の場合,電子は,楕円軌道に沿って核(陽子)から最小な距離 $2a_0$ と最大な距離 $4a_0$ を周期的に振動している。真空の斥力は r^3 に逆比例しているから,最大の斥力は,核から最小距離 $2a_0$ にいる時である。ここで,a_0 はボアー半径であ

ここで，$I=\int \delta(x^0-\overline{n-1}cT)dx^0$，そして $\theta^3_\mu(R)$ は混合テンソルである。

他方，$\overset{*}{\Gamma}{}^3_{0\mu}$ は

$$\Gamma^3_{0\mu} \to \overset{*}{\Gamma}{}^3_{0\mu} = \Gamma^3_{0\mu}, \tag{4・38}$$

であるべきである。なぜならば，(4・37) 式の規定にしたがうと，$\overset{*}{\Gamma}{}^3_{0\mu}$ の場合は，$\mu \neq 0$ についての微分項がなければならない。すなわち $\partial I / \partial x^\mu$，がなければならない。けれども (4・32) 式で示したように，トポロジーに起因する項は x^0 に関する関数 $\delta(x^0-\overline{n-1}cT)$ のみが存在しているから，$\partial I / \partial x^\mu$ の項（$\mu \neq 0$）は必要がないからである。であるから明らかに，$\overset{*}{\Gamma}{}^3_{0\mu} \neq \overset{*}{\Gamma}{}^3_{\mu 0}$ である。

(4・37)，(4・38) 式を (4・35) に代入すると，$F^3(R)$ は

$$\begin{aligned} F^3(R) &= -m\Big\{\Gamma^3_{00}c^2 + \Gamma^3_{01}cv^1(R) + \Gamma^3_{02}cv^2(R) \\ &\quad + \overset{*}{\Gamma}{}^3_{10}(R)cv^1(R) + \overset{*}{\Gamma}{}^3_{20}(R)cv^2(R)\Big\} \\ &= f^3 + a(R)mcr\omega\Big\{\theta^3_1(R)\sin(\overset{*}{\omega}x^0) + \theta^3_2(R)\cos(\overset{*}{\omega}x^0)\Big\} \\ &\quad \times \delta(x^0-\overline{n-1}cT) \\ &= f^3 + a(R)mcr\omega\theta^3_2(R)\cos(\overset{*}{\omega}x^0)\,\delta(x^0-\overline{n-1}cT) \end{aligned} \tag{4・39}$$

ここで，r は質点の回転半径であり，$\theta^3_2(R)$ は混合テンソルである。

(4・39) における $\delta(x^0-\overline{n-1}cT)$ は，$x^0=\overline{n-1}cT$ のときのみゼロでないから，事実上，

$$F^3(R) = f^3 + a(R)\theta^3_2(R)mcr\omega\delta(x^0-\overline{n-1}cT), \tag{4・40}$$

とおける。

(4・32) 式と (4・40) 式を比較すると，右辺第 2 項の $a(R)\theta^3_2(R)$ は無次元量である。そして，$a(R)\theta^3_2(R)r$ は

$$a(R)\theta^3_2(R)r = \sum_N \pi N \overset{*}{A}_N(R). \tag{4・41}$$

(4・41) 式の左辺は〔L〕のディメンションを持ち，右辺の $\overset{*}{A}_N(R)$ は振幅であるから〔L〕のディメンションを持っているので，ディメンションの立場から，両立している。

(4・40) 式の右辺第 2 項は重力的斥力項であり，第 1 項は引力項である。(4・40) 式を具体的に書くと，

$[L]^{-1}$ であるからである。

次に，(4・32) 式と運動方程式 (4・19) 式を比較する。(4・19) 式によって規定される運動と (4・32) 式で規定される運動が同じであるべきであるから，(4・19) 式の接続係数 $\Gamma_{\mu\nu}^3$ はもはや μ, ν の入れ換えについて対称ではない。なぜならば，(4・32) 式の右辺の第1と第2項が対称場の理論から導出されており，第3項はそうではないからである。それ故に，接続係数は一般に非対称となるべきである

$$\Gamma_{\mu\nu}^3 \neq \Gamma_{\nu\mu}^3. \qquad (4\cdot33)$$

このことはすでに (4・21) 式の前後で述べてある。では $\Gamma_{\mu\nu}^3$ はどのように変るのか，もう少し具体的にみよう。

対称場の運動方程式は (4・19) 式で与えられる。非対称場は (4・33) 式で規定されるので，接続係数 $\Gamma_{\mu\nu}^3$ を非対称な表示 $\overset{*}{\Gamma}{}_{\mu\nu}^3$ と表示する。そうすると，(4・19) 式は非対称な場における運動方程式となる。

$$f^3 \to F^3 = m\frac{d^2x^3}{dt^2} = -m\overset{*}{\Gamma}{}_{\mu\nu}^3 \frac{dx^\mu}{dt}\frac{dx^\nu}{dt}. \qquad (4\cdot34)$$

質点 m が x^1 と x^2 の平面上で回転している場合を考えるので，μ, ν は3を除外する。そして，第1近似として μ あるいは ν は0成分のみを残す。そして，質点の回転方向のパラメータとしてR方向（右回転方向）のみをとると，$F^3(R)$ は

$$F^3(R) = -m\Big\{\overset{*}{\Gamma}{}_{00}^3 c^2 + \overset{*}{\Gamma}{}_{01}^3(R)cv^1(R) + \overset{*}{\Gamma}{}_{02}^3(R)cv^2(R)$$
$$+ \overset{*}{\Gamma}{}_{10}^3(R)cv^1(R) + \overset{*}{\Gamma}{}_{20}^3(R)cv^2(R)\Big\}, \qquad (4\cdot35)$$

ここで，$\overset{*}{\Gamma}{}_{01}^3(R) \neq \overset{*}{\Gamma}{}_{10}^3(R), \overset{*}{\Gamma}{}_{02}^3(R) \neq \overset{*}{\Gamma}{}_{20}^3(R),$ \qquad (4・36)

と考えるべきである。$\overset{*}{\Gamma}{}_{00}^3$ は Γ_{00}^3 と変らない。

非対称な接続 $\Gamma_{\mu 0}^3$ あるいは $\overset{*}{\Gamma}{}_{\mu 0}^3$ はどのように規定されるのであろうか。

アインシュタインが重力と電磁場を統一しようとして導入した非対称な接続の定義，λ 変換[38]にならうと，$\overset{*}{\Gamma}{}_{\mu 0}^3$ は (4・32) 式を考慮して

$$\Gamma_{\mu 0}^3 \to \overset{*}{\Gamma}{}_{\mu 0}^3(R) = \Gamma_{\mu 0}^3 + a(R)\,\theta_\mu^3(R)\,\delta(x^0 - \overline{n-1}cT),$$
$$= \Gamma_{\mu 0}^3 + a(R)\,\theta_\mu^3(R)\frac{\partial I}{\partial x^0}, \qquad (4\cdot37)$$

(4・28) と (4・29) 式に適用することが可能であろうと推論するからである。

ベータ崩壊をもう一度説明する。コバルト 60 に外部磁場 $\vec{H}$ を上向きに加える時，コイルには上からみて左廻りの電流 I を流す。このことは，コイルに右まわりで電子を回転させることと同じである。コバルト 60 の核スピンは，$\vec{H}$ と逆向き，すなわち，下向きに向く。そして，核から放出される電子は $\vec{H}$ と同じ方向に出てくる。このことをどう解釈したかと云うと，コイルの中の質量 m_e の電子が，上からみて右まわり高速回転していることによって，核に上向きの力，すなわち反重力が働いたために，核からの電子は上向きに放出された，と解釈した。すなわち，コイルの電子流と核から放出される電子は左手系を形成している。このアナロジーを，今考察している質点の回転運動に適用してみる。そうすると，回転する質点とトポロジー効果で生ずる力は左手系を形成しなければならない。そうなれば，左回転に関する (4・28) 式の中かっこの第 3 項はゼロになるべきであり，一方右回転に関する (4・29) 式の中かっこの第 3 項は斥力項として残すべきである。この類推が正しければ，(4・28) 式は，

$$F^3(L) = f^3(L) = m\left\{-g_0 - 4\pi mG\left(\frac{v}{c}\right)^2 \frac{z}{R^3}\right\}, \tag{4・30}$$

$$F^3(R) = f^3(R) + f^3_{top\ell}(R) = m\left\{-g_0 - 4\pi mG\left(\frac{v}{c}\right)^2 \frac{z}{R^3} + \sum_N \pi \overset{*}{A}_N(R) N\omega\delta(t-\overline{n-1}T)\right\}, \tag{4・31}$$

ここで，(4・31) 式の中かっこの第 1，第 2 項は引力項であり，第 3 項は反引力項であることをあらわに表現するため，$-A_N(R)$ を $\overset{*}{A}_N(R)$ とした。そして，$f^3_{top\ell}(R)$ は，トポロジー効果に起因している反重力（重力的斥力）を表す。

(4・31) 式の中かっこの第 3 項に関して，時間 t を 4 次元的時間 x^0 で表示しておく。$\delta(x)/a$ は $\delta(ax)$ であることを用いると，

$$\delta(t-\overline{n-1}T) = c\delta(x^0-\overline{n-1}T)$$

(4・31) 式は，

$$F^3(R) = m\left\{-g_0 - 4\pi mG\left(\frac{v}{c}\right)^2 \frac{z}{R^3} + \sum_N \pi N\overset{*}{A}_N(R)\omega c\delta(x^0-\overline{n-1}T)\right\}. \tag{4・32}$$

(4・32) 式において，$\overset{*}{A}_N(R)$ のディメンションは $[L]$ である。なぜならば，ω，c，そして $\delta(x^0-\overline{n-1}cT)$ のディメンションは，それぞれ $[T]^{-1}$，$[L]\cdot[T]^{-1}$，

トポロジー的考察からは決めることはできない。$A_N(L)$ と $A_N(R)$ の具体的な値は，後で議論するが，(4・22) 〜 (4・24) 式で示している，$sinN\overset{*}{\omega}x^0/x^0$，のタイプの関数は，工学的にはサンプリング関数，数学や物理学的には，ディラックの δ 関数と呼ばれている超関数と同じ性質を持つ関数である。すなわち，

$$\frac{sin[N\overset{*}{\omega}(x^0-\overline{n-1}cT)]}{x^0-\overline{n-1}cT} = \frac{sin[N\omega(t-\overline{n-1}T)]}{c(t-\overline{n-1}T)}$$
$$= \frac{\pi}{c}\delta(t-\overline{n-1}T). \tag{4・25}$$

(4・25) 式の表示を用いると，(4・23) 式の $\overset{*}{f}^3(L)$ と，(4・24) 式の $\overset{*}{f}^3(R)$ は

$$\overset{*}{f}^3(L) = -\sum_N A_N(L) N\omega\pi\delta(t-\overline{n-1}T), \tag{4・26}$$

$$\overset{*}{f}^3(R) = -\sum_N A_N(R) N\omega\pi\delta(t-\overline{n-1}T). \tag{4・27}$$

(4・26)，(4・27) 式の $\overset{*}{f}^3(L)$ と $\overset{*}{f}^3(R)$ は，ド・ラムのコホモロジー効果に起因する重力である。(4・20) 式の $f^3(L)$ と $f^3(R)$ は，対称場に関する重力である。回転する質点が生ずる重力は，(4・20) 式の f^3 と (4・26) との和，(4・20) 式の f^3 と (4・27) 式 $\overset{*}{f}^3$ との和で与えられるから，非トポロジー的重力 f^3 とトポロジー重力の $\overset{*}{f}^3$ の和 F^3 は，

$$F^3(L) = f^3{}_{non-top} + \overset{*}{f}^3{}_{top}(L) = m\left\{-g_0 - 4\pi Gm\left(\frac{v}{c}\right)^2\frac{z}{R^3}\right.$$
$$\left.-\sum_N \pi A_N(L) N\omega\delta(t-\overline{n-1}T)\right\}, \tag{4・28}$$

$$F^3(R) = f^3{}_{non-top} + \overset{*}{f}^3{}_{top}(R) = m\left\{-g_0 - 4\pi Gm\left(\frac{v}{c}\right)^2\frac{z}{R^3}\right.$$
$$\left.-\sum_N \pi A_N(R) N\omega\delta(t-\overline{n-1}T)\right\}. \tag{4・29}$$

(4・28)，(4・29) 式の中かっこ { } の中の第3項は，時刻 t が $\overline{n-1}T$ ごとにパルス的重力を発生することを示している。パルス的重力の発生は，とりもなおさず真空の励起を意味する。なぜならば，第3項は非対称な接続，すなわちねじれた場に起因しており，ねじれた場は真空の励起を生じさせるから[13][14][17]である。重力場に関するプラスのエネルギー発生は，重力的斥力の発生を意味する。では，$F^3(L)$ と $F^3(R)$ の両方がトポロジー的効果としての重力的斥力を含むのであろうか。答えは否であり，右回転に関する $F^3(R)$ にのみ重力的斥力項を含むと推論される。その根拠は，"弱い相互作用" であるベータ崩壊についてのアナロジーを

質点が閉じた経路上で円運動（周期運動）をしている場合，左と右の回転（鏡映に関する回転）の鉛直方向の重力 $f^3(L)$ と $f^3(R)$ は，もはや同じではない。このような重力場を（接続に関して）非対称な場と云い，鏡映変換に関して対称性（パリティ）は成り立っていない。非対称な場のことを"ねじれた場"と呼ぶ。なぜ，ねじれた場と云うのか。対称場の場合は，時空は湾曲するだけであり，質点の運動は，2点間を最小作用の原理に従った経路を運動する。ところが非対称場の場合の運動は，前者の経路のまわりにまつわり付きながらネジのように運動する。つまり，ねじれながら運動する。それで，場の接続が対称でないときは，ねじれた場と云っている。

　読者諸氏はしばらく辛棒してほしい。重力場のことを解説しながら書かざるを得ないので，論述がなめらかでない。もうしばらく数式が続く。

　底空間上の閉じた経路上で円運動すると，(4・16) 式で示したように，$f^3(L)$ と $f^3(R)$ は一般に等しくない。このことは，すでに述べているように，トポロジー効果の表れである。そこで，$f^3(L)$ と $f^3(R)$ をトポロジー効果を含んでいる重力としてはっきりと表すために，＊をつけて表す。

$$f^3(L) \rightarrow \overset{*}{f}{}^3(L)、f^3(R) \rightarrow \overset{*}{f}{}^3(R)、$$

すると，(4・16) 式は

$$\overset{*}{f}{}^3(L) - \overset{*}{f}{}^3(R) = -\frac{c\sum_N A_N \overset{*}{N\omega} sin[\overset{*}{N\omega}(x^0 - \overline{n-1}cT)]}{x^0 - \overline{n-1}cT}, \quad (4・22)$$

(4・22) 式は，$\overset{*}{f}{}^3(L)$ と $\overset{*}{f}{}^3(R)$ の差が (4・22) 式の右辺で与えられる，と云うことを示している。

　$\overset{*}{f}{}^3(L)$ と $\overset{*}{f}{}^3(R)$ のそれぞれがどんな式で表されるのかを次に考えよう。$\overset{*}{f}{}^3(L)$ と $\overset{*}{f}{}^3(R)$ との差が (4・22) 式で与えられることは，右辺の分子における振幅に相当する量 A_N が，左と右の回転で異なると云うことである。すなわち，

$$\overset{*}{f}{}^3(L) = -\frac{c\sum_N A_N(L) N\overset{*}{\omega} sin[\overset{*}{N\omega}(x^0 - \overline{n-1}cT)]}{x^0 - \overline{n-1}cT} \quad (4・23)$$

$$\overset{*}{f}{}^3(R) = -\frac{c\sum_N A_N(R) N\overset{*}{\omega} sin[\overset{*}{N\omega}(x^0 - \overline{n-1}cT)]}{x^0 - \overline{n-1}cT}, \quad (4・24)$$

$\overset{*}{\omega} = \omega/c$ であるから，質点の毎秒の回転数 ν が与えられると，$\overset{*}{\omega}$ が与えられる。振幅に相当する $A_N(L)$ と $A_N(R)$ は等しくなく，かつ未定である。これらの量は，

とも云う。$f^3(L)$ と $f^3(R)$ との間で (4・16) 式のように, $f^3(L)-f^3(R)$ がゼロでない場合は, ねじれた場が生成されている, と云う。

一方, 対称な場は, ν と σ を入れ換えた場合,

$$\Gamma^\mu_{\nu\sigma}=\Gamma^\mu_{\sigma\nu}, \tag{4・18}$$

が成り立っている。(4・18) 式が成り立っている時は $f^3(L)$ は $f^3(R)$ に等しい。事実, アインシュタインの対称場 ($\Gamma^\mu_{\nu\sigma}=\Gamma^\mu_{\sigma\nu}$) である時は, 運動方程式

$$f^3=m\frac{d^2x^3}{dt^2}=-m\Gamma^3_{\mu\nu}\frac{dx^\mu}{dt}\frac{dx^\nu}{dt}, \quad (\mu, \nu=0, 1, 2, 3) \tag{4・19}$$

から, $f^3(L)$ と $f^3(R)$ を計算すると, $f^3(L)$ と $f^3(R)$ は等しいことが導かれる。具体的な計算は省略するが, $\Gamma^3_{\mu\nu}=\Gamma^3_{\nu\mu}$ である場合 (μ, ν の入れ換えに関して対称), $f^3(L)$ と $f^3(R)$ は,

$$f^3(L)=f^3(R)=m\left(-g_0-4\pi Gm\left(\frac{v}{c}\right)^2\frac{z}{R^3}\right), \tag{4・20}$$

ここで, g_0 は地球引力場の落下加速度, R は質点 m と観測点までの距離である。右辺第2項は, $(v/c)^2$ に比例しているから, 左回転であっても, 右回転であっても同じ値となる。第2項は自己相互作用を表している。

要約しよう。アインシュタインが最初に主張した一般相対性理論における場は, 対称な場 ($\Gamma^\mu_{\nu\sigma}=\Gamma^\mu_{\sigma\nu}$) の理論であった。この場合は, 左回転の $f^3(L)$ と右回転の $f^3(R)$ は同じである。場の接続に関して云えば, 場の接続が対称であれば左と右の回転の重力 (つまり鏡映変換に関する重力) は同じくなる。このことを鏡映変換に関して対称性が保存されていると云う表現をする。あるいはパリティが保存されているとも云う。したがって, 対称と云う言葉は, 一つは場の接続係数 $\Gamma^\mu_{\nu\sigma}$ の対称性 ($\Gamma^\mu_{\nu\sigma}=\Gamma^\mu_{\sigma\nu}$) と, もう一つは, 鏡映変換に関して, $f^3(L)$ と $f^3(R)$ が同じである場合の両方に用いている。このことに注意してほしい。

(4・16) 式にもどそう。何度も繰り返すが (4・16) 式は,

$$f^3(L)\neq f^3(R), \tag{4・21}$$

を表している。一方, 接続係数が対称であれば, $f^3(L)=f^3(R)$, であった。

(4・16) 式における $f^3(L)$ と $f^3(R)$ は, もはや同じでないのであるから, 接続係数はもはや対称でない, と云える。つまり, 接続は (4・17) 式のように与えられ, 非対称であると云えるのである。

$$\frac{c\sum_{N}A_{N}N\overset{*}{\omega}sin[N\overset{*}{\omega}x^{0}]}{x^{0}}, \tag{4・13}$$

は，物理的に許される。なぜならば，$x^0 \to 0$ において上の式は有限な値をとる。一方，右辺第2項は，$x^0 \to 0$ において発散するから，この項は許されない。したがって，$f^3(L)$ と $f^3(R)$ との差は，

$$f^{3}(L)-f^{3}(R) = -\frac{c\sum_{N}A_{N}N\overset{*}{\omega}sin[N\overset{*}{\omega}x^{0}]}{x^{0}}. \tag{4・14}$$

（4・14）が成り立っている条件下で，$f^0(L) - f^0(R)$ は，

$$f^{0}(L)-f^{0}(R) = -\frac{c\sum_{N}A_{N}N\overset{*}{\omega}sin[N\overset{*}{\omega}x^{0}]}{x^{3}}. \tag{4・15}$$

 質点の4次元角運動量にド・ラムのコホモロジー定理を適用すると，もはや $f^3(L) = f^3(R)$ ではなく，有限な差があると云うことになる。このことは，ニュートン力学や一般相対理論（対称場の理論）からは導かれない結果である。もっとも，アインシュタインは晩年非対称場の理論[38]を作り，重力と電磁場を統一しようとした。けれどもニュートン力学やアインシュタインの理論では，鏡映変換で常に対称性が保存されている。一方，（4・14），（4・15）式は，左と右の回転における対称性の破れが生じている，と云うことをはっきりと表している。

 （4・9）式は，1周期ごとの積分であるから，（4・13）式に関する第 n 周期においては，

$$f^{3}(L)-f^{3}(R) = -\frac{c\sum_{N}A_{N}N\overset{*}{\omega}sin[N\overset{*}{\omega}(x^{0}-\overline{n-1}cT)]}{x^{0}-\overline{n-1}cT}, \tag{4・16}$$

である。ここで，T は1周期を表す。

 x^1 と x^2 軸（x 軸と y 軸）が張る平面上で質点が円運動する時，x^3 軸（z 軸）に沿う重力，$f^3(L)$ と $f^3(R)$ とはもはや等しくなく，（4・14）式で与えられる差があることは判った。このことから，ド・ラムのコホモロジー効果は，非対称な重力場を生ずると云える。ここで云う非対称場とは，接続係数 $\Gamma^{\mu}_{\nu\sigma}$ が，ν と σ を入れ換えた場合，

$$\Gamma^{\mu}_{\nu\sigma} \neq \Gamma^{\mu}_{\sigma\nu}, \tag{4・17}$$

であることを云っている。あるいは，（4・17）式の場は，"ねじれた場" である

ある任意関数 x の完全微分で与えられるだけの差がある，と云う定理[48][50]である。すなわち，

もしも，$\oint_C (\omega - \omega')$ であれば，$\omega - \omega' = dx \neq 0$. (4・8)

積分記号の下についている C は前に述べたように，閉じた経路上の積分であることを明示している。

ド・ラムのこの定理を（4・7）式に適用すると，

$$\frac{1}{c}\oint_C \left\{ (x^0(f^3(L)-f^3(R))-x^3(f^0(L)-f^0(R)) \right\} dx^0 = \oint dx, \quad (4・9)$$

が成り立つ。ここで，ω と ω' は，

$$\omega = \frac{1}{c}\left\{(x^0(f^3(L)-f^3(R)))\right\}dx^0,$$

$$\omega' = \frac{1}{c}\left\{(x^3(f^0(L)-f^0(R)))\right\}dx^0,$$

任意関数 x は，質点が円運動していると云う周期条件から定めることができる。どんな関数もフーリエ分析できるから，x はフーリエ関数で表すことができる，

$$x = \sum_N A_N cos N\overset{*}{\omega} x^0 + \sum_N B N sin N\overset{*}{\omega} x^0. \quad (4・10)$$

したがって，完全微分 dx は

$$dx = \left\{-\sum_N A_N N\overset{*}{\omega} sin N\overset{*}{\omega} x^0 + \sum_N B N\overset{*}{\omega} cos N\overset{*}{\omega} x^0\right\} dx^0, \quad (4・11)$$

ここで，$\overset{*}{\omega} = \omega/c$ である。そして ω は質点の角周波数である。

（4・9）と（4・10）から，$f^3(L) - f^3(R)$ については，

$$f^3(L) - f^3(R)$$
$$= \frac{c}{x^0}\left\{-\sum_N A_N N\overset{*}{\omega} sin N\overset{*}{\omega} x^0 + \sum_N B_N N\overset{*}{\omega} cos N\overset{*}{\omega} x^0\right\}, \quad (4・12)$$

（4・12）において，右辺第1項

称である，と云う。

　我々は，鉛直軸，すなわち $x^3=z$ 軸のまわりでの質点の回転を考えよう。そして，M^{03} または M^{30} の成分のみを以下で考える。M^{03} 成分を具体的に書くと，

$$M^{03}(L) = \frac{1}{c}\int (x^0 f^3(L) - x^3 f^0(L))\,dx^0,$$
$$= \frac{1}{c}\int (x^0 f^3(R) - x^3 f^0(R))\,dx^0 = M^{03}(R), \quad (4\cdot 4)$$

　上の等式から，$f^3(L)$ と $f^3(R)$，および $f^0(L)$ と $f^0(R)$ との間ではどんな関係が成り立っているのであろうか。(4・4) 式から次の関係を導くことができる。

$$M^{03}(L) - M^{03}(R) = 0, \quad (4\cdot 5)$$

が導かれる。すなわち，

$$\frac{1}{c}\int \left\{ (x^0(f^3(L) - f^3(R)) - x^3(f^0(L) - f^0(R)) \right\} dx^0 = 0 \quad (4\cdot 6)$$

(4・6) 式の積分は，底空間の閉じた経路上で積分すべきである。このことを明確に表示するために，以下のように積分記号 $\int$ に○印をつけると，

$$\frac{1}{c}\oint_C \left\{ (x^0(f^3(L) - f^3(R)) - x^3(f^0(L) - f^0(R)) \right\} dx^0 = 0 \quad (4\cdot 7)$$

ここで，積分記号の下につけた C は，閉じた経路に沿った時間積分であることを明示している。

　(4・7) 式は，積分は単なる時間についての積分ではなく，位相性（トポロジー性）を意識した積分であると云うことだ。つまり，質点の回転は，左まわりと右まわりの回転運動であることを意識的に記述していることに注意してほしい。普通，こうしたトポロジー上の概念は，ホロノミー[46][47][48]と云うカテゴリーに含まれる。すなわち，ホロノミーとは，質点の運動の始点Pからスタートして，終点が同じP点である場合のトポロジーのことを云う。しかしながら，最も一般的なトポロジーの観点からみると，(4・7) 式は，ド・ラムのコホモロジー[48][49][50]の観点からみなければならない。なぜならば，(4・7) 式は閉じた経路に関する積分形式で与えられているからである。

　ド・ラムのコホモロジーの第2定理とは，2つの量 ω，ω' が閉じた経路に沿って積分された場合，2つの積分が等しいならば，ω と ω' との差はゼロではなく，

時刻において積分しなければならないので,空間的距離[*1]にある質量の回転をも考えねばならない。けれども,着目している点より内部の質量と,外部の質量との間の情報は,空間的距離によって離れているので独立しているのである。このようなことから,4次元角運動量の定義は一意に定義されないのである。いったい,この不定性は如何なる内容を持っているのであろうか。このことを調べることにした。

以下で考察する場は,純粋に重力的であり,電磁場や熱エネルギーの場などは存在していないとする。そして,4次元時空における質点の運動の経路(軌道)は,時間($x^0=ct$, cは光速)を3次元空間に投影し,パラメータとしてみなされる。このことは,4次元時空の底空間上での質点の回転を考えることを意味する。つまり,x, y座標が作る2次元平面上の円軌道上に,多重的に時間が指定されることを意味する。

この条件のもとで,質点 m の4次元角運動量 M の u, v 成分は,

$$M^{\mu v} = \frac{1}{c}\int (X^\mu f^v - X^v f^\mu)\,dx^0 \qquad (4\cdot 1)$$

ここで,x^μ は x^0, x^1, x^2, x^3, f^v は f^0, f^1, f^2, f^3 であり,そして $x^0=ct$, $x^1=x$, $x^2=y$, $x^3=z$ である。

左と右の回転に関して,$M^{\mu v}$ は,鏡映変換について不変であることは判っている。すなわち,鏡映変換 $x^2 \to -x^2$, $x^0 \to x^0$, $x^1 \to x^1$, $x^3 \to x^3$, について

$$M^{\mu 2}(L) = \frac{1}{c}\int (x^\mu f^2(L) - x^2 f^\mu(L))\,dx^0,$$

$$M^{\mu 2}(R) = \frac{1}{c}\int \left\{ x^\mu(-f^2(L)) - (-x^2)f^\mu(L) \right\} dx^0$$

$$= -M^{\mu 2}(L), \qquad (4\cdot 2)$$

ここで,L は上から見て左回転,R は右回転を表し,右手系[*2]を基準としている。そして,同じ鏡映変換に関して,$M^{\mu 2}$ あるいは M^{2v} 以外の他の成分については,

$$M^{\mu v}(L) = \frac{1}{c}\int (x^\mu f^v(L) - x^v f^\mu(L))\,dx^0,$$

$$= \frac{1}{c}\int (x^\mu f^v(R) - x^v f^\mu(R))\,dx^0 = M^{\mu v}(R), \qquad (\mu, v \neq 2),\ (4\cdot 3)$$

が成り立っている。(4・2),(4・3) 式のことを角運動量は鏡映変換に関して対

西を問わずに用いられて来ているらしい。最も古い痕跡は、ユカタン半島のメキシコ市郊外の地層から発見されている。ここで発掘されたものは、15000年以前の地層から出土している粘土板である。この粘土板には逆マンジのシンボルが残されていた。インドのヒンズー教、ヒマラヤのチベット教の寺には、マンジと逆マンジの両方があり、ヨーロッパでも同じである。多くの古文献によると、マンジは上から見て左回転、逆マンジは右回転を表している。日本の仏教ではマンジ、神道では逆マンジが重要視されている。マンジは、安定な調和のシンボルであり、逆マンジは創造のエネルギーを生みだす回転運動をシンボライズしたものらしい[44]。つまり、マンジと逆マンジは、単に左と右の回転を表しているのではなく、両回転の持っている物理的意味が異なることをシンボライズしているのである。物理学的な表現をするならば、回転運動におけるパリティ（鏡映変換に関する偶奇性、あるいは対称性）の破れを示唆していると共に、エネルギーの生成に関する違いを示唆している。

　ここで、特に逆マンジについて云うならば、第2次大戦中にナチスの旗印がそうであったことから、逆マンジは悪夢を呼び起す。ナチスは、このシンボルを日本の真言密教の資料を通して、チベット仏教の教典から知ったのである。マンジは水、逆マンジは火に対応すると。すなわち、森羅万象は陰陽の2つの原動力の回転によって生成・消滅していると考える東洋的思想そのものをシンボライズした図形なのである。だから、逆マンジは忌み嫌うべき図形ではない。ベータ崩壊やスワスチカからの類推は、あくまでも回転運動に対するアナロジーを与えてくれることがらなのである。

　やっとトポロジー（位相幾何学）重力理論に入ろう。以下で述べる解析は、1994年5月、ロシア科学アカデミー創立200年を祝う国際会議の総会において、招待論文として発表した早坂の論文[41]にもとづくものである。

　1つの物体を構成している無数の原子を代表して、1つの質点の回転を考える。質量の回転運動を特徴づける物理量は角運動量である。3次元空間 (x, y, z) における角運動量の定義にはあいまいさがない。けれども、時間 $x^0 (=ct)$ を含めた4次元角運動量の定義にはあいまいさ、つまり不定性が残されている。このことは、ゴールドバーグ[45]やウイニコール[46]らによって指摘されていた。すなわち、4次元角運動量の時間に関する成分について云えば、4次元的トルクを時間について積分した積分量として規定されている。それ故に、4次元的角運動量には時間に関する不定性が存在している。

　重力場に関する4次元的角運動量は、重力と云う力のモーメントを時間について積分する場合、巨視的物体を構成している多数の質点の回転モーメントを同じ

おいて，左右は対称であるような構造を持っているからである。つまり，自然界は，鏡映変換 $(x, y, z \rightarrow x, -y, z)$ において，現実の世界と鏡の中の世界での現象は区別がないように作られている，と思ってよいと考えられていた。

重力について云えば，早坂は次のように推量した。核力と電磁力は，パリティの保存が成り立っているが，それよりずっと弱い相互作用であるいわゆる"弱い相互作用"ではパリティが破れているのだから，それよりも遥かに弱い相互作用である重力でもパリティが破れている，と推量することは間違いではないのではないか。4つの相互作用力は階層的になっているのだから，この推測は正しいのではないか，と考えた。

上述の推測が妥当であるだろうことは，ベータ崩壊のパリティ非保存性を発見したウーらの実験方法[43]を検討することによって，次の考えにたどりついた。ウーらの実験方法によると，コバルト60の核種に外部から強い磁場 H を上向きに掛け，その核のスピンをできるだけ整列させた。コバルト60の核スピンは外部磁場 H と逆向きに揃う。H を作るための電流 I は上からみて左廻りである。すなわち，円形コイルに流れる電子の運動は，右廻りである。しかも高速で右廻り回転している。電子は小さいとは云え質量 m_e を持っているから，質点 m_e が，上から見て右回転している。コバルト60からベータ線（電子線）が上向きに放出されるのは，コイルの中を高速で右回転している電子の質点が生成する反重力場に起因して，生じているのではないか。このために，上向きに加えられた外部磁場の方向に，核からの電子が上向きに出るのではないか，と推量した。

ウーらの実験によってベータ崩壊のパリティの破れが立証されたので，核物理の理論屋はこの事実を受入れ，弱い相互作用の理論を事実に合うように作り変えた。もちろん，なぜパリティが破れているのか，その原因は問わずにそうしたのである。重力について云えば，すでに述べたように，鏡映変換についてパリティが保存されていると考えられていた。そこで，早坂は，重力についてもベータ崩壊と同じようにパリティは破れており，それは質量の回転運動を通して見い出せるのではないか，と推測した。けれども，この推測を理論的に裏付けるための物理数学的ベースは果してあるのであろうか。さらに，物体の回転におけるパリティに関するなんらかの思考的遺産があるのかどうかを調査する必要を感じた。前者について云えば，トポロジー（位相幾何学）が上述の推論を裏付けてくれそうなことが判り，後者については，スワスチカ（マンジと逆マンジ）のシンボルが意味する内容がそれであると気付いた。次に後者について先に述べよう。

スワスチカは，地球人類の文化遺産（思考遺産）の一つをシンボル化したものである。このシンボルは，数万年以前から残されているシンボルであり，洋の東

である。このことをベータ崩壊と云う。1955年頃までは，ベータ崩壊の電子はその原子核の持っているスピンの方向とは無関係に，どの方向にも均等に放出されていると思われていた。このことは，リー，ヤンの理論[42]とウーらの実験[43]によって，上述の従来の考え方が完全に間違っていることが立証された。すなわち，ベータ線は，原子核のスピンの方向とは独立ではなく，核スピンと逆向きの方向のみに電子が放出される，と云うことが事実である。

　外部磁場を作るためのコイルに流している電子流と，核から放出されるベータ線（電子）との関係について云えば，コイル中の電子流が上から見て右回転することによって生ずる磁場は上向きであり，核から放出されるベータ線が放出される方向は上向きである。すなわち，コイルを流れる電子流と核から放出される電子は，左手系を構成する。この場合に限ってベータ崩壊の電子が検出される。

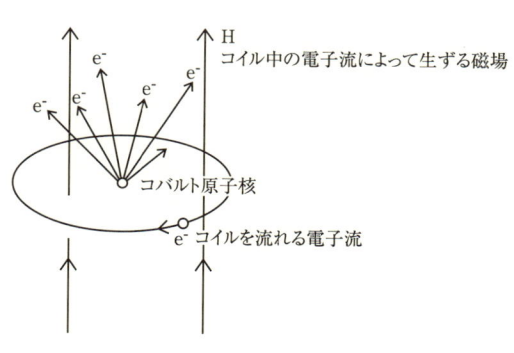

図4　ベータ崩壊における核からの放出電子の方向とコイル中の電子流の方向は左手系を形成する

　"弱い相互作用"についてのもう一つの特徴は，相互作用の力が弱いことである。すなわち，強い相互作用である核力と比較すると，10^{-14}倍の弱さであり，電磁力に比べて，10^{-12}倍も弱い。電磁力は核力の10^{-2}倍程度である。一方，重力と云えば，核力の10^{-42}倍も弱い。したがって，重力は弱い相互作用力と比べると，10^{-28}倍も弱い。まとめると，4つの種類の相互作用力である，核力：電磁力：弱い相互作用：重力は，$1:10^{-2}:10^{-14}:10^{-42}$，である。核力と電磁力は，鏡映変換に関してパリティ（左右の対称性）は保存されて（左右の区別はない）いることが，1956年当時実験的にも確認されていた。

　重力についても，当然左右の対称性は成り立っていると思われていた。なぜならば，ニュートン力学でも一般相対性理論でも，鏡映変換に関する質点の運動に

[第Ⅱ部論文篇] 第4章

回転およびスピンに関するトポロジー重力理論と反重力

第1章において述べたように,ニュートン力学やアインシュタインの一般相対性理論(接続に関する対称場理論)においては,重力と云うカテゴリーには反重力なる重力的斥力は入っていない。このことは,複数の質点が相対的に静止していても,運動していても同じことである。しかしながら,1つの閉じた経路(通常の2次元および3次元空間での閉じた経路)上で回転する質点や巨視的物体の自転,および素粒子の固有のスピンは重力的斥力を生ずる,と云う議論が早坂[41]とディザー[24][25]によって展開された。この章では,これらの理論を紹介する。

4.1 回転角運動量に関するトポロジーに起因する反重力

まず初めに,早坂が反重力の研究に着手した思考過程を紹介したい。早坂は初めから反重力の存在を回転運動に求めた訳ではない。むしろ,重力の鏡映変換における対称性の破れを調べようとしていた。

早坂が重力における鏡映変換に関する対称性保存に疑問を持ったのは,核物理における"弱い相互作用"での鏡映変換に関するパリティの完全な破れを知ったからである。ここで,鏡映変換は次のことを云っている。物体を鏡に映した場合を考えてみる。物体は通常の3次元空間の中にあるとすると,直交する x, y, z 軸を座標軸として定めることができる。この物体を鉛直に立てた鏡に映し,鏡を見る。すると,物体に関する鉛直方向上向きにとった z 軸は,鏡の中でも同じ方向(上向き)に向いているので,物体の z 軸と同じ方向を向く。物体の x 軸を右の方向に向けておくと,鏡の中でも右の方向を向いている。一方,物体の y 軸は鏡の方向に向けておくと,鏡の中ではあたかも鏡から物体の方向に向いているように見える。以上をまとめると,鏡映変換とは次のことである。物体に設置された直交する x, y, z 軸は,鏡に映ると,$x, -y, z$ 軸となる。したがって,回転運動で云うと,現実の世界での左回転は,鏡の中では右回転となる。同様に,現実の世界での右回転は鏡の中で左回転する。

"弱い相互作用"と呼ばれているカテゴリーには多くの現象が含まれているが,その中で最も良く知られている現象は,原子核から電子が自然に放出される現象

を話題とすることを極力避けていたことを不思議に思っていたそうである。彼らは何を恐れているのだろうと。オレアリーは，彼の専門分野である地球科学や宇宙工学の論文を100編以上も書き，米国のいくつもの著名な大学で教鞭を取っていた学者であり，1960年代の終盤に火星に向けての宇宙飛行士であった。その彼が主流科学者の頑迷さ，視野狭窄をなげいている。主流科学者のこうした行動様式は何から生じているのか。一つは，米国の国家権力を支配している極く少数の超権力集団から発する命令の枠内にとどまると，社会的地位と生活の保証が得られるからであり，今一つはUFOやETIに関わると，現代自然科学の全面的崩壊に加担することになることを知っているからである。

こうしたUFOやETIに関わる問題は，ガリレオ・ガリレイとローマ・カソリックの司教達との問題とまったく良く似ている。自然科学者と云っても，真理をとことん追求しようとする者と，適当なところで膝を折る者と，初めから真理を知ろうとしない者の3種類がいる。我々は，この意味で偉大な先駆者であるガリレオ・ガリレイやイマニエル・カントを手本としなければならない，と思う。もっとも，前者はカソリックの本山に一応膝を折ったが，それは賢明な行為であった。そうしなかったならば彼自身，そして彼の論文もすべて消され，歴史から抹殺されていたであろう。げに恐るべきは，人を支配しようとする権力者どもである。オレアリーの本"Exploring Inner and Outer Space"のまえがきに[5]，アインシュタインの短い文章"偉大な魂たちはつねに凡庸な心の暴力的抵抗にあってきた"，を引用している。

ない。なぜならば，現在のインフレーション理論は再び宇宙項の存在を必要としているからである。すなわち，宇宙のビッグバンから後の短い時間の間の宇宙の振るまいを説明するために，宇宙項は欠かせないのである[39]。アインシュタインは，現在の宇宙理論の一つが，自分の宇宙項を必要としていることを知って苦笑しているに違いない。

3.4 カントのETI論

万有斥力とは関係ないが，この機会にカントの重要な推論の一つである，我々の太陽系内の惑星の居住者について紹介したい。その理由は次の通りである。

第1章で触れたように，いわゆるUFO，実はIFO（Identified Flying Object）であるが，その存在と不可分であるETIの存在を頭から否定する人々がいる。しかしながら，このような否定論者の見解は，余りにも悪しき唯我独尊的思考である。なぜならば，宇宙には，我々の太陽系に類似した太陽系が多数存在していることが推定されているからである。そうすると，我々の太陽系の惑星と類似の環境の星が多数あると推量することができる。それ故に，これらの惑星に高度知性体が存在しているだろうことも推量できる[40]。この推量は消極的ではなく，積極的な見解である。

カントが18世紀半ばにおいて，大胆にも我々の太陽系内のETIの存在を推量していることは，今なお地球人類のみが宇宙の唯一の知的生命体であるとする発想に真向から対峙する。

カントの推論によれば，我々の太陽から距離が大きい惑星は，太陽からの熱と生命の根源エネルギーが稀薄になっているが，そうであればある程，その生命体は一層軽く，一層繊細な物質を持っているだろう。そして宇宙の創造の原理から考えると，そこの住民は創造の源に一層近い存在であるだろう，と推論している[32]。

現在，宇宙探査は主として，米・ロによって行われており，多くの知見を我々に与えている。電波望遠鏡によるETIの信号を受信しようとしているSETI（Search for Extra-Terrestrial Intelligence）計画[40]は，正にETIの探査のためである。18世紀のカントが，当時のほんのわずかの知識にもとづいてETIを推論したことは，現代の宇宙探査のガイドラインを与えたことになる。このことから，カントの様な自由な精神こそ，現代の我々が持たねばならないことと思う。

地球物理，宇宙物理学者であり，元宇宙飛行士であったブライアン・オレアリー[5]は，彼の同僚であったカール・セイガンや他の宇宙飛行士達が，UFOやETI

3.3 アインシュタインの反重力（斥力）論

　この章のテーマである反重力の存在についてアインシュタインがどう考えていたのか，彼の論文に述べられていることから推測してみる。アインシュタインは，反重力と云う概念を否定していなかったと思われる。その根拠を述べる。

　1938年，アインシュタインは，Annalen of Mathematiks, Vol. 9, p. p. 65-100,において発表した"The gravitational equation, and the problems of motion"において，物質の存在しない空間における重力場の方程式だけを使って物体の運動法則を決定することが可能か否かを追求した[36]。この論文において，アインシュタインは次のように云っている。すなわち，「物体（質点）を特異点によって表す場合，場の方程式から物体の質量の符号までも規定することはできない。この論文において，2個の物体間の相互作用が引力であって，斥力ではないということは，単に習慣に従ったに過ぎない。質量がなぜ正でなければならないかと云う疑問に対する一つの鍵は，物質を記述するのに，特異点の出てこないような物質理論を見つけることにあるのであろう」と云っている。

　アインシュタインのこの様な考え方に類似したもう一つの考察がある。それは，いわゆる宇宙項の導入である。すなわち宇宙が閉じて，かつ静的（時間的変化がない）であるとする宇宙の状態を説明するために，アインシュタインの重力場の方程式に矛盾を生じさせないように一種の斥力項を導入した[37]。

$$G_{\mu\nu} - \lambda g_{\mu\nu} = -\kappa \left(T_{\mu\nu} - \frac{1}{2} g_{\mu\nu} T \right),$$

ここで，$-\lambda g_{\mu\nu}$が宇宙項と呼ばれており，λは正の値を持つ。$G_{\mu\nu}$はアインシュタイン・テンソル，$T_{\mu\nu}$は運動量・エネルギーテンソルである。そしてKはアインシュタインの重力定数である。

　アインシュタインの宇宙項の導入は，宇宙空間あるいはエーテル場の斥力を暗に認めたことによる，とみなすことができる。しかしながら，彼は後で自分の生涯の中の唯一のドジであると云って，宇宙項を除去した。彼はこう云っている。「重力の方程式の宇宙項の導入は，相対論の見地からは可能であるけれども，論理的な簡潔と云う見地からは棄てられるべきである。フリードマンが示したように，2つの質点間の計量的距離が時間とともに変化しうることを許すならば，物質がどこでも有限な密度をもっていることと，重力の方程式のもとの形とを融合させることは可能である[38]」と。

　しかしながら，宇宙項（斥力項）の導入は必ずしも誤りでなかったのかも知れ

第1項を取り上げてその意味するところを考えてみる。

この重力的斥力項は次のように表すことができる

$$\frac{3\overset{*}{G}m_p m_e}{(\Delta x)^3} = \frac{3\times(4\pi/3)\overset{*}{G}m_p m_e}{(4\pi/3)(\Delta x)^3} = \frac{4\pi \overset{*}{G}m_p m_e}{\Delta V} = \overset{*}{F_g}. \tag{3・9}$$

分母は半径 Δx の球の体積を与えるから，(3・9) を次のように表現する。

$$\overset{*}{P_g} \cdot \Delta V = 4\pi \overset{*}{G} m_p m_e, \tag{3・10}$$

ここで，$\overset{*}{P_g} = \overset{*}{F_g}/\text{cm}^2$ であるから，圧力のディメンションを持っている量となる。(3・10) 式は，$PV = \text{constant}$，のボイルの法則と同じである。右辺はエネルギーのディメンションを持っている。かくして，(3・10) 式は，水素原子の空間のエーテル（真空）のボイルの法則を与えることになる。

それ故に，

$$\overset{*}{P_g} \cdot \Delta V = 4\pi \overset{*}{G} m_p m_e, = \Delta \overset{*}{E_g}, (\text{erg}), \tag{3・11}$$

とおけるから，原子内部の空間のエーテルエネルギーの大きさが定められる。

ハイゼンベルクの不確定関係を (3・11) 式に適用すると，このエーテルエネルギーに対応する時間 Δt は，$\Delta E \cdot \Delta t \sim h$ から，

$$\Delta t = \frac{h}{\Delta \overset{*}{E_g}} \cong 10^{31} \text{年}. \tag{3・12}$$

このことは，安定な原子状態を保つ時間は，おおよそ 10^{31} 年位であることを意味している。この大きさは，大統一場理論（GUT）が予言する陽子の寿命とほとんど同じ大きさである。このことは，単なる偶然の一致とは思えない興味ある結果である。

実験によって大統一場理論が予告する陽子の寿命が本当かどうかを測定する実験が，世界のいくつかの研究グループによって行われているが，まだ成功をおさめていない。けれども (3・12) 式で示したように，GUT の予告は正しいと判定できる可能性がある。(3・4) から (3・12) 式までは，極めて簡単な計算であるが本質はついていると思う。なぜならば，陽子が崩壊すれば原子も崩壊するからである。原子内の重力と反重力（斥力）は，こんな簡単な考察からも導出できることは大変面白いことである。そして，カントやアブラハムら先駆者達の偉大さが改めて理解される。

上の式の E を ΔX で微分すると，力 F が得られる。すなわち，

$$F = \frac{dE}{d(\Delta X)} = -\frac{h^2}{m_e(\Delta X)^3} + \frac{e^2 + Gm_p m_e}{(\Delta X)^2}. \tag{3・5}$$

電子と陽子との平衡距離は，上の式をゼロとおくことによって与えられる

$$F = -\frac{h^2}{m_e(\Delta X)^3} + \frac{e^2 + Gm_p m_e}{(\Delta X)^2} = 0, \tag{3・6}$$

すなわち平衡距離 $(\Delta X)eq$ は

$$(\Delta X)eq = -\frac{h^2}{m_e e^2 (1+\delta)} = a_0(1-\delta) = \overset{*}{a_0}, \tag{3・7}$$

ここで，a_0 はニュートン引力を無視したときのボーア半径であり，δ はニュートン引力を考慮したときの平衡距離が，ボーア半径からどれだけずれているかを示す。$\overset{*}{a_0}$ はニュートン引力を考慮に入れた場合の平衡距離である。もちろん δ は，

$$\delta = \frac{Gm_p m_e}{e^2},$$

であるから，10^{-40} の小ささである。

力を与える式，$dE/d(\Delta x)$, について云えば，平衡状態は下式と同じことである。

$$\left. \frac{dE}{d(\Delta x)} \right|_{\Delta x = \overset{*}{a_0}} = -\frac{3G m_p m_e}{(\Delta x)^3} + \frac{3Gm_p m_e}{(\Delta x)^2} \bigg|_{\Delta x = \overset{*}{a_0}} = 0, \tag{3・8}$$

ここで，$\overset{*}{G} = G \dfrac{h^2}{m_e e^2} = G a_0$.

上の式の右辺第2項は，m_p と m_e に起因する引力，第1項は斥力を表す。かくして，原子内部の電子は，陽子-電子間の距離 Δx の2乗に逆比例する引力と，Δx の3乗に逆比例する斥力との釣合いによって平衡状態にあるとも云える。したがって，$\overset{*}{G}$ は斥力定数と呼んでよい係数である。それは，上で示しているように，ニュートンの万有引力定数 G にボーア半径 a_0 を掛けた大きさを持つ。以上のことは，正しくカントとアブラハムが主張したことの裏付けである。

(3・8)式から興味深い結果を引き出すことができる。(3・8)式の左辺は，電子質量 m_e と陽子の質量 m_p に起因する重力と反重力の釣合いを表しているが，右辺

力と斥力の両方が共存していると結論づけなければならない。後で述べるように，アインシュタインが一般相対論を発表した後，重力場はエーテルの場であって，エーテルエネルギーを考慮に入れなければ空間の湾曲は説明できないのだ，と云っている。アブラハムの論文が Phys. Z. に発表されたのは 1912 年であり，アインシュタインが，エーテルの存在なしには重力場は考えられないと云ったのは，1920 年ライデン国立大学での講演の時である[33]。1912 年のアブラハムの論文に対するアインシュタインのコメントは，「アブラハムの理論は論理的に正しい。けれども数学的に大変厄介である」と。このコメントは，ゾンマーフェルトへのアインシュタインの手紙[34]として残っている。アブラハムの鋭い論述はアインシュタインの重力理論の発展に大きく寄与したことは，アインシュタイン本人も認めていた。

　ここで，カントとアブラハムの（万有）斥力が質点間の距離 r の 3 乗に逆比例し，そして極めて小さい空間において有効である，と云う主張が正しいことを，早坂は原子内電子に対する解析から裏付けることができたことを明らかにしておく[29]。以下の解析は 15 年前になされていたが，ここで初めて紹介しておきたい。

　微小空間として原子内部の空間を考える。そして原子内電子の運動は簡単のためにボーアのモデルにもとづいて記述する。解析方法は簡単であるが，問題の本質はそこなわれていない。最も単純な原子である水素原子を対象とする。以下の解析方法は，ボームの計算方法[35]にならった。

　水素原子の電子が占める空間の半径は 10^{-8}cm 程度であるから，無限小としてみなす。水素原子の電子の全エネルギー E は，電子と陽子の間のニュートン引力も考慮に入れると，運動エネルギー（$K.\,E$）とポテンシャルエネルギー（$P.\,E$）との和である。

$$E = K.\,E + P.\,E. = \frac{P^2}{2m_e} + V(\Delta X).$$

無限小の ΔX（$\Delta X \approx 10^{-8}$cm）と，運動量 P の変分 ΔP との間には，ハイゼンベルクの不確定性原理を適用する。すると E は

$$E = \frac{h^2}{2m_e(\Delta X)^2} - \frac{e^2 + Gm_e m_p}{\Delta X}, \tag{3・4}$$

ここで，不確定関係，$\Delta X \Delta P \sim h$ を用いた。そして，m_e と m_p は電子の質量，そして陽子の質量，e は電子と陽子の電荷の大きさ，G はニュートン引力定数である。

ここで，$\dfrac{B}{r^3} \neq 0$, （r → 0 に対して）．

カントの推論が正しいことは，簡単な計算によって原子の中の電子の運動から知ることができる。このことは，次のアブラハムの重力理論を紹介した後で述べる。

3.2 アブラハムの反重力論

マックス・アブラハムは，アインシュタインが一般相対性理論を発表した直後に，多くの重力理論をドイツの物理ジャーナル"Phys. Z."に発表し，アインシュタインとの良き論争者であった。また，アブラハムは，電気動力学，特に電子論で秀れた研究を行った。彼の注目すべき論文として，質点間の重力には，カントが推論した万有斥力に相当する斥力が含まれるべきだ，と主張したことである。アブラハムの主張は次の通りである。

アブラハムは，空間は空虚なものではなく，静的流体のような場であると考えた。そして，重力場は，媒質としての一種の圧力を持っていると仮定した。このような媒質は，現在，量子重力理論においてエーテルと呼んでいる媒質である。アブラハムによると，この媒質のエネルギー密度[27]は

$$\varepsilon = \frac{1}{8\pi\gamma}\left\{\left(\frac{\partial \phi}{\partial x}\right)^2 + \left(\frac{\partial \phi}{\partial y}\right)^2 + \left(\frac{\partial \phi}{\partial z}\right)^2 + \left(\frac{\partial \phi}{\partial ct}\right)^2\right\} \qquad (3\cdot2)$$

ここで，ϕ は媒質のスカラーポテンシャル，γ は重力定数である。中カッコ $\{\ \}$ の中は常に正の値であり，このことは $\{\ \}$ の中の第4項の符号が正であることに起因している。

アブラハムの考えにもとづくと，ニュートンの万有引力は下のように変更しなければならない。

$$F_g = \frac{A}{r^2} - \frac{B}{r^3}, \qquad (3\cdot3)$$

ここで，$\dfrac{A}{B} = \dfrac{\gamma m}{2C^2}$，そして一般に $\dfrac{B}{Ar} \ll 1$.

(3・3)式の右辺第2項は，負の符号であるから，斥力項である。この斥力項の出現は(3・2)式の右辺第4項に起因する。アブラハムの斥力は，まさにカントの推論の万有斥力そのものである。

(3・3)式で示したように，重力場は一種の媒質であると考えると，必然的に引

[第Ⅱ部論文篇] 第3章
重力研究における三巨人の反重力論

　第2章で述べたように,ニュートン力学の観点から考えると,重力イコール引力であって,重力と云うカテゴリーの中には反引力は含まれない。けれども,重力と云うカテゴリーの中には反引力あるいは重力的斥力も含まれていると考えた複数の学者がいた。これらの学者はいずれも歴史的に偉大な学者である,イマヌエル・カント (Immanuel Kant),マックス・アブラハム (Max Abraham),そしてアルバート・アインシュタイン (Albert Einstein) である。この章では,彼等の反重力論を紹介する。

3.1　カントの反重力-万有斥力

　読者諸氏は御存知のように,カントは偉大な哲学者として歴史に名をとどめているが,同時に偉大な自然科学者でもある。カントは,1755年に「天界の一般自然史と理論[32]」をあらわし,その中で我々の太陽系の形成,運動および諸惑星の住居者について論じている。さらに「動力学の形而上学的原理」において,万有斥力の存在を推論している[26]。万有斥力に関するカントの推論は以下の通りである。
　カントは推論する。自然界にニュートンの万有引力のみが存在しているならば,すべての物質は空間の一点に凝集してしまうはずである。ところが事実はそうではない。それ故に,万有引力と逆の力である万有斥力が存在しているに違いない。この万有斥力は,3次元立体の体積に逆比例する力である,と推論している。そしてこの万有斥力が有効に働く空間は,非常に微小である。それ故に,自然界は,無限小の距離の2乗に逆比例する万有引力と,無限小の距離の3乗に逆比例する万有斥力との釣合いによって,物体は有限な幾何学的形状を保持していると云う推論をしている。
　上述のカントの推論を式で表現すると,物体の質量間の相互作用力 F_G は,

$$F_G = \frac{A}{r^2} - \frac{B}{r^3}, \quad (3\cdot1)$$

$$\Delta E(g) = E(g-\Delta g) - E(g)$$
$$= -\frac{(g-\Delta g)^2}{8\pi G} + \left(\frac{g^2}{8\pi G}\right) = \frac{g\Delta g}{4\pi G} - \frac{(\Delta g)^2}{8\pi G}. \qquad (2\cdot 9)$$

もしも,$g \gg \Delta g$,ならば $\Delta E(g)$ は近似的に

$$\Delta E(g) = \frac{g\Delta g}{4\pi G} > 0. \qquad (2\cdot 10)$$

この $\Delta E(g)$ は正の値である。このことは,次のことを云っている。もしも引力場の加速度が少し減少すると,引力場の負のエネルギー密度に正のエネルギーをつけ加えたことになる。逆に,引力場にプラスのエネルギーをつけ加えることができれば,引力場の加速度は減少する。つまり,この場合,引力場に反引力場的要素をつけ加えたことになる。

　もしも,重力場のエネルギー密度が正の値であれば,その時は斥力場である。g が ig(i は虚数単位)になったならば,$E(ig)$ は正になるではないか,と云われるが,今のところ,虚数の重力加速度は何を意味しているのかは判らない。

＊1　アブダス・サラム,力の統一(J. H. マルヴェイ,現代の素粒子像と宇宙,共立出版,1983)を参照頂きたい。

準反重力は，$m_G(1)$に働く加速度が負となりさえすればよいのであるから，種々の方法によって$m_G(1)$に働く加速度を負にすることができそうである。この方法は，たとえば電磁力とか回転あるいはスピンの制御による種々の方法が考えられる。このことは第4章以降において詳しく述べる。

2.4 物質と反物質との相互作用力

次に，通常の物質と反物質との間の力について考えてみよう。ここで反物質とは，物質を構成する原子の中の素粒子（電子，陽子）の電荷が物質のそれと反対の電荷を持っている物質のことである。したがって，反物質の質量は正であり，負ではない。かくして，質量間の重力と云う観点からみると，物質と反物質との間に働く重力は，物質間の重力と同じである，すなわち，引力であると考えねばならない。

では，本当に上の記述が正しいのか否かは，やはり実験によって立証されるべきことである。物質と反物質に関する上の記述は，一種の数学的論理から云えることであるに過ぎない。このために，ゴールドマン[30]らによって陽子－反陽子に関する実験が計画されたが，実行に移されていない。このことはやはり相当困難な実験であるからである。物質と反物質との相互作用力の詳細は，藤井[31]の論文を参考にして頂きたい。

2.5 反重力場のエネルギー

ランダウ[12]によると，重力的引力場のエネルギー密度$E(g)$は負である。すなわち，

$$E(g) = -\frac{g^2}{8\pi G} < 0, \quad (\text{erg/cm}^3),$$

ここで，gは引力加速度，Gはニュートンの引力定数である。地球引力場のエネルギー密度$E(g)$は，-10^{11}erg/cm^3である。

ここで，引力加速度gがΔgだけ小さくなったとしよう。この場合，引力場のエネルギー密度$E(g)$がどれだけ変化するのかをみよう。gが$g - \Delta g$に変化したときのエネルギー密度の変化分$\Delta E(g)$は，

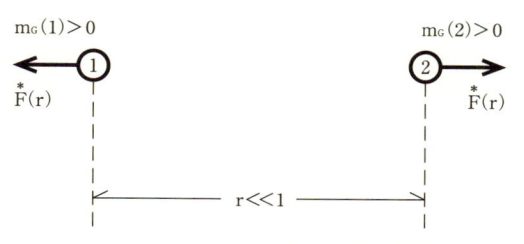

図3 微小距離 r (<<1) の3乗に逆比例する万有斥力

2.3 加速度の観点からの反重力

(2・2) 式の重力 $F(r)$ を,下式の形で表現してみる

$$F(r) = m_G(1)\left[\frac{Gm_G(2)}{r^2}\right]. \tag{2・5}$$

(2・5) 式の形式は,質量 $m_G(1)$ に加速度 $Gm_G(2)/r^2$ を掛けた形となっている,すなわち

$$F(r) = m_G(1)\left[\frac{Gm_G(2)}{r^2}\right] = m_G(1) \cdot \alpha_G. \tag{2・6}$$

そこで,$m_G(1)$ にあたかも反重力が働いているかのようにするには,大かっこの中が負になればよい。そのためには,大かっこの中に,$m_G(2)$ が作っている加速度に別な加速度をつけ加え,大かっこの中が負になるようにする。この場合のかっこ中の付加された加速度を $-\alpha'$ とすると,(2・6) 式の $F(r)$ は,$\overset{*}{F}(r)$ となり

$$\begin{aligned}\overset{*}{F}(r) &= m_G(1)\left[\frac{Gm_G(2)}{r^2} - \alpha'\right] < 0, \\ &= m_G(1) \cdot \alpha_G < 0\end{aligned} \tag{2・7}$$

ここで,

$$\left|\frac{Gm_G(2)}{r^2}\right| < |\alpha'|, \text{ そして } m_G(1) > 0, m_G(2) > 0. \tag{2・8}$$

(2・7) と (2・8) 式を満すことができれば,$m_G(1)$ に働く力 $\overset{*}{F}(r)$ は斥力となる。しかしながら,$m_G(1)$ あるいは $m_G(2)$ が負となる場合とは異なる反重力であるから,この反重力を"準反重力"と呼ぼう。

とづく (2・2) 式はもはや成り立たない。こんなケースは現実にはありえないのだからナンセンスであると考えるのは，あくまでもこれまでの常識に従っているに過ぎない。けれども，第4章で明らかにするように，ディザー[24][25]らの研究によると，重力質量 m_G が負となる場合が考えられるのである。重力質量が負となる場合は，反重力（反引力）あるいは重力的斥力が生ずるから，ニュートンの引力と対比すると，負の重力質量に起因する"純粋な反重力"と呼ぶことができる。

(B) 距離の3乗に逆比例する反重力

ニュートンの逆2乗法則は，巨視的な天体の運動から導出された法則である。この法則は，2つの物体の距離が数10cm位でも成り立っている。けれども，r が微小であっても成り立っているのかどうかは判らない。恐らく，逆2乗の法則からははずれているだろうことが考えられる。たとえば，原子の空間程度の範囲ではどうであろうか。このような微小空間においては，2質点間の距離 r の逆3乗に比例する斥力，すなわち反重力が働いていると云う考えがある。この考え方は，カント[26]，アブラハム[27][28]そして早坂[29]らの主張である。これらの主張については，第3章で明らかにする。距離の逆3乗に比例する力は反重力であり，これを万有斥力と名付けてよいだろう。

万有斥力は，微小空間でのみ有効であり，そして空間はエーテル様の媒体で充満している，その内圧力の表れであると考える。万有斥力に関与する重力質量は正である。万有斥力は，

$$\overset{*}{F}(r) = \frac{\overset{*}{G} m_G(1) m_G(2)}{r^3}, \tag{2・4}$$

ここで，$\overset{*}{G}$ は万有斥力定数と名付けてよい係数であり，その大きさは G の 10^{-8} 倍程度である。$m_G(1)$ と $m_G(2)$ との間の距離 r は，$r \ll 1$。そして $m_G(1) > 0$，$m_G(2) > 0$，そして $\overset{*}{G} < 0$ である。

としても表現できる。

2.2 反重力の定義

（A）負の重力質量に起因する反重力

重力すなわち引力の定義にもとづくと，反重力は，$m_G(1)$ あるいは $m_G(2)$ のいずれかが負の値を持つならば，（2・1）式の $F(r)$ は負の値をとることになる。これは反引力である。反重力を $\overset{*}{F}(r)$ と書くと

$$\overset{*}{F}(r) = \frac{\overset{*}{m_G}(1)(Gm_G(2))}{r^2}, \quad (\overset{*}{m_G}(1)<0、m_G(2)>0), \tag{2・3}$$

あるいは

$$\overset{*}{F}(r) = \frac{(Gm_G(1))\overset{*}{m_G}(2)}{r^2}, \quad (m_G(1)>0、\overset{*}{m_G}(2)<0), \tag{2・3}'$$

（2・3）式について云えば，反重力の働く向きは，重力 $F(r)$ の逆になる。すなわち $\overset{*}{m_G}(1)$ と $m_G(2)$ に働く力の方向は，互いに外向きとなる。これは斥力である。

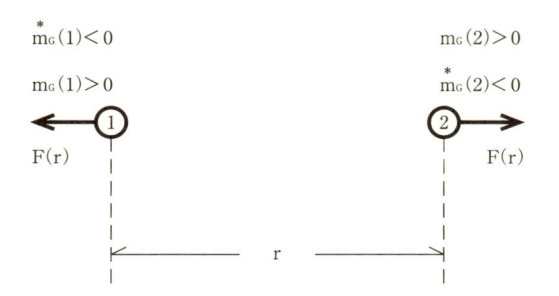

図2　2つの物体の重力質量のいずれかが負である場合の反重力（斥力）

ここで，（2・3）あるいは（2・3）′式について重要な注意を述べる。アインシュタインの等価原理[※1]（$m_G = m_I$）が成り立つ場合，（2・2）式において $m_G > 0$, $m_I > 0$, が前提とされていた。けれども（2・3）式あるいは（2・3）′式の場合は，$\overset{*}{m_G}(1) < 0$ あるいは $\overset{*}{m_G}(2) < 0$ を仮定した。このような場合，等価原理にも

[第Ⅱ部論文篇] 第2章
反重力の定義と反重力生成の条件

2.1 重力の定義

　反重力を定義したり，反重力生成の条件を知るには，重力そのものを定義しておかねばならない。重力と呼ばれている力は，ニュートンが万有引力を発見してから知られた。万有引力 $F(r)$ は，物体の質量に起因した力である。その大きさ（強さ）は

$$F(r) = \frac{Gm_G(1)m_G(2)}{r^2}, \tag{2・1}$$

で規定される。ここで，G はニュートンの万有引力定数，$m_G(1)$ は物体1の重力質量，$m_G(2)$ は物体2の重力質量，r は2つの物体の重心間の距離である。そして，$F(r)$ の向きは，物体1に働く力は物体1から2の方向に向き，物体2に働く力は物体2から1の方向に向いている。

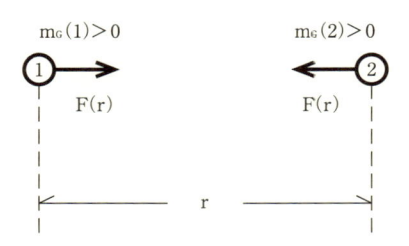

図1　2つの物体間の重力（引力）

　我々が経験しているすべての物体あるいは物質は，プラスの慣性質量 m_I を持っている。アインシュタインの等価原理（$m_G = m_I$）にしたがうと，(2・1) 式は

$$F(r) = \frac{Gm_G(1)m_G(2)}{r^2} = \frac{Gm_I(1)m_I(2)}{r^2}, \tag{2・2}$$

であると。しかしながら、真空はなにも重力の研究者だけの話ではなく、核物理や素粒子の研究者がすでに実験を通して認めている。その一番判りよい実例は、ガンマ線による電子と陽電子の対生成である。では、真空の持っているエネルギー密度はどの位であるか。ウイラー[21][22]らよると、空間の最小寸法（10^{-33}cm 程度）にハイゼンベルクの不確定性原理を適用すると、驚くなかれ 10^{115}erg/cm^3 程度であると計算されている。我々人類は、事実上無限のエネルギーの中で生きているのである。

すでに述べたように、反重力は真空のエネルギーなしには考えられない。同時に、無限の真空エネルギーを取り出す技術は、電気エネルギーを真空から転換する技術でもある。それ故、反重力や真空エネルギーの研究は、地球人類の生存問題や地球環境浄化・保全に直結している。

これまで、多くの言葉によって反重力の研究が、夢の中のことではないことを説明して来た。反重力（重力的斥力）の実現は、地球人類を地球の引力から解放し、宇宙空間中の移動を容易にするし、さらに真空エネルギーの利用に直結する。

我々はなんのために宇宙探査をするのであろうか。少なくとも著者らはこう考えている。地球外知的生命体（ETI, Extra-Terrestrial Intelligence）の一部はこの地球に来ているし、他の星に実在していると考えられるから、高い精神レベルに達しているETIとの直接的交流を期待している。このためにも、空間移動の手段の基礎である反重力の研究を推し進めようとしているのである。そして反重力の研究は真空エネルギー開発に直結しているので、ますます反重力を研究する必要がある。

＊1　無線通信の真の発明者は、ニコラ・テスラである。新戸雅章、超人ニコラ・テスラ、筑摩書房、1993を参照頂きたい。電気の標準的教科書には、テスラの諸々の発明を書いていない。磁場の強さの単位であるテスラ（T）のみが彼の存在を示しているだけである。まことに、不可解である。
＊2　John Boslough, Master of Time, Addison Wesley Pub., 1992.（邦訳：青木薫訳、ビッグバン危うし、講談社、1993）。
＊3　[13][14]には、多数の研究のレビューが述べられている。
＊4　元来、重力は時間を含めた4次元空間で考察されるから、4次元時空のトポロジー的力である。

度は負である，と云うこととと同じである。ランダウ[12]によると，引力場の重力エネルギー密度 $E(g)$ は

$$E(g) = -\frac{g^2}{8\pi G}, \ (\mathrm{erg/cm^3}) \tag{1・1}$$

で与えられる。ここで，g は引力場の加速度である，そして G はニュートンの引力定数である。g^2 と G は正の量であるから，$E(g)$ は負の量となる。反重力の場は，$E(g)$ が正となるべきである。

このことを実現するためには，引力場にプラスのエネルギーを持ち込まねばならない。こんなことが本当に可能なのであろうか。この様なことを研究するのが反重力の研究の最大のテーマである。あるいはまた，論理的な観点から考えると，質量とは云っても重力的質量を負にすることができれば，通常の正の質量と（これもまた重力的質量であるが）負の重力的質量との間に斥力が働くと推論できる。こんな推論が現実化できるのであろうか，と考えるのも反重力の研究である。

それでは，反重力，すなわち重力的斥力場あるいはプラスのエネルギー密度を持った場の存在を理論的に予想できるのであろうか。あるいは，プラスのエネルギーをどこから持ち込むのであろうか。これらの疑問に答えるのが反重力の理論であり，そして技術である。

理論上から考えると，宇宙のあらゆるところに充満している真空あるいはエーテルを励起することによってプラスのエネルギーを得ることが可能であると主張できる。では，どんな理論的根拠があるのか。一つに量子重力理論[*3][13][14]であり，もう一つはトポロジー重力理論[*4][14]−[20]である。前者は，重力場を量子力学的観点から研究する理論であり，真空の状態を研究する学問でもある。この理論が導出した結果によると，真空は虚無ではなく，万物を生成する母体である。つまり真空は莫大なエネルギーを含んでおり，このエネルギーからあらゆる物質が生み出されていると。したがって，重力的斥力場を生成するには，真空のエネルギーを利用することが考えられる。

今一つは，トポロジー重力理論から得られている結果である。この理論が主張するところによれば，我々の存在している空間（時空）の構造は，"湾曲"したり，"ねじれ"たりする。後者の"ねじれた場"は，真空を励起させプラスのエネルギーを生成する，とトポロジー重力理論は主張している。これら２つの理論から考えると，反重力（重力的斥力）はけっして夢の中のことではない。そして反重力を考えるには真空と云う実在を抜きにしては考えられない。

疑う人はこう云うであろう。真空とは学者の頭の中のことであって，仮空の話

(ソユーズUFOセンター) を設置し，UFOの存在を国家的規模で公認し始めた[2][3]。

米国におけるUFOの調査についてもう少し述べよう。米国においては，ノースウエスタン大学の天文学者そしてプロジェクト・ブルーブックのコンサルタントであるアレン・ハイネック[4]，地球物理・天文学者そして宇宙飛行士であるブライアン・オレアリー[5]，および元プロジェクト・ブルーブックのメンバーであったハーリー・アンドリュー・バード[6]らは，UFOの存在を肯定している。さらに米国におけるUFO研究の最高権威者であり，アレン・ハイネックUFO調査センターのリチャード・ホール[7]による調査と精緻な考察は，UFOの存在を肯定せざるを得ないデータを我々に提供してくれている。

では，米国の市民のUFOに対する認識はどうであろうか。ギャラップ世論調査によると，1966年で40％，1974年では54％，1980年には60％，そして1984年では80％という多くの市民が，UFOの存在を肯定している[5]。ハイネックとジャック・バレーらの調査によると，目撃された件数のうち，5件に1件は十分信頼に足りると云っている[5]。

UFOに関する情報の中には，UFOの搭乗員と接触し，さまざまな体験をしたと云う人々も多数いる[8][9][10]。また，UFOに搭乗して他の星に飛行したと云う人もいる[11]。UFOの搭乗員は，地球人類によく似た生物である場合や，そうでない生物の場合もある。共通している点は，彼らは明らかに高度な知的生物であると云うことである。高度に知的であることは，精神性が高いことと同じではないことは，ここで強調しておかねばならない。コンタクト（接触）した人々の話は，全部が全部真実でないかもしれないが，すべてがウソだと云い切ることが出来ない。であるからこそ調査が必要なのである。

話を本題にもどそう。重力が引力であるとすれば，反重力は斥力である，と考えねばならない。反重力はあくまでも想像上の力であって実在は否定しなければならないのか，それとも自然界に存在するか，あるいは人工的に生成できる力なのであろうか。このことを研究することは，けっして夢の中の幻を追いかけることにはならない。ちょうど，100年前に電波の研究をする状況に似ているからである。著者らの立場は後者に立つ。以下で反重力（重力的斥力）が自然界に存在する，あるいは人工的に生成されうるだろう，と云う観点から研究を推し進める。このためのガイドラインを以下で述べる。

質量と質量との間の相互作用力が引力であると云うことは，2つの質点間（巨視的物体も簡単のために質量を持った質点とみなす）のポテンシャルエネルギーは負である，と云うこと同じことである。あるいは，引力場の重力エネルギー密

な飛行体が現れ，上空に10分間程滞空し，その後超高速度で移動し消失した事件があった。空港に居た多数の人々がこれを目撃していた。翌日，現地の新聞である北海道新聞（発行部数は150万部）がこれを取り上げ，次のコメントがあったことを記憶している。

コメントの主は，当時駐英公使であった外務省の黄田氏であった。彼のコメントは次のようであった。「ヨーロッパの各国には，空飛ぶ未知の飛行体が多数出現しており，各国の政府機関は精力的にこの問題を調査している。多分日本でも同じ現象が起こっているだろうから，本腰をいれて調査すべきである」，と。当時の記事には，UFOの写真も掲載されていたように記憶しているが，これは確実な記憶ではない。

黄田氏は，後に外務事務次官となった人物である。海部元総理は，この黄田氏からUFOの知識を得たようである。海部氏は，1990年羽咋市（石川県）で開かれた"宇宙とUFO国際シンポジウム"に，内閣総理大臣名でメッセージを送っている[1]。先進国の首相が，UFO関係のシンポジウムに好意的メッセージを送ったことは前例がない。大きい拍手を送りたい。早坂は大型母船を2度，小型を3度見ており，そして杉山は，小型のUFOを4回程見ている。これが著者らの体験である。

UFOの出現に対して，いわゆる先進諸国の公的機関は，UFOの調査機関を発足させ，多くのデータを得ている。けれども，UFOに関するデータを集めても，UFOの存在を肯定している訳ではない。ここで，宇宙開発を共同で進めている米・ロ両国に限定してUFOの調査の実状を紹介しておく。

なぜUFOのことについて，こんなことまで書くのか。それは，UFOの出現によって，特に米国における反重力研究が開始されたと云う事実があるからである。事実，1954年3月3日〜5日の3日間，ニューヨーク・ヘラルド・トリビューン紙に掲載された記事によると，反重力生成のための研究が米国の総力をあげて開始されるべきことを述べ，そして米国の航空機メーカー，大学の重力研究所，重力研究者など，重力制御の研究にかかわっている機関，人物名を具体的に述べていた。この時点ですでに米国国防総省，特に空軍が重力制御の研究・開発に着手していたことを第8章で具体的に明らかにする。

米国政府は，サイン，グラッジ，ブルーブック，コンドンなどのUFO調査機関を作り，データを集め，その都度UFOの存在を否定して来た。その姿勢は今も変わらない。けれども，米国の情報公開法に基づくデータの公表が行われ，多数のデータが民間人の調査グループに公開されている。一方，ロシアは，1970年頃までUFOを否定していたが，1980年以降，全ソUFO学研究調査センター

[第Ⅱ部論文篇] 第1章
反重力とは夢の中のことか

　重力とは引力であって，重力の概念の中には反引力（反重力）などと云う概念はまったく含まれていない，と云うことは真理であるにもかかわらず，なぜ反重力と云うたわけたテーマを取り上げるのか，と少しばかり偉い学者はそう問うかも知れない。だが，自然は深く，我々がこれまで知っている知識では到底説明できないことが多数存在している。テレビや電話が良い例である。

　100年程以前には電波の存在は誰も知らなかった。無線通信が登場しても，電波が空間を伝播していることは，我々の五感によって直接知ることはできない。だが，極く少数の先駆的研究者が，彼等の想像力と実験によって電磁波の存在を明らかにしたことから，現代の多数の人々がその知識を共有できるようになった。この例は，その時点で大多数の人々が考えられないから，空想と思われるテーマを研究することはたわけた夢の中のことである，とする当時の固定化された思考を完全に打ち砕いた実例である。

　反重力と云うテーマをなぜ研究するのか。基本的には，地球人類の自然に対するあくなき探求心，好奇心に起因している。たとえば，ニュートンによる万有引力の発見以来の知識である物体相互に働く力が引力だけである，と云う主張が真理であるならば，宇宙の全物質は必ず一点に凝集しなければならない。けれども，事実はそうなっていない。現在の宇宙は遥かなる昔，ビッグバンによって生まれたとされているが，この大爆発は引力（重力）だけから説明がつかないではないか，などなど素朴な疑問があるのは当然のことである。

　現代における素朴な疑問の対象となっている存在に，いわゆるUFOがある。御存知のように，UFOの飛び方は慣性の法則に従わない（物体が慣性の法則にのみ従ってるならば，必ずなめらかな曲線に沿って飛ぶ）。また，UFOの運動に電磁気的効果らしき現象を伴う。その他種々の現象を伴うので，多くの人々は，UFOは反重力の生成によって空間を移動しているのではないか，と云う推量をしている。

　UFOは，第2次大戦以後，特に原爆の実験以後各国に出現し，その存在が広く報道されるようになった。著者の一人である早坂自身の体験を紹介しよう。1957年（昭和32年）の夏，北海道における最大の飛行場である千歳空港上空に奇妙

反重力に関する実験的立証として，物理学史上初めて公表された研究である。

第6章では，メビウスの帯を電気回路とした装置を用い，強力な重力場が生成できることを明らかにした実験研究である。メビウスの帯は典型的なトポロジー的形状をしている立体であり，これに電流を流すことによって"ねじれた場"が生成され，強力な重力場が形成される。重力場の実験研究としては，最も斬新な研究である。

第7章においては，電磁場によって引力場を制御し，非化学燃料推進タイプの宇宙船を製作するためのアイディアを3つ紹介する。これらの研究者のいずれもが，日本と米国における宇宙開発の第一線で活躍している業績を持っている。彼らの研究は未だアイディアの段階にあるが，ロケットに取って代えようとする第一線の研究者達の意欲がみえる。

第8章は，現実に用いられている米国のB－2爆撃機（ステルス機）が，強電磁場推進方法を用いていることを明らかにする。さらに，アダムスキー型のUFOで用いられているであろう回転電磁場による航行機の構造を明らかにする。この機器は，日本特許庁より公示されており，その資料にもとづいて説明する。

以上が本文の内容である。第4章では，多くの式が記述されているが，読者諸氏はこれらの数式にとらわれず，要旨を知ってほしい。数式は止むを得ず用いているのであるから，数式にこだわらず読み通してほしい。

引用文献は多数にのぼる。著者らは孫引きすることなく，これらのすべての文献を読んでいるので，引用にはあいまいさがない。重力と反重力の歴史的レビュー，理論的分野およびコメントは主として早坂が担当し，実験と技術的分野は主として杉山が担当したが，文責は早坂にある。

＊1　Y. T. Chen and A. Cook, Gravitational Experiments in the Laboratory, Cambridge University Press, Cambridge, 1993. C. M. Will, The confrontation between gravitation theory and experiment; in General relativity, An Einstein centenary survey (ed. by S. W. Hawking and W. Israel), Cambridge University Press, Cambridge, 1979.
＊2　早坂らの文献[56]が公表されるまで。
＊3　トポロジーの解説は困難であるから，トポロジーと物理との関係についての入門書，倉辻比呂志，トポロジーと物理，丸善，1995を参照して頂きたい。ただ，概念的にトポロジーとはどんな学問かと云うならば，さまざまな幾何学図形や，さまざまな事象が起きている場の共通な性質や構造を研究する数学である，と云える。

以下で，多忙な読者諸氏のために各章の要旨を述べる。

　まず第1章では，なぜ反重力の研究をするのか，その理由を明らかにする。第1の理由は，自然に対する好奇心から，果して自然界に重力的斥力の存在が考えられるのかどうか，と云う観点から反重力を研究する理由を述べる。第2の理由として，宇宙探査のための手段としての反重力を探求することと，ETIとの直接交流を可能にするための手段として推進技術を開発する，と云うことを述べている。

　第2章では，まず重力の定義をし，その上で反重力とはどんな力であるのかを重力質量や加速度の観点から定義する。結論として，反重力とは重力的斥力のことであること，反物質（物質を構成している素粒子の電荷が通常のそれと逆の電荷を持っている物質）は反重力を生み出さないことを述べている。最近の理論的研究によると，重力的質量が負になることも考えられるので，負の重力的質量と通常の物質との間では，純粋の反重力が生ずることも明らかにする。他方，加速度の観点からみると，たとえば電磁場は擬似的反重力を生起させることを述べる。

　第3章では，重力研究の三巨人，カント（哲学者・科学者）の万有斥力の研究，アブラハム（アインシュタインと同時代の重力研究者）の重力的斥力の研究，そしてアインシュタインの重力的斥力（宇宙項の導入，質量の正・負の問題）を，それぞれの彼らの論文にもとづいて紹介する。さらにカントが，この太陽系内に存在しているであろうETIについて推論していることをも紹介する。

　第4章においては，巨視的物体の回転運動によって生成される反重力の理論，すなわち，その4次元角運動量のトポロジー不変性（位相幾何学的不変性）から左と右の回転における重力の大きさの違いが生ずること，そして右回転によって反重力が生成されることを理論の観点から明らかにする。次に，素粒子が持っているスピンを電磁場によって制御することによって，素粒子の重力的質量が負になる可能性を明らかにした研究を紹介する。これらの研究は，いずれもトポロジー（位相幾何学）の観点からの重力理論である。これらのトポロジー重力理論は，時空多様体を湾曲（時・空の曲がり具合）の立場からだけ考えるのではなく，"ねじれた場"として重力場を考察しなければならないことを明らかにしている。

　第5章においては，巨視的回転体を用いて鉛直軸のまわりの左と右の回転で生ずる重量変化，および落下加速度の測定実験について述べる。実験結果から，左回転は事実上地球の局所的重力を変化させないが，右回転は局所的な反重力を生む，と云うことを主張している。この実験研究は，第4章で述べた回転体の4次元角運動量に関するトポロジカルな考察にもとづいた実験である。この研究は，

はじめに

　"反重力の科学と技術"と云うタイトルの本を書くように徳間書店から依頼されてから今日まで6年近く経過した。けれども，このような本を書くことには困難さがあった。その理由は，反重力（重力的斥力）に関する論文がオーソドックスな学術専門誌にはほとんど掲載されていないことである。このことは，ニュートンによる万有引力の発見以来，質量−質量間の相互作用力は互いに引き合う力であって，斥け合う力は自然界には存在しないと考えられたことに起因している。したがって，重力と云えば引力のことであり，重力理論に関する莫大な発表論文のほとんど全部が引力に関する論文であった。

　さらに，重力に関する実験論文も引力に関するもののみであって[*1]，重力的斥力（反重力）に関する実験は，1989年まで皆無であった[*2]。それで，重力とは引力である，と云う考えはあたかも数学上の公理に相当し，重力的斥力に関することを論ずる研究者は，公理に反する者とみなされて来た。このような状況が，反重力（重力的斥力）についての本を世に出すことの困難さの原因であった。しかしながら，量子重力理論やトポロジー[*3]（位相幾何学）重力理論の発展は，重力的斥力の存在を明らかにした。その上，いわゆる UFO（Unidentified Flying Object）は，慣性の法則に従わない運動をし，かつ電磁気的現象を伴っていることなどが判明し，ETI（Extra-Terrestrial Intelligence，地球外知的生命体）の存在すら否定できない状況になって来た。

　一方，化学燃料を用いたロケット推進による宇宙探査が開始されたが，この推進方式によってカバーできる空間の広がりは極めて限定されている。それ故に，化学燃料を燃焼させ，その反作用で推進する方式から脱した，新しい推進方式を開発しなければならない段階に来ている。このような状況から，重力そのものを制御する方式として，反重力の基礎研究，反重力生成の技術開発の必要性が要望されはじめている。

　化学燃料を用いた推進原理にもとづいて宇宙開発を進めて来た米国においては，すでに1954年頃から電磁場を用いた重力制御による推進技術の開発に秘かに着手していた。ロケットの技術開発に多大な業績を持っている NASA のボス達も，最近，電磁場依存の重力制御推進技術の研究論文を発表している。こうした状況になっている現在，著者らは，我々が知り得た反重力に関する知見を日本の人々に広く知って貰う必要性を強く感じている。それで，我々の浅学さにもかかわらず，今回"反重力の科学と技術"と云うタイトルで執筆することにした。

Contents

065 　はじめに
068 　［第Ⅱ部論文篇］第1章　反重力とは夢の中のことか
073 　［第Ⅱ部論文篇］第2章　反重力の定義と反重力生成の条件
079 　［第Ⅱ部論文篇］第3章　重力研究における三巨人の反重力論
087 　［第Ⅱ部論文篇］第4章　回転およびスピンに関するトポロジー重力理論と反重力
111 　［第Ⅱ部論文篇］第5章　回転による反重力発生実験
127 　［第Ⅱ部論文篇］第6章　メビウス回路による重力発生実験
133 　［第Ⅱ部論文篇］第7章　電磁場による空間推進のアイディア
145 　［第Ⅱ部論文篇］第8章　電磁場を用いた空間推進機
156 　あとがき
160 　参照文献

第Ⅱ部論文篇

反重力の科学と技術

早坂秀雄
杉山敏樹

(29) T.J. Quinn and A. Picard, Nature, 343, p.p. 732-735, 1990.
(30) H. Hayasaka, T. Hashida, H. Tanaka and T. Sugiyama, "Completely Asymmetric Gravitational Acceleration Depending on Spinning Directions of Falling Gyro", 2003 to be published.
(31) I.M. Shakhparonov, "Kozyrev-Dirac Emanation Methods of Detecting and Interaction with Matter", Proc. of Inter. Conf. on New Ideas in Natural Sciences, (held by the Russian Academy of Sciences), St.Petersburg, Russia, 1996.
(32) A.E. Akimov and G.I. Shipov, "Torsion Fields and Their Experimental Manifestations", Proc. of Inter. Conf. on New Ideas in Natural Sciences, (held by the Russian Academy of Sciences), St.Petersburg, Russia, 1996.
(33) V.G. Bashtovoy, B.M. Berkovsky and A.N. Vislovich, "Introduction to Thermomechanics of Magnetic Fluids.", Springer Verlag, New York, 1998.
(34) W.Z. Heisenberg, Phys., 92, 619, 1928.
(35) C. Herring and C. Kittel, Phys. Rev., 81, 869, 1951.
(36) 広瀬隆，"燃料電池が世界を変える"，NHK出版，東京，2001．
(37) E. Laszlo, "The Whispering Pond", 日本教文社，東京，1999．
(38) L. Gazdag, "Superfluid mediums, vaccum spaces", Speculations in Science and Technology, 12, 1, 1989.
(39) L. Gazdag, "Combining of the gravitational and electromagnetic fields", Speculations in Science and Technology, 16, 1, 1993.
(40) P.C.W. Davies, S.A. Fulling and W.G. Unruh, "Energy-momentum tensor near an evaporating black hole", Phys. Rev., D13, p.p. 2720-2723, 1976.
(41) B. Haisch, A. Rueda and H.E. Puthoff, "Inertia as a zero-point field Lorentz force", Phys. Rev. A., 2, 1994.
(42) A.E. Akimov and G.I. Shipov, "Torsion Fields and Their Experimental Manifestations", Proc. of Inter. Conf. on New Ideas in Natural Sciences, (held by the Russian Academy of Sciences), St.Petersburg, Russia, 1996.
(43) R. Penrose and W. Rindler, "Spinors and space-time", Vol. 1; Two-spinor calculus and relativistic fields, Cambridge University Press, 1984.
(44) R. Penrose and W. Rindler, "Spinors and space-time", Vol. 2; Spinor and twistor methods in space-time geometry, Cambridge University Press, 1986.
(45) 朝日新聞，2004年1.16，2005年1.15，朝日新聞社．
(46) 西澤，上堅，"人類は80年で滅亡する"，東洋経済新報社，2000．

(1786)"，カント全集第 10 巻，理想社，1966.
(12) M. Abraham, Zur Theorie der Gravitation, Phys.Z.13, p.p. 1-4, Phys.Z.13, p.p. 793-794, 1912.
(13) B.S. DeWitt, "Dynamical Theory of Groups and Fields", Gordon and Breach, New York, 1965.
(14) C.W. Misner, K.S. Thorne and J.A. Wheeler, "Gravitation", W.H. Freeman, San Francisco, 1973.
(15) G.W. Gibbons and S.W. Hawking, "Action integrals and partition functions in quantum gravity", Phys. Rev., D15, p.p. 2752-2756, 1977.
(16) S.J. Avis and C.J. Isham, "Vacuum solutions for a twisted scalar field", Proc. R. Soc. London, A.363, p.p. 581-596, 1978.
(17) W.G. Unruh, "Second quantization in the Kerr metric", Phys. Rev., D10, p.p. 3194-3205, 1974.
(18) B.S. DeWitt, "Relativity", Proc. of the Relativity Conference in the Midwest, (edited by M. Carmeli, S.I. Fickler and L. Witten), Plenum Press, New York, 1970.
(19) C.J. Isham, Proc. R. Soc. London, A362, 383, 1978.
(20) D.M. Capper and M.J. Duff, Nuovo Cimento, 23A, 173, 1974.
(21) S. Deser, M.J. Duff and C.J. Isham, Nucl. phys., B111, 467, 1976.
(22) S.M. Christiensen and S.A. Fulling, Phys. Rev., D15, 2088, 1977.
(23) T. Kimura, Prog. Theor. Phys., 42, 1191, 1969.
(24) S. Deser, "Equivalence principle violation, antigravity and anyons induced by gravitational Chern-Simons couplings", Classical and Quantum Grav., 9, p.p. 61-72, 1992.
(25) H. Hayasaka, "Parity Breaking of Gravity and Generation of Antigravity due to the de Rham Cohomology Effect on an Object's Spinning", Selected Papers of 3rd Intern. Conf. "Problems of Space, Time, Gravitation", (held by The Russian Academy of Sciences) May 22-27, 1994, St.Petersburg, Politechnika, St.Petersburg, 1995.
(26) G. de Rham, Variétés différentiables, Hermann, Paris, 1960.
(27) M.B. Mensky, "Group of Paths, Observation, Field and Elementary Particle", Nauka, Moscow, 1983.
(28) J.E. Faller, W.J. Hollander, P.G. Nelson and M.P. McHugh, Phys. Rev. Letters, 64, p.p. 825-826, 1990.

参照文献

(1) 早坂, 杉山, "反重力はやはり存在した", 徳間書店, 東京, 1998.

(2) H. Hayasaka, "Parity Breaking of Gravity and Generation of Antigravity due to the de Rham Cohomology Effect on an Object's Spinning", in Selected Papers of 3rd International Conference "Problems of Space, Time, Gravitation", (held by The Russian Academy of Science) May, 22-27, 1994, St.Petersburg, Politechnika, St.Petersburg, 1995.

(3) H. Hayasaka and S. Takeuchi, "Anomalous Weight Reduction on a Gyroscope's Right Rotations around the Vertical Axis on the Earth", Phys. Rev. Letters, 63, p.p. 2701-2704, 1989.

(4) H. Hayasaka, H. Tanaka, T. Hashida, T. Chubachi and T. Sugiyama, "Possibility for the Existence of Anti-Gravity and the Complete Parity Breaking of Gyro", Proc. of Inter. Conf. on New Ideas in Natural Sciences, (held by the Russian Academy of Sciences), St.Petersburg Russia, 1996.

(5) H. Hayasaka, H. Tanaka, T. Hashida, T. Chubachi and T. Sugiyama, "Possibility for the Existence of Anti-gravity: Evidence from a free-fall experiment using a spinning gyro", Speculations in Science and Technology, 20, p.p. 173-181, 1997.

(6) Y. Minami, "Spacefaring to the Farthest Shores-Theory and Technology of a Space Drive Propulsion System", J. of the British Interplanetary Society, 50(7), p.p. 263-276, 1997.

(7) H. Hayasaka and Y. Minami, "Repulsive Force Generation due to Topological Effect of Circulating Magnetic Fluids", Space Technology and Applications International Forum-1999, p.p. 1040-1050, (edited by S. El-Genk), The American Institute of Physics, 1999.

(8) A.C. Holt, "Prospects for a Breakthrough in Field Dependent Propulsion", AIAA 80-1233, AIAA/SAE/ASME 16th Joint Propulsion Conference, Hartford, Connecticut, 1980.

(9) H.D. Froning, Jr. and T.W. Barrett, "Inertia Reduction and Possibly Impulsion by Conditioning Electromagnetic Fields", AIAA 97-3170, 33rd AIAA/ASME/SAE/ASEE Joint Propulsion Conference and Exhibit, Seattle, 1997.

(10) I. Kant, "天界の一般自然史と理論 (1755)", カント全集第10巻, 理想社, 1966.

(11) I. Kant, "自然科学の形而上学的原理 第2章 動力学の形而上学的原理

て日本電気の南善成の各氏に深く感謝する。また，この研究を支持して下さった東北大学の高橋秀明氏（故人），中鉢憲賢氏，佐々木峻平氏に感謝申し上げる。さらに，反重力の立証のために，ジャイロスコープおよび落下実験塔の製作に協力してくれた多摩川精機および真壁技研の皆さんにお礼申し上げる。そして，反重力の著書の出版を促進してくれた徳間書店の石井健資氏に感謝したい。

あとがき

　本書では，現有する飛翔体の推進物理をレビューし，燃料を用いない宇宙船はどんな方式のものかを提示した。反重力推進方式の宇宙船は，真空エーテルの顕在化したスピンの波のエネルギーを生成し，循環のトポロジー効果によって反重力を生み出し，引力場から脱出し，さらに真空エーテル場を励起し，そのポテンシャル差によって無重力空間を航行する。そこには慣性力の問題はなく，従って生体に及ぼす問題はない。反重力発生のための主なる技術はすでに公表してある。現にボーイング社は，反重力推進方式の飛翔体の基礎研究に着手した様子である。

　我々人類が置かれている環境は，我々自身が作った環境である。それは，すでに人類が生存できない程汚染させてしまった。この状況は，自ら浄化できない。我々ホモ・サピエンスなる種は，他の多くの種を絶滅させて，かろうじてこの天体で生存している。ガイアをそこまで汚染させてしまった。

　ガイアと云う天体は，この宇宙の内でホモ・サピエンスだけを存続させる義務はない。我々ホモ・サピエンスは，この冷厳な事実を直視しなければならない。我々に一つの種として，この天体ガイアでの存続の意識を持っているならば，ガイアの意識に基本的に従わねばならない。幸いにも，この宇宙船を建造する時間は50年程残されている。この歳月を反重力推進方式の宇宙船建造のために使おうではないか。もとより，この年月の間，我々はこのガイアで存続するために出来るだけの努力はしなければならないが。

　他の天体への移住は，正に引くのも涙，出るのも涙ではあるが，自ら播いた種は自ら刈らねばならぬ。これが因果応報と云うことだ。我々，ホモ・サピエンスがどのようにもがこうとも，動かし難い自然の摂理あるいはガイアの摂理に従わざるを得ない。

　我々，ホモ・サピエンスが宇宙空間に旅立つならば，他の天体の高度知的生命体とも出合うことになるはずだ。我々の心が常に平和で友好的な精神に保たれていれば，彼らとも友好関係を作ることができよう。もっとも，知的生命体のすべてが，我々と友好的関係を結ぶことができる存在でないことには，十分注意しなければならない。我々は，もっと多くの知的生命体の考え方を学ばなければならない。この時，我々ホモ・サピエンスの運命も好転するであろう。我々は，このことを信じて行動しようではないか。

　本書を公にするに当り，常識を破る反重力の存在について共同研究者であった東北大学の竹内栄，橋田俊之，田中治雄，中鉢篤志，松下通信の杉山敏樹，そし

この事実を事実として認め，来たるべき必然に対応するにはどうすればよいか。我々が取りうる方策は唯一つであるとすれば，その道に沿った方策を取らねばならない。我々が生物の種として存続を望むならば，反重力の推進方式による宇宙船を建造しなければならない。正に新しい天地を探し求める活動を開始せねばならない。

　他国に自分達の運命を任せることはできない。自己の存続は，己がやらねばならない。反重力の推進方式による宇宙船の原理，反重力の発生および推進物理は，すでに我々日本人によって知られている。

　そこで提案したい。まず，この宇宙船のモデルを製作し，反重力によって宇宙船のモデルが浮上するかどうかについて実験を行い，ステップを順次踏んで有人航行のテストに到達したい。このことをここで提案する。云うまでもなく，この方式の宇宙船は，宇宙空間での航行ばかりでなく，重力制御に関連する多目的な問題の解決に役立つだろう。

追記　2007年5月に報告されたIPCC（気候変動に関する政府間パネル）の報告
　　　では，CO_2ガスの年間総排出量は430億トンである。

になってしまう。メタンハイドレートは低温で高水圧のもとではゼリー状のクラスレートとして埋積層内に蓄積される。

地球上で蓄積されているメタンハイドレートの埋蔵量は、天文学的な10兆トンにもなる。この量は、あらゆる化石燃料の総量の倍に相当する。新しいエネルギー源としてメタンハイドレートへの期待が高まっているが、メタンハイドレートが圧力や温度の変化に極めて敏感であるので、その取扱いは極めて危険な特質であることだ。メタンハイドレートが大気中にメタンとして放出されると、温室ガスとしてCO_2の44倍の働きをもっている。メタンガスとCO_2ガスは、悪魔のサイクルを形成する。CO_2ガスの温暖化が間接的であるとは云え、メタンハイドレートの崩壊を招くとすれば、人類は非常に深刻な危機を迎えることになる。

CO_2による人類および地球上の生物への影響がどの位になっているかは、およそ判ったと思う。これを解決する方法があるのか否かが大問題である。この問題の解決策はあるのだが、ないとも云える。なぜならば、CO_2の問題が日本一国だけの問題ではないからだ。各国が他国のCO_2ガス削減とクリーンエネルギー政策をあてにすることをせず、わが国自身が直ちに手が着けられることからCO_2ガスの削減に着手すべきである。しかしながら、CO_2の削減は、工業界だけの努力によってできるものではなく、国民全体の協力、特にCO_2削減のための意識の変革が最も大切である。現在のように、各家庭で自動車を2台も3台も保有しているようでは、CO_2ガスの排出削減は到底できない。日本だけで自動車保有台数は8000万台であると聞いている。そして、日本の自動車生産台数は、一社だけでも800万台にもなると云う。この状況は、多分改善されないであろう。米国はもちろんのこと、これから工業先進国並みになろうとしている中国は、自動車の保有台数を急速に増加させるであろう。確かに中国の総人口数は13億を超えるであろうが、中国以外も同様である。

このことに対する国際的取り組みは、国連環境開発会議や京都で開かれた国連気候変動枠組条約京都議定書などによって少しは具体化された。だが、米国のように、CO_2の最大の排出国（総排出量の1/4）が自国のことのみを優先し、他国のことはまったく考慮していない。その上排出枠を国の間で売買できる抜け穴がある。かくして、人の生命維持を不可能とさせる2.5％水準に達するのは、現状の傾向が続くかぎり、長くとも120年以内と推定されている。そこに至るまでに、CO_2障害で苦しみながら人類が死に絶えて行く。これが科学的と云うことで、ガイアに住む人類は真の科学的と云うものがどんな姿なのかを本当に骨身に滲みて体験することになる。その時は、この地上に生存するホモ・サピエンスは、この地球"ガイア"から排除されて別な生物が存続しているだろう。

逆に8%も増加している。ドイツや英国では18%，14%以上のCO_2の削減を達成し，さらに大幅な削減をめざしている。EU全体で8%削減は可能であるとしている。中国はどうか。現在でCO_2ガスの総排出量230億トンのうち，中国の排出量の割合は，12%であるが，中国は猛烈な勢いで工業力を増大させ，それに伴ったCO_2ガスの排出量も急速に増加させている。中国の人口は13億人で，地球の総人口60億人の$13/60 \approx 0.2$，つまり5人に1人が中国人である。石油の消費量も増大し，これは石炭の消費量をも増加させるであろう。ロシアは230億トンの総排出量の6.2%を排出しており，今後，石油資源の国外輸出を急増させる様子である。10億人のインドの排出量は，やはり増加することが見込まれている。

地球の総人口は，およそ60億人，そのうち20%が日米欧などの工業先進国で暮らしており，そして地球の全エネルギーの実に80%を消費している。その一方で，使われているエネルギーが全体のわずか1%にすぎない国が，慢性的な貧困と人口増加にあえいでいる。それがガイアに住む人類の現実である。

次に海に目を転じてみよう。二酸化炭素が現在の排出量に近いペースで増加し，100年後に750 ppm（現在の370 ppmの2倍）に達するとしたシミュレーション予想では，熱塩循環とも呼ばれる深層海流大循環のベルトコンベアーは完全に停止し，大気中の濃度の増加が止っても復元しないと云う。濃度が750 ppmでも増加率が年0.5%以下であれば，熱塩循環は変化が生じても，復元するという。しかし，増加率が年2%以上であると循環は完全に止まるという予測である。

素直にこのシミュレーションをみる限り，CO_2の現在の排出量，230億トンと云う量は，ここで云う閾値をすでに超えたものと云わざるを得ない。2100年までには熱塩循環が停止し，復元不可能となり，海洋は死ぬ。人や他の生物が吐き出すCO_2を吸収してくれていた海洋の死は，人を含めたすべての生物に致命的な影響をもたらす。

水温と塩分の微妙なバランスが深層海流の力強い営みを作り出している。その奇跡のバランスが現在の穏やかな気候をもたらしている。しかしながら，北極海の氷は，過去12年間でおよそ20%にあたる2.4メートルが溶けて薄くなり，氷の下が真水になっているという。このような状況で，我々人類は将来もこの奇跡的安定による恵みを享受して行くことができるであろうか。

大量のCO_2ガスの排出に伴う直接の影響はすでに述べたように，大気中の濃度の増大となり，このことが人の中毒死を招く。人類が1年間に排出するCO_2ガス，230億トンは液体にして30万トンのマンモスタンカーで76000隻分になる。この数字は1億年前の火山活動が活発であった白亜紀の約35倍にもあたる。一度増えたCO_2ガスは有機物質となり，深層海底に落下し，ついにはメタンハイドレート

みられるように，その厚みは極めて薄いオブラートのようなものだ。CO_2 ガスばかりではない。他の有害なガスがこの薄い薄い大気中に放出されている。一旦こうしたガスが放出されると，100％消失するものではない。

では，大気中のCO_2ガスが人に与える影響はどうであろうか。大気中の現在の濃度は370 ppm，つまり大気中のCO_2ガスの濃度は0.037％である。この現在の濃度が増加し，もしも5000 ppm（0.5％）になると，労働衛生上の許容量（1日8時間の労働）に達する。さらに増加し，18000 ppm（1.8％）となると換気を50％に増加する必要がある。2.5％で換気を100％増加させねばならない。CO_2ガスの濃度が3％となったならば，人は生きてはいけない。毎年，人が大気中に放出するCO_2ガスの量から予想すると，3％になるのは何年先かすぐに判るはずである。CO_2ガスによる温暖化よりも遥かに深刻な問題なのだ。このことは，図11において世界の平均気温の平年差と大気中のCO_2の濃度の変化が示す通りである。

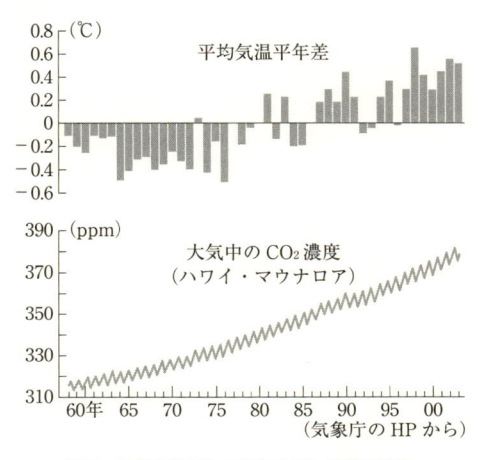

図11 世界の気温と大気中のCO_2濃度の変化

では，CO_2ガスの排出を防ぐ国際的な取り組みをする組織がないのか，そしてその有効性があるのか，この問題について述べてみる。国際的な取り組みをしている組織はある。その具体的姿は京都議定書として現れた（1997年）。けれども，最大の排出国米国は，京都議定書の枠組から抜け出した。自国の産業規模を縮小させることはできない，と云う理由からだ。米国は排出量は，1990年との比で13％も増加させている。日本は1990年比で6％の削除をしなければならないが，

[第Ⅰ部論文篇] 第5章
近未来のガイアと反重力推進方式の宇宙船の建造

　「まえがき」で，化学燃料を用いない反重力推進方式の宇宙船を建造し，この地球から脱出しなければならない時が目前に近づいていることを述べた。この記述は約5年前のデータから予想されたことにもとづいている。

　極く最近，2004年に出された報告書（東大，国立環境研究所，海洋研究開発機構による共同報告書）によると，5年前の予想はもっと確実になって来ている。ここでは，最新の報告書に述べられていることを中心に，今後の予測を述べてみる。この章の記述は，主として朝日新聞の記事[45]と西澤（元東北大学学長）・上墅（衆議院特別スタッフ）の著書[46]によっている。

　この報告書によれば，「経済重視」のシナリオで行けば，21世紀末には，地球の平均気温は4℃上昇し降水量は6.4％増え，「環境重視」でも3℃上昇，降水量は5.2％増える，と云う結果が出た。気温上昇は北半球の高緯度地方が著しく，「経済重視」であると，10℃も上昇する地域も生ずる。南半球では南極の氷の存在によって気温上昇は遅れる。

　目立つのは日本の夏の降水量である。「経済重視」では19％，「環境重視」シナリオでは17％増える。このことは，たとえば梅雨前線は北上しにくくなって，日本の南岸に停滞し，7月末まで梅雨が続くことになる。台風などは，ひとたび発生すると勢力は強くなり，最大風速が45～65メートル/秒が増えることになる。

　二酸化炭素CO_2濃度が増えれば温暖化するのは昔から云われており，温暖化を疑う人はいない。過去100年の温度上昇は二酸化炭素CO_2の人為的増加がないと説明がつかない。自然変動ならば，上下にふれる。年ごとの温度変動が1980年以降，かなり単調な増加になり，温室効果ガスの影響がかなりはっきりと出て来た。今年2007年，IPCC（気候変動に関する政府間パネル）の予想では，100年後では地球の平均気温上昇は最大で6.4℃となってしまう。北極の海は50年後には氷が消失してしまう。

　要するに，昨年の異常気象は異常ではなく，普通になると云うのだ。考えてもみよ，人の活動によって毎年230億トンのCO_2ガスを大気中に放出しているのだ。大気の存在している体積は，事実上，地表面上の約120kmの厚さしかないのだ。120kmとは地球の半径，6370kmのほんのわずかな厚みしかない。人工衛星から

た対称的な振動を起し，真空は長軸方向のスピン分極に沿ったフィトンの振動によって特徴づけられる状態になる。これが重力場（引力場）だと解釈される。このように重力場は，分極点で生ずる真空の補償作用の結果生じた状態であるとされる。この考え方は，サハロフが最初に導入した概念である。もしも重力場が長軸方向の波によって特徴づけられるとすれば，それは観測の網にひっかからないことになる。これは現実の観測や実験もこの予想と一致している。

　ペンローズ[43][44]によれば，真空の方程式は，スピノルの形式で表現できる。それによって得られる非線形スピノル方程式の系では，電荷の有無を含めて量子や古典的粒子を記述できる。こうして我々は真空の中に電荷や質量ばかりかスピンをもはめ込むことができる。攪乱のスピンと同じ方向に配向しているフィトンは配向を保つが，反対方向に配向しているフィトンは逆転し，真空のその領域は逆スピン分極に移る。これがフルミオンが凝縮したものとみなされるスピン場になる。

　このような考え方から，ロシアの物理学者達は，真空を各種の分極状態を持つことができる物理的実在だと考えている。電荷の分極が生ずれば，真空は電磁場となって出現する。物質の分極が生じれば，重力場となる。スピンの分極が生じれば，真空はスピン場として姿を現す。この理論にしたがえば，物理学で知られているすべての基本的な場は，真空の特定の分極状態に対応していることになる。

　以上のことは，ロシアの現代物理学の最先端の考え方であるが，それにしても，量子論のすべての現象に共通している定数，作用の次元をもつ，"プランク定数 h" の存在理由は未だ判っていない。この h が真空の真の姿を反映しているであろうが，なぜこの定数が量子論のすべての単位であるのか。このことは上のロシア人の学者達もそこまでは到達していない。多分，もう一段かそれよりももっと下部の階層の研究，たとえば超弦理論によって h の存在が明らかにされるのではないか，そのように思われる。もしも，プランク定数の存在の意味が判れば，本当に量子真空の像が理解されるのであるが。

生し，また受け取っているので，互いの存在を知らされているのは，素粒子ばかりでなく，人も含まれる。我々の脳もまた，"ねじれ波のトランシーバアー"なのである。

　彼らの理論によれば，宇宙はアインシュタインの相対性理論が唱えるよりも遥かに深く相互結合している。空間的に分離した事象が完全に同時に相互結合してはいないものの，信号速度が光速度よりも速ければ，宇宙空間内の任意2地点を結合させる相互作用の円錐はより口の大きいものになる。こう考えると，光速度で伝えられる情報では結合できなかったはずの広大な領域にわたって，なぜ宇宙の構造が一様に近いものかを説明できる。

　信号が光速度より速く伝わるかどうかは，実験によって検証されねばならない。ロシアでのねじれ場真空理論では，この検証も可能である。彼らは60ギガヘルツで作動する"ねじれ場発生装置"を作っており，近い将来，それを宇宙空間に送り込む計画を立てている。この装置を火星探査衛星に搭載し，火星から地球に向ってねじれ波を送信することになっており，もしも光と同時に発射されると，"ねじれ波"の方が光よりも5分以上も早く地球に到達するはずである。

　こうしたロシアでの研究は，カルタンの理論に基づいている。カルタンは，20世紀の初めに角運動量密度が生成する場について考察した。この考え方はその後，ミシュキンとベレイエフをはじめ多くのロシアの物理学者がそれぞれ独自の精密化を試みている。彼らは，永続するねじれ場が自然に出現することを発見したと主張している。アキモフのグループは，量子真空が普遍的なねじれ波を伝える媒質だと考えている。このねじれ場は，その物質成分を含めて全空間を満していると考えられている。この場は，攪乱されていない状態では観測できないと云う一種の量子構造を持っている。しかし，真空の対称性が破られると，それまでとは異なった，原則として観測可能な状態が生成される。

　アキモフらのねじれ場理論[42]は，「ディラックの海」という電子と陽電子の元来のモデルを修正した形をもっている。ここで，真空とは，電子と陽電子の回転する波動バスケットでできた系とみなされる。この波動バスケットが対になって埋め込まれたところでは，真空は電気的に中性になる。もし埋め込まれたバスケットのスピンが反対の符号を持っているのなら，この系は電荷だけでなく，古典的な意味でのスピンも磁気モーメントも打ち消し合った状態にある。こうした系を"フィトン"と名付ける。そしてフィトンが密に集まった集合体を考えれば，物理的真空場を単純化したモデルに近似させることができると云われている。

　フィトンのスピンが打ち消し合っている時，集合体のなかの配向は自由である。質量mが攪乱要因となると，フィトンはその攪乱方向によって決まる軸に沿っ

称性が破られるのではないかと彼らは考えた。デイヴィス・ウンルー効果は物理的測定器では測定できない程小さいが、彼らの研究がきっかけとなって、物理学者は真空内で加速されると、その効果も大きくなるかどうかを研究するようになった。そして慣性力も真空内の相互作用によってもたらされる可能性のあることが明らかになっている。

ハイシュ、ルエダ、パソフ[41]は、慣性が真空にもとづくローレンツ力である可能性を数学的に示した。この力の起源は素粒子以下の水準にあり、物体の加速に対する抵抗力となる。このような抵抗力は慣性の本質であり、物体が加速された時に真空の仮想粒子気体の"ねじれ"から生ずる一種の電磁気的抵抗とみなされる。

慣性だけではなく、質量そのものも、真空との相互作用の産物と考えられる。ハイシュらの考え方が正しければ、質量と云う概念は物理学にとって根源的ではない。質量のない真空の場を構成するボゾンが、既に知られているエネルギーの閾値を超えて電磁場と相互作用すると、そのとき実質的に質量が生成される。もしも質量が真空との相互作用によって生れるならば、質量と結びついた力もまたそこから生れることになる。これが重力と云われる力の根源である、と云わねばならない。

古典物理学では、重力は形而上学的な遠隔作用とされ、一般相対性理論では時空の幾何学によって媒介されるものである。遠隔作用は許容できる考え方ではないし、幾何学的構造がどのようにして場を生成し、重力を伝達できるかは、アインシュタイン自身が云ったように、エーテルのような時空媒体を考えないとまったく説明がつかない。

ロシアの物理学者のグループの仕事は特に興味深いものがある。すなわち、アキモフ、シポフ[42]らのグループが高度な物理的真空の理論を構築している。彼らの構築しようとしている研究では、観測可能な巨視的な水準の物体と真空との相互作用が、実在の本質を理解するにあたって包括的かつ根本的なものであることが示されている。

ロシアの「物理的真空のねじれ場理論」が主張する内容は根源的なものだ。この主張は、1994年、ロシア科学アカデミー創立200年を祝った"時間、空間、重力についての国際会議"において発表された。この理論の要点は、素粒子から銀河までのあらゆる物体は真空内に渦を形成する、と云うことである。それらによって形成された渦は情報を持っており、多数の物理事象を即時的に結びつけている。こうした"ねじれ波"の群速度は、光速度の10^9倍—光速度の10億倍—になると云う。物理的な物体ばかりでなく、我々の脳の神経細胞も"ねじれ波"を発

しか過ぎなかった。1960年頃までは，多くの物理学者の考えにはエーテルの概念はのぼらなかった。一般相対性理論がアインシュタインによって云い出されたのは，1915年であり，この時はエーテル概念はなかった。もっとも，1912年アブラハムは斥力場を担う場としての真空を考えていた。その後，1960年までは多くの学者はアインシュタインの単なる時空連続体の概念に疑念を持ちながら，アインシュタインの意見に同意して来た。

ゼロ点場が莫大なエネルギー密度を持っているにもかかわらず，それが通常では測定にひっかからないのはなぜか。こうしたバーチャルエネルギーはまったく観測不可能であろうか。ガズダク[38][39]はこの問に対してノーと答える。真空場のエネルギーは，一定の条件は必要であるが，観測可能であり，実際に測定できると答えている。その答はこうである。真空の持つエネルギー場は，一種の超流動体として振舞う，と云うのだ。

ところで超流動体には奇妙な特性がある。たとえば，超冷却状態にされたヘリウムは一切の抵抗や摩擦がなくなり，運動量を失うことなく狭い隙間や毛細管内を動くことができる。逆に，この液体内で運動する物体は，一切の抵抗を受けない。超流動体は超電導体でもある。したがって，超電導体の性質を持つ超流動体は，その中を動く物体や電子にとって存在しないに等しい。

量子真空が，その中を動く粒子にとって一種の超流動体であると仮定しよう。そう仮定すると，我々とその世界を取り囲んでいるエネルギーの海といったものなどは存在しないと信じても無理はないかもしれない。しかし，この真空はいつでも摩擦のない超流動体として振舞い続ける訳ではない。実際，長年間超流動体ヘリウムを研究して来たロシアの物理学者カピッツァが指摘しているように，そうした媒質内で摩擦を起こさずに運動するのは，準一様運動をしている物体だけである。物体が加速されると，媒質内に形成された渦が抵抗を生じ，古典的な相互作用の影響が表に現れる。

ガズダクが行ったアインシュタインの相対性理論についての再解釈によれば，アインシュタインの有名な公式は超流動体真空内のボゾンの流れを記述している。光や物質粒子が一様に運動するとき，時空はユークリッド幾何学で記述できる。物質粒子が加速されると，真空はその動きと相互作用する。この効果によって，時空はわん曲しているように見えることになる。

こうした革新的な仮定の根底にある基本概念が確かめられつつある。デイヴィス，フーリング，ウンルー[40]が提唱した仮説が追究されている。彼らは真空内の等速運動と加速度運動との違いにもとづいて議論を展開している。等速運動では真空スペクトルが等方性を示すが，加速度運動では熱放射が生じ，その方向の対

[第Ⅰ部論文篇] 第4章

量子真空場の新しい概念

　量子真空場については，1960年以後，量子重力場理論が発展させられた時から知られていることは，すでに述べた。しかし，その理論の研究対象となっている量子真空とは何んであるのか，ここで少しだけ知っていることを述べてみよう。以下の記述は，主としてラズロー[37]に基づく。ラズローの量子真空場に対する見解の大部分は，著者の見解と共通しているところである。特に，ロシアにおけるねじれ場についての見解は同意できるからである。第3章で述べたスピン波のエネルギー擬粒子，マグノン，も同じカテゴリーに含まれる。

　現代の量子物理学において，量子真空とは最低のエネルギー状態と定義されている。これは，普通のエネルギー状態ではなく，ゼロ点が出現する状態である。このゼロ点場とは，電磁気力，重力，核力の真の源と考えられるエネルギー場である。

　ゼロ点場のエネルギーの定義によると，宇宙にはほとんど無限のエネルギーの海があると考えられている。たとえば，ディラックによれば陽エネルギー状態を持ったすべての粒子には，それに対応する負のエネルギーを持った粒子が存在している。（つまり，反粒子のことである）。ディラックの海を構成している粒子は通常は観測できないが，10^{27} erg/cm^3 以上のエネルギーで励起すると，陽のエネルギーを持つ実在の状態にすることができる。このことは，云わゆる対生成として知られている。観測可能な宇宙は，いわばこの海の表面に浮んでいるようなものである。

　真空ゼロ点場の性質はどんなものか。常識的には，ゼロ点場は等質であり，等方的である，と考えるのが自然であるだろう。もう1つの考え方としては，真空は常に"量子的ゆらぎ"を示す場としても解釈される。つまり，泡が非等方的に沸騰している状態にあると考える。ここでは後者の立場に立って量子真空を考える。

　場そのものが構造を持っているという考え方は，物理学にとって目新しいものではない。アインシュタインの重力理論でも構造化された一つの場，時空連続体，を仮定している。この場は，現実の物質世界と相互作用はするが，アインシュタイン自身の解釈では独自の実体は持っていない。つまり単なる幾何学的な枠組に

の周辺空間における分布を調査しなければならない。このことは，宇宙船の周辺にある物体との衝突を防ぐために必要なことである。

　我々の反重力推進方式の宇宙船は，化学燃料を燃焼させることなく推進する宇宙船として初めてのものである。もっと進んだ技術があるはずである。たとえば，人体と船の構成物質を同時に瞬間テレポーテイションができるようになれば，理想的である。人体および物質の再構成は，この逆の過程である。こうした超技術を手に入れる努力が必要である。けれども超高度な技術を手に入れる前に，人体の真の理解と宇宙の時空の構造の真の理解など，まさに真理の理解が深まることが必要とされる。言い替えれば，我々の精神レベルを高みに上げる努力が最も大切なことである。それには非常に長い年月を要すると思われる。我々ホモ・サピエンスがこの長い年月に生存できればの話である。

発音や排気ガスを生じることがないので、エコロジカルな要素を有している。大気中を超音速で飛行する場合、飛翔体周辺の大気も等しく加速するので、空気加熱と衝突波が軽減される。ただし、イオン化した空気粒子のプラズマが飛翔体周辺を覆うことになる。

3.8 反重力推進方式の宇宙船についての付言すべき諸点

　このタイプの宇宙船の推進には、化学燃料をまったく必要としないことは最大の利点である。したがって、宇宙空間の長距離を航行できる。しかしながら、弱い磁場を用いるから、当然それに対応した電源が必要とされる。この電源をどうして確保するのか。この問題は燃料電池の使用によって解決されるであろう。
　具体的には「高分子膜を使う燃料電池」を指す。導電性のある固体の高分子膜を用い、これに触媒を塗っている。この電池が生成する物質は、電子の流れと熱くなった水のみである。別名、陽子交換膜（PEM）型電池[36]と云われる。この電池はもっとも性能がよく、多層にすることによって、高い電圧も得ることができる。電源の問題は、この高分子膜電池によって解決できる。
　無重力空間における人体への影響は殆んどない。なぜならば、宇宙船が云わゆる無重力空間にある場合の推進は、円環パイプの後方部分でマグノンを発生し、その反対部分（船の前方部分）では、マグノンを生成しないか、あるいは後方よりもマグノンを弱く生成している。それで、宇宙船の進行方向の前後では、ポテンシャルの差を人為的に作っており、そしてスピンの崩壊（整列したスピンがランダムな方向に向くこと）の時間は 10^{-6} sec 程度であるので、ほとんどの時間はポテンシャルの差が定常状態になっているとみなすことができるからである。それで船内は局所的定常重力場が作られていることになる。これによって、人体はほとんど定常な重力場内に居住することができる。かくして、無重力空間にあっても、人体は重力的に悪影響は受けない。
　次に宇宙空間内の放射線の問題がある。この宇宙線の空間分布は未調査であるが、宇宙船の防護壁の問題であるから、これは解決可能である。
　地球から遠距離にある場所との間の通信であるが、これには、メビウス回路から発生するねじれ波の手段を用いるとよいだろう。なぜなら、ねじれ波の伝播速度は光速を超えているからである。このことは、第4章において述べる。
　我々の宇宙船は、原子の3d軌道にある電子のスピンを外部磁場によって制御してマグノンを生成している。このように生成されたマグノンのエネルギーが宇宙船の外部空間でどのように分布するのかは、未調査である。それ故に、宇宙船

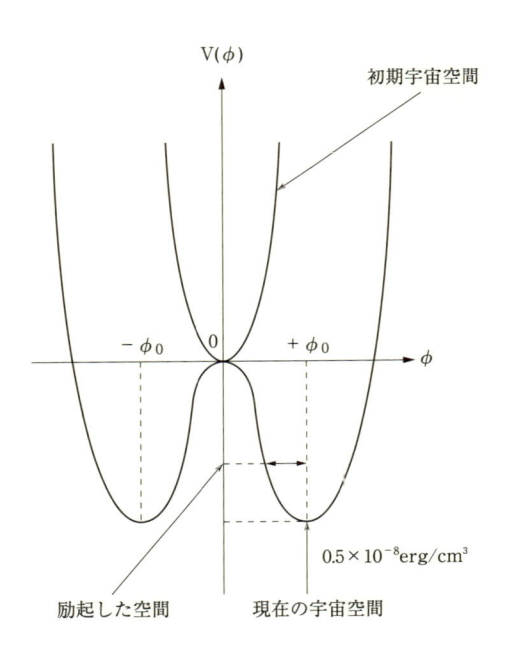

図中ラベル: V(φ), 初期宇宙空間, −φ₀, 0, +φ₀, φ, 0.5×10⁻⁸erg/cm³, 励起した空間, 現在の宇宙空間

図10　マグノンによる真空エーテルの励起

ここで，λは結合係数，G は重力定数，そして c は光速度である。

　上式から，励起した真空の場の加速度は，真空の期待値 ϕ のみに依存し，励起した領域内で常に一定値の加速度を示すので，宇宙船内での潮汐力の作用はない。磁性流体の循環を用いた推進装置は，いずれも低い磁場（100 ガウス程度）で真空である空間を励起し，宇宙船周辺の場から大きな推力を一様に受けられるので，$1\,G$〜$30\,G$ 程度の極めて高い加速度が得られ，かつ理論的到達速度は準光速度になる。

　励起された空間の場からの推力は，宇宙船の機体，搭載した全物質に一様に浸透する体積力なので，慣性力の作用がなく，急発進，急停止，ジグザグ旋回，鋭角旋回，Vターン，Iターンなどの特異な飛行パターンで推進できる。また，宇宙船の周辺空間は，陽のポテンシャル場，すなわち，斥力場となっているから隕石等との衝突を避けることができる。宇宙船を含む領域での加速度は一定であり，潮汐力の作用がない。そして，電磁気的な推進装置なので，内燃機関のような爆

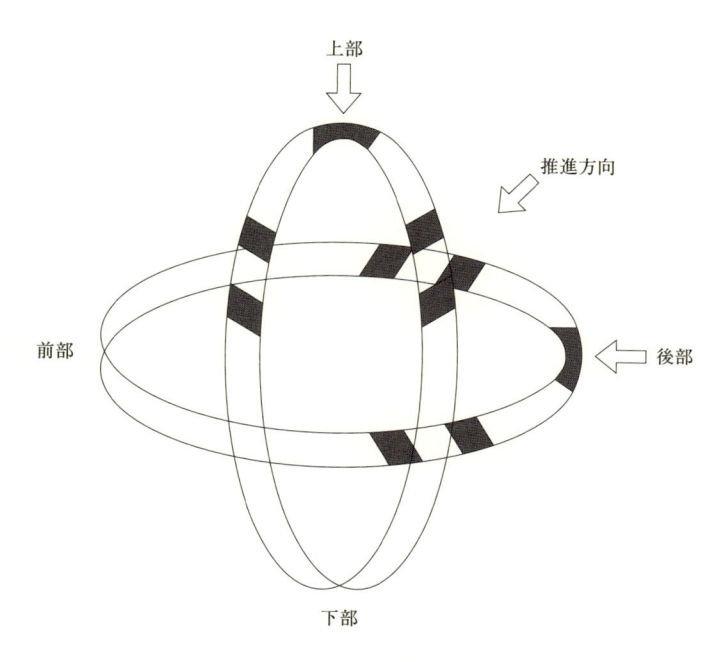

図9 宇宙船の推進方向の制御

の励起作用により真空ポテンシャルを基底状態から持ち上げることに相当する。図10のタテ軸は真空ポテンシャルエネルギー$V(\phi)$を，ヨコ軸は真空の期待値ϕを示す。宇宙初期での宇宙空間の真空ポテンシャルは最小値一点を持つ放物線で示され，現在の宇宙空間の真空ポテンシャルは，2つの極小値をもつ2次曲線で示される。現在の宇宙空間の真空の基底状態は，真空期待値$\phi = \pm\phi_0$の点で$V(\phi) = 0.5 \times 10^{-8}$ erg/cm^{3}とされている。真空を励起するとは，真空の期待値$\phi = \phi_0$での基底状態$V(\phi) = 0.5 \times 10^{-8}$ erg/cm^{3}から真空期待値を外部のトリガーにより，$+\phi_0$から真空のポテンシャルエネルギー$V(\phi)$を少し持ち上げることを意味する。この励起された真空の場，すなわちポジティブのポテンシャルの場で生ずる加速度αは，次式で与えられている，

$$\alpha = \frac{2\pi G\lambda}{3c^2}\phi^4 \cong 1.6 \times 10^{-25}\lambda\phi^4 \ (\text{cm/s}^2),$$

シャルの場が必要とされる。

　円環パイプ自身と円環パイプが生成したポテンシャル勾配の場とを独立な関係にするには，円環パイプのマグノン発生動作をオフにすることが必要である。マグノン発生動作のオフにより空間の励起作用が停止するので，円環パイプ周辺の空間に生成したポテンシャル勾配の場，すなわち励起した空間の場が励起していない平坦な場に戻ることになる。この平坦な空間に戻る遷移状態の間のみ，円環パイプは独立したポテンシャル勾配の場に存在することになり，推進することができる。したがって，この推進モードでは，マグノンのオンオフ作動を高速に繰り返すパルス推進動作となる[6][7]。この推進モードは，宇宙船が天体の近傍に位置する場合でも有効である。なお，磁性流体中の鉄原子の $3d$ スピンの緩和時間は 10^{-5} s 程度であることは，オンオフ制御の場合，留意すべき重要な事項である。

3.6　宇宙船の推進方向制御

　推進方向は，$D_1, D_2, D_3 \cdots\cdots D_{n+1}$ のどの領域でのマグノン発生作用を行うかにより制御する。すなわち，D_1 を中心にその両横の領域にマグノン作用を行えば前進し，D_1 領域と 90° 右側に位置する領域でマグノン発生作用を行えば左方向に推進し，D_1 領域と 180° に位置する前方領域にマグノン発生作用を行えば後方に推進し，また D_1 領域と 90° 右側に位置する領域で同時にマグノン発生作用を行えば，ベクトル合成により左側前方 45° の方向へ推進することになる。すなわち，水平面内の全方向への推進が可能である。

　これまで述べたことは，円環パイプが 1 系統なので，前後左右の平面方向の推進となる。立体的 3 次元の全方向への推進のためには，もう 1 つの円環パイプが必要である。すなわち，図 9 のように，直交する 2 系統の構造により，宇宙船は上下，左右，前後の 3 次元の全方向に推進可能となる。

　次に述べることは重要である。すなわち，円環パイプが自ら生成したポテンシャル勾配の場は，宇宙船の全領域に浸透する体積力なので，宇宙船の全質量，すなわち全原子に一様に作用するため，慣性力の作用を原理的に消去できる。もちろん，人体に作用する慣性力を消去できることは重要なことである。

3.7　マグノン生成と真空の励起

　マグノン発生による陽のポテンシャルとは，真空である宇宙空間をマグノンのエネルギーによって励起させた状態をさす。真空である空間の励起とは外部から

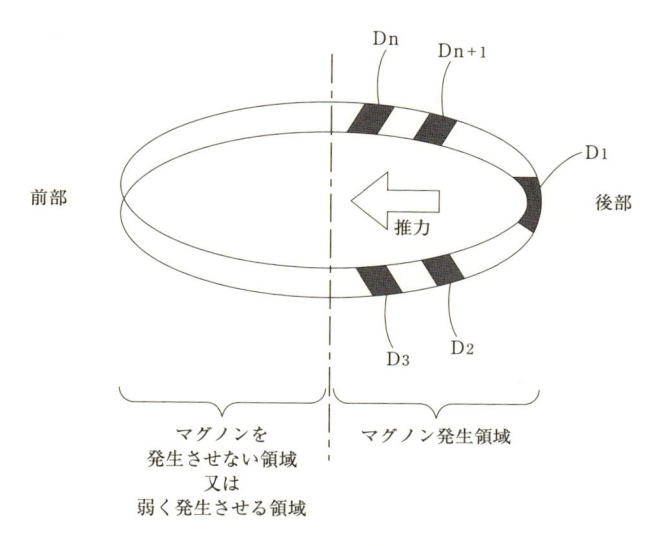

図8 無重力空間における宇宙船の推進モード

　天体の方向を宇宙船の前方とする。円環パイプの後半分の領域にマグノンを発生し，円環パイプの前半分の部分ではマグノンを発生しないか，または弱く発生するように磁場を制御する。このような制御により，円環パイプ後方に生成した陽のポテンシャルと前方のゼロポテンシャルまたは弱い陽のポテンシャルとの間にポテンシャルの勾配を生成する。円環パイプの周辺の空間に生成されたポテンシャル勾配は，力学理論で知られているように力を発生し，この空間からの力は円環パイプに推進力として働き，宇宙船を前方に推進させる。

　ここで重要なことは，このようなポテンシャル勾配のみを生じさせた状態では推進されない，と云うことである。円環パイプが自から生成したポテンシャル勾配の場を，円環パイプが自から背負いながらの推進は運動力学的に成立しないからである。推進するためには円環パイプと生成されたポテンシャルの場とが独立でなければならない。

　前述の天体のポテンシャルの場において，宇宙船が上昇できることは，天体の負のポテンシャルの場と円環パイプが生成した陽のポテンシャルの場とは，はじめから互いに独立であり，天体のポテンシャルの場に対して推進できた。円環パイプが生成する陽のポテンシャルの場に対して，独立した天体に相当するポテン

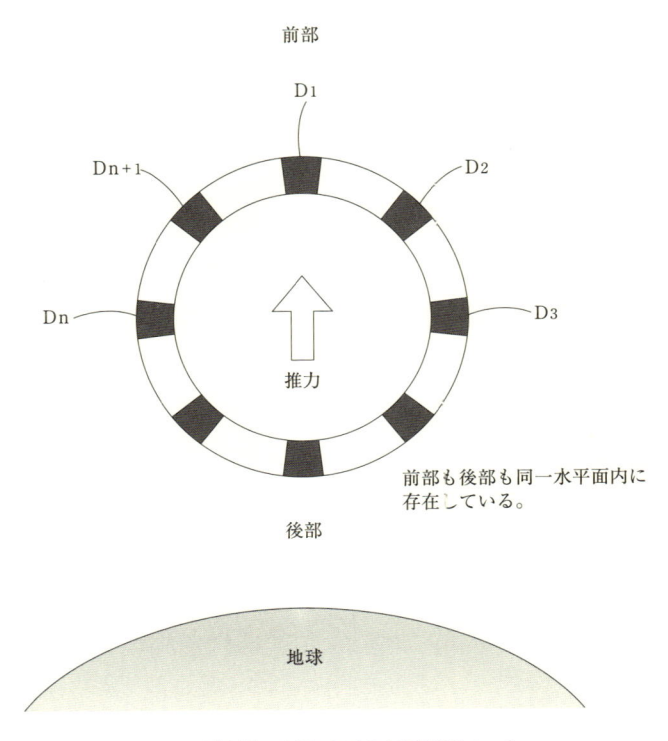

図7 天体近傍の空間における宇宙船推進モード

3.5 反重力推進方式の宇宙船の推進モード

　宇宙船が天体近傍の重力場に位置する場合，その天体の負のポテンシャルに対してマグノンを発生している領域は，真空空間を励起し，陽のポテンシャル場を生成するので，マグノン発生領域の円環パイプは，その天体の重力場に対して反撥力により垂直に上昇する。宇宙船を含む領域に陽のポテンシャル場が存在し，宇宙船を覆うことになる。円環パイプに働く天体からの反撥力は推進力となって宇宙船に働き，飛翔体を上昇させる。それで天体の重力場に対して垂直航行はできるが，水平航行はできない。
　次に平坦な宇宙空間を航行する推進モードについて述べる。到着しようとする

力加速度は，上式の 1/2 倍すべきである．それ故に，宇宙船全体の反重力加速度 $\overset{**}{a}_{\text{total}}$ は

$$\overset{**}{a}_{\text{total}} \cong \frac{72}{2\times 5} Nsv = 7.2 Nsv \quad (\text{cm/s}^2).$$

補正された反重力加速度 $\overset{**}{a}$ が得られたので，重力加速度 g の天体から我々の宇宙船が離脱する条件を求めよう．磁性流体の循環数 v は

$$v \gtrless \frac{g}{7Ns} \quad (\text{c.p.s.}),$$

を満たすと，その天体から離脱できる．

脱出すべき天体が地球であれば，g は $980\,\text{cm/s}^2$ であるから，脱出のための循環数 v は

$$v \gtrless \frac{g}{7Ns} = \frac{980}{7Ns} \quad (\text{c.p.s.}).$$

たとえば，電磁石対の数 N が 12，そして印加される磁場の幅 s が 1 cm であるとすれば，v は

$$v \gtrless \frac{g}{7Ns} = \frac{980}{7\times 12\times 1} = 11.7 \quad (\text{c.p.s.}),$$

である．地球の引力を振り切って地球から離脱するには，右まわりの循環数は毎秒12回，すなわち毎分700回の磁性流体が右まわり循環すればよい．この位の v であれば，循環用のポンプの余裕のある能力範囲内である．我々の反重力宇宙船の地球引力圏からの離脱は容易である．もちろん，宇宙船に積む他の機材があるから，これらの物質の分子の数を考慮に入れなければならない．宇宙船に積む物質が多い場合には，磁性流体に作用する磁場を強くするために，電磁コイル対に強磁性体を付加するとよい．

技術的問題であるが，天体の g が地球の場合より大きい場合，その天体から離脱するには，磁性流体の循環数 v を大きくし，しかもポンプの負担を少なくするには，外部磁場が印加される電磁コイル対の数 N を大きくするとよい．さらに，レーザビーム照射によっても，マグノンが生成される．ただし，この場合，電源の大きさは十分確保しなければならない．

$$\overset{*}{a} = \overset{*}{\theta}cV = \overset{*}{\theta}cR2\pi v$$
$$= \frac{18\times(2\times10^{11})\times NsS}{(1.5\times10^{21})\times 2\pi RS}\times cR2\pi v$$
$$= 18\times(1.33\times10^{-10})\times(3\times10^{10})\times Nsv$$
$$= 72Nsv \quad (\mathrm{cm/s^2}),$$

ここで $\overset{*}{\theta}$ はエネルギーから反重力への転換係数，cm^{-1} のディメンションを持つ，N は電磁石対の数，s は1対の電磁石の円周上の幅，v は磁性流体の毎秒の循環数，S はトロイダルチューブの断面積である。

　ここで，コロイド化されたマグネタイト微粒体についての補正が必要とされる。実際に用いられるマグネタイト微粒子団の個々のマグネタイトは，相互の引き合う力をさまたげるために表面活性剤によってコロイド化されている。このコロイド化によってマグネタイトの磁化が弱められる。たとえば，実験[33]によると，100ガウスの外部磁場が印加されると，コロイドマグネタイトの磁化は，その1/5位に弱められる。この磁化の弱化を考慮すると，100ガウス程度の外部磁場に対して反重力加速度 $\overset{*}{a}$ は，おおよそ1/5になるものと考えられる。したがって，補正された $\overset{**}{a}$ は

$$\overset{**}{a} \cong \frac{\overset{*}{\theta}}{5}cR2\pi v \cong \frac{72}{5}Nsv \quad (\mathrm{cm/s^2}). \quad \begin{pmatrix}\text{磁性流体中のマグネタイトの}\\ \text{含有比率は8\%。外部磁場は}\\ \text{100～500ガウス程度。}\end{pmatrix}$$

　補正された反重力加速度 $\overset{**}{a}$ について述べる。N と s を固定すると，$\overset{**}{a}$ は毎秒の循環数 v のみに依存するから，反重力加速度を大きくするには，磁性流体の循環数を大きくすればよい。これが反重力加速度を大きくする主たる方法である。場合によっては，N をもっと大きくすれば，反重力加速度 $\overset{**}{a}$ はもっと大きくできる。

　コロイドマグネタイトの外部磁場による磁化は，実験によると，外部磁場が100～500ガウス印加した場合でも100ガウスを印加した場合とさして変らない。だから，100ガウスの印加で十分である。0ガウスから100ガウスの外部磁場の印加の場合は，コロイドマグネタイトの磁化は0から23ガウスまで直線的に増加する。

　右循環している磁性流体によって生成される反重力加速度は上式で与えられるが，宇宙船全体としては左循環する磁性流体からも構成されている。このことは，右まわりの循環の場合，流体とパイプの壁面との間のフリクションによって生ずるであろう慣性回転を防止するために，反対方向に循環する流体を必要とした。それ故に，宇宙船全体の磁性流体の分子数は2倍となるから，宇宙船全体の反重

混合液体としての磁性流体（ケロシン⊕マグネタイト）の混合比は 12 : 1 程度であるから，混合液中のケロシン分子の個数は，$(1/8 \times 10^{21}) \times 12 = 1.5 \times 10^{21}$ 個程度である。したがって，混合液体（ケロシン分子⊕マグネタイト分子）の全分子に配分される平均マグノンエネルギー $\langle E \rangle$ は

$$\langle E \rangle = \frac{2 \times 10^{11}}{1.5 \times 10^{21}} = \frac{4}{3} \times 10^{-10} = 1.33 \times 10^{-10} \text{（erg/molec）}.$$

ここまでは，マグネタイト分子は，鉄原子の $3d$ スピンを 1 個のみを持っていると仮定して，マグノンエネルギーを計算して来た。Fe の $3d$ スピンは 18 個であることを考慮し，上の式は今や 18 倍にすべきである。したがって，磁性流体を構成する 1 分子当りの平均エネルギー $\langle E \rangle^*$ は

$$\langle E \rangle^* \approx \frac{18 \times (2 \times 10^{11})}{1.5 \times 10^{21}} = 2.4 \times 10^{-9} \text{（erg/molec）}.$$

以上で磁性流体の全分子の個々が有している平均のマグノンエネルギーを求めた。

3.4　右まわり循環する磁性流体が生成する反重力加速度

ケロシン分子とマグネタイト分子から成る磁性流体がトロイダルパイプ内で，上から見て（船の進行方向からみて）に循環させられている。もちろん，この磁性流体中に生成された陽のマグノンエネルギーが流体と共に循環している。前著，"反重力はやはり存在していた" で示したように，陽のエネルギーが右まわり循環することによって，4 次元角運動量に関するトポロジー効果（ド・ラムのコホモロジー効果，あるいは閉じた径路上でのゲージ効果）が現れる。すなわち，右まわり循環によって反重力効果が現れる。

前著で述べたのは，非磁性材中でのことであった。ここで述べているのは，磁性流体の右まわり循環について述べている。非磁性体中の右まわり循環で反重力効果が生じたのであるから，強磁性物質を含む流体が右まわり循環すると，反重力効果を生成するであろうことは極く自然なことである。とは云え，このことは実験によって確認しなければならない。

かくして，右まわり循環する磁性流体中で生成される反重力加速度 $\ddot{a}$ は

$$\cong \frac{(5\times 10^{-19})\times (8\times 10^{-35})}{2\pi^2 \times \pi \times 6}[k^6]_0^{k_{\max}} \cong 1.6\times 10^{-6} \text{ (erg)},$$

ここで，積分の下限は近似的に $k_{\min}$ を 0 とした。なぜならば，ε は k^6 で変化するので，$(k_{\max})^6$ は $(k_{\min})^6$ より遥かに大きいからである。

次に 1 cm³ の磁性流体中に生成されるマグノンエネルギー $\overline{H}$ を求める。$\overline{H}$ は 1 cm³ 当りマグネタイトの個数に上の ε をかけた大きさとなる。すなわち，磁性流体の 1 cm³ に存在するマグネタイトの微粒子団（〜80Å）は，微粒子団の平均間隔は 200Å 程度であるから（マグネタイト分子はケロシン中に 8% 程度均一に分布させられている），そこに存在する微粒子団の個数 N は

$$N \approx \left(\frac{1}{2\times 10^{-6}}\right)^3 = \left(\frac{1}{8}\right)\times 10^{18} \text{ 個}.$$

かくして，磁性流体 1 cm³ 当りのマグノンのエネルギー $\overline{H}$ は

$$\overline{H} = \left(\frac{1}{8}\times 10^{18}\right)\times (1.6\times 10^{-6}) = 2\times 10^{11} \text{ (erg/cm}^3\text{)}.$$

次に磁性流体を構成する全分子 1 個当り配分されるマグノンエネルギーの平均値を求める必要がある。なぜならば，磁性流体を構成する分子は，ケロシン分子とマグネタイト分子から成っており，天体の近傍に宇宙船がある限り，ケロシン分子にもニュートン引力が作用し，その天体に引き戻そうとするからである。したがって，ケロシン分子に配分されるマグノンエネルギーが平均としてどの位の大きさであるのかを知る必要がある。

すでに述べたように，1 cm³ 当り $(1/8)\times 10^{18}$ 個のマグネタイト微粒子団が存在し，1 つのマグネタイト微粒子団の中のマグネタイト分子の数 ξ は，

$$\xi \cong \frac{(8\times 10^{-7})^3}{(8\times 10^{-8})^3} = 1\times 10^3 \text{ （個）}.$$

したがって，磁性流体（ケロシン⊕マグネタイト）の 1 cm³ 当りの，マグネタイト分子の数 $\overline{\xi}$ は

$$\overline{\xi} = \left(\frac{1}{8}\times 10^{18}\right)\times (1\times 10^3) = \frac{1}{8}\times 10^{21} \text{ （個）},$$

存在している。

$$H = \sum_k \hbar \omega_k n_k = \sum_k D k^2 n_k$$

ここで,$\hbar$ はプランク定数 h を 2π で割ったもの,n_k は波数ベクトル k に対応する量子状態の数,ω_k は k に属する擬粒子マグノンの振動数 ν の 2π 倍,そして D の大きさは,1×10^{-28} erg·cm^2 程度である。これ以後は上の式に基づいてマグノンエネルギーを具体的に計算する場合の基礎式とする。

上のマグノンエネルギーを表すエネルギー関数 H を積分の形で表す。和 $\sum_k$ は等価的に積分形式で表される。こうすると計算が楽になる。

$$\sum_k \to \frac{V}{(2\pi)^3} \iiint dk_x\, dk_y\, dk_z = \frac{V}{(2\pi)^3} \int 4\pi k^2 dk,$$

ここで,V は着目している体積であり,マグネタイト分子（Fe$_2$O$_3$·FeO）の集合体である微粒子団（～80Å）の体積。波数ベクトル k は,1つのマグネタイト分子（～4Å）と微粒子団の大きさ（～80Å）から決められる。それ故に,k の最大値 $k_{\max}$ および最小値 $k_{\min}$ は,波長 λ,領域の大きさおよび量子状態の数から決まる。

$$k = \frac{2\pi}{\lambda}, \quad n\frac{\lambda}{2} = L, \quad \text{から}$$

$$k_{\max} = \frac{2\pi}{\lambda_{\min}} = \frac{2\pi}{4 \times 10^{-8}} = \frac{\pi}{2} \times 10^8 \ (\text{cm}^{-1}),$$

$$k_{\min} = \frac{2\pi}{\lambda_{\max}} = \frac{2\pi}{8 \times 10^{-7}} = \frac{\pi}{4} \times 10^7 \ (\text{cm}^{-1}),$$

マグネタイト分子（Fe$_2$O$_3$·FeO）の鉄原子の $3d$ スピンの数は,$3 \times 6 = 18$ 個であるが,ここでは,$3d$ スピンが鉄原子1個当り1個あるとして計算し,計算の最後の段階で取り入れる。そして体積 V は,1つの微粒子団（～80Å）の体積である。

$$\varepsilon = \sum_k D k^2 n_k = \frac{V}{(2\pi)^3} \int_{k_{\min}}^{k_{\max}} D 4\pi k^4 \left(\frac{L}{\pi}\right) k\, dk$$

$$= \frac{(5 \times 10^{-19}) \times (1 \times 10^{-28})}{2\pi^2} \int_{k_{\min}}^{k_{\max}} k^5 \left(\frac{8 \times 10^{-7}}{\pi}\right) dk$$

と定義する。s_j は磁気モーメントを担う単位のもののスピン，和はそれらのすべてについて取る。フーリエ成分を

$$S_k = V^{-\frac{1}{2}} \int dt e^{ikr} s(r) = V^{-\frac{1}{2}} \sum_j s_j e^{ikr_j},$$

とおくと，その成分の交換関係は

$$[S_{kx}, S_{k'y}] = V^{-1} \sum_j e^{i(k+k')r_j} i s_{jz},$$

s_{jz} がほとんどすべての s，すなわち，ほとんど z 方向に揃い，かつその位置の分布がほとんど一様であれば，$k+k' \neq 0$ に対しては近似的にゼロ，$k+k'=0$ に対しては

$$[S_{kx}, S_{-ky}] = iV^{-1} \sum_j s_{jz} \sim iS$$

となり，S は揃ったスピンの単位体積当りの大きさである。したがって

$$a_k = (2S)^{-\frac{1}{2}} \{ S_{kx} + i S_{ky} \}, \quad a_k^* = (2S)^{-\frac{1}{2}} \{ S_{-kx} - i S_{-ky} \}$$

を導入すると

$$a_k a_{k'}^* - a_k^* a_k = \delta_{k,k'},$$

とみることができる。この演算子（オペレータ）は，ちょうどボーズ統計（フォトンなど）に従う消滅あるいは生成演算子である。

エネルギーを表すハミルトニアン H は

$$H = \frac{A}{S^2} \iiint \sum_\mu \left\{ \left(\frac{\delta S_x}{\delta x_\mu} \right)^2 + \left(\frac{\delta S_y}{\delta x_\mu} \right)^2 \right\} dt = \frac{A}{S^2} \sum_k k^2 \{ S_{kx} S_{-kx} + S_{ky} S_{-ky} \}$$

$$= \frac{A}{S} \sum_k k^2 (a_k^* a_k + a_k a_k^*),$$

この式は

$$\omega_k = \frac{2A}{\hbar S} k^2, \quad \text{係数 } A \text{ に外部磁場の大きさが含まれる。}$$

と云う振動数をもつスピン波の集りを表している。かくして，マグノンのエネルギー（スピンの交換相互作用エネルギー）は，擬似ボーズ粒子として取扱われる。

クの式である。しばらく厄介な計算が出てくる。読者は少し辛棒してほしい。以下の計算なしでは正しいマグノンエネルギーの評価が得られないからである。

個々のスピンに対する運動方程式は

$$\hbar \dot{S}_j = S_j \times \sum_l 2J_{jl} S_l,$$

で表される。いま釣合いの状態からわずかに"はずれ"があるとして，

$$S_j = S_0 + \delta S_j,$$

とおき，δS_j の2次以上の項をはぶくと，運動方程式は

$$\hbar \delta \dot{S}_j = \sum_l 2J_{jl} (\delta S_j - \delta S_l) \times S_0,$$

となり，これは釣合いの附近の微小振動を表している。この振動が結晶内を波動として伝わる。これがスピン波と云うものである。スピン S_j の x 成分および y 成分は，

$$\delta S_{jx} = A_k \cos(\omega_k t - k r_j), \quad \delta S_{jy} = -A_k \sin(\omega_k t - k r_j).$$

上述のモデルは強磁性体を形づくるスピン波のモデルであるが，強磁性体の低い励起状態を一般的に特徴づけるものである。この特徴をもつと現象論的に表現したのが，ヘリングとキッテル[35]である。彼らによると，強磁性体の磁化ベクトル M が場所の関数としてゆるやかに変っていると，交換相互作用は磁化ベクトル M の空間微係数の2次関数として与えられるだろうから，交換エネルギー密度は，立方晶系については，

$$\sum_\alpha \sum_\mu \sum_\nu C_{\mu\nu} \frac{\delta M_\alpha}{\delta x_\mu} \frac{\delta M_\alpha}{\delta x_\nu} = A \sum_\alpha \sum_\mu \left(\frac{\delta M_\alpha}{\delta x_\mu} \right)^2 \Big/ M^2,$$

とおかれる。

もしも，磁化ベクトルが z 方向を軸とし，xy 面内でスピンがラセン状にねじられているとすると，上の式は

$$A \left\{ \left(\frac{dM_x}{dz} \right)^2 + \left(\frac{dM_y}{dz} \right)^2 \right\} \Big/ M^2 = A \left(\frac{d\theta}{dz} \right)^2.$$

スピン密度 $S(r)$ は

$$S(r) = \sum_j s_j \delta(r - r_j')$$

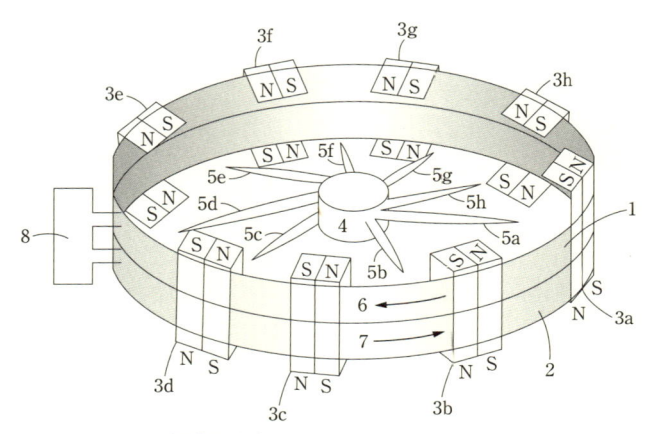

1, 2：円環パイプ
3：電磁石対3a, 3b, ……
4：レーザ源
5：レーザビーム5a, 5b, ……
6, 7：磁性流体（ケロシン⊕強磁性体のコロイド微粉体）
　　　の循環方向
8：磁性流体循環ポンプ

図6　反重力発生エンジンの構成

3.3　外部磁場の印加によるマグノンの生成量

　NASAに提出した報文では，マグノンの生成量はトポロジー的計算によって概算した。けれども，この計算方法でのエスティメーションは粗い。それで，スピンについての物性論的手法によって評価しよう。このためには，ハイゼンベルク・モデルにもとづくと良い評価が得られる。ハイゼンベルクのモデルは以下に述べる：

　結晶内の電子が，その各原子に局在した軌道状態にあると考えることがよい近似であるならば，それらの間の交換相互作用効果は，各原子に局在するスピン間の相互作用

$$H = -\sum_{ij} 2J_{ij} S_i S_j$$

として表されると考えてよい。これが強磁性体に対して仮定されたハイゼンベル

に，宇宙船の周辺空間での真空エーテル励起を行い，船の前後，左右，上下間にエーテルのポテンシャル差をつくり，その励起されたポテンシャル差によって，宇宙船を重力空間あるいは無重力空間における推力とし，航行する方法を提示する。

　この着想を具体化するために，反重力推進方式の宇宙船の構成あるいは構造を考え，そして磁性流体にスピン波エネルギーを発生させることによって，マグノンのエネルギー生成の大きさを評価する。

3.2　反重力推進方式の宇宙船の構成

　3.1で述べたことを具体化するために，次のような構成の宇宙船を考えた。同じ直径の断面積のトロイダルパイプを2つ上下に重ねる。そして，これらのトロイダルチューブに，磁性流体（ケロシンと強磁性体のコロイド微粉体）を封入する。上部パイプの中の磁性流体は，上からみて（船の進行方向からみて）右まわり，下部のパイプには同じ磁性流体を封じ，左まわりに循環させる。磁性流体の循環はポンプで行う。

　これら2つの円環パイプの円周上に，等間隔の位置に互いに逆向きの磁場を作る一対の電磁石を設置する。電磁石対は，12対かそれ以上の偶数対をもうける。さらに，トロイダルパイプの中心にはレーザの照射源を置く。レーザビームは，電磁石対が置かれていない円周上にスポットを当てる。電磁石の磁場とレーザビームは高速パルスとする。このような反重力エンジンの全体構成は図6で示す。

　磁性流体は次の構成にする[33]。溶媒に相当するものはケロシンであり，粘性は非常に小さい（0.03 g/cm³）。磁性体はマグネタイト（$Fe_2O_3 \cdot FeO$）の微粉体のコロイド状のものである。コロイドは表面活性材によって形成する。マグネタイトの微粉体はケロシンに均一に分布させる。1個のマグネタイト微粉団の直径は，80Å程度であり，コロイドの厚みは5Å程度とする。微粉体間の平均距離は200Å程度とする。マグネタイト分子の数および鉄（Fe）の数は後で述べる。

　レーザビームは電磁石を設置していない円周の領域に照射し，鉄原子の照射によるレーザ光をポンピングすることによってマグノンを生成する。マグノンの生成量は，鉄原子の数，レーザの照射光の強度（フォトンの数），レーザのパルス幅等から自動的に決まる。

のためには，宇宙船の周辺空間のポテンシャルエネルギーの差の存在が必要となる。ポテンシャルエネルギーの差があれば，これを推力として用いることができる。この問題の解決のためには，強磁性体のスピン波のエネルギーを利用するとよいだろう。

　強磁性体のスピン波のエネルギー，マグノン，の利用は上の問題を解決してくれる。マグノンはスピンの交換相互作用を通して得られるエネルギーで，いわば磁性物質の自己増幅現象を利用することを意味する。この自己増幅現象は弱い外部磁場で生起できる。しかも真空場のポテンシャルの強弱を生み出す。しかしながら，スピン波はミクロな世界での存在であるので，なんとかして巨視的世界に存在している物質との結びつきがほしい。それには，強磁性体として最もポピュラーなマグネタイト（Fe_3O_4）を用いればよいだろう。そして閉じた径路での循環流体として，ケロシンに一様分布させたマグネタイト微粉体を用いればよいではないか。

　マグノンの生成はスピンを制御するために外部磁場を印加すればよいではないか。外部磁場の強さは，強力である必要はなく，スピンを整列させさえできればよい程度のものでよい（100〜500ガウス程度）。そして，磁性流体の循環は，ポンプで行えばよい。

　このようなテクノロジーを用いれば，燃料の燃焼と船外への噴射による物質の損失はまったく生じない。そして，マグノンの生成はマグネタイトのスピンと云う，云わばエーテルの永久渦から得ることができる。その結果，真空エーテルのマグノンエネルギーによる励起によって，エーテルエネルギーのポテンシャル差を人為的に作ることができる。このポテンシャルの差によって宇宙船は推進されることになる。

　もちろん，地球周辺の空間では，地球の引力が働いているから，引力圏からの離脱は前述の陽のマグノンエネルギーを円環パイプ内で右まわり循環（船の進行方向から見て）させ，反重力を発生させることによって実現できる。

　我々は円環パイプ内の磁性流体に弱い外部磁場を印加してマグノンを生成するテクノロジーを主たる方法と考えるが，マグノン生成のためには，今一つ別なテクノロジーがある。それは，磁性流体にレーザ光を照射し，磁性流体のマグネタイト分子による平行ポンピング過程を通して，マグノンを生成することも可能である。だから，外部磁場の印加とレーザビームの照射の2つのテクノロジーを用いれば，マグノンの大量生成が可能である。

　以上のように，我々はロケット方式ではなく，磁気的手段によってマグノンを生成し，これを右まわりに循環させることによって反重力の発生を強化すると共

[第Ⅰ部論文篇] 第3章
反重力推進方式にもとづく宇宙船の推進原理とテクノロジー

3.1 反重力推進方式の宇宙船の着想

　第1章で概観したように，現有するロケット方式の推進原理は，宇宙船に化学燃料などを搭載し，これを燃焼させたガスを宇宙船の後方に噴射し，その反作用で宇宙船を前進させる，と云う方式を用いている。その推進の物理的原理は，船体と燃料の全運動量の保存則にもとづいている。したがって，燃料がガス化して船外に噴射されると，それに対応する化学燃料が宇宙船から失われ，船の推力が失われる。推力を失った後，宇宙船の移動は，船の近傍の天体との間の引力ポテンシャル（ニュートン引力）のもとで移動するしかない。このために，遠い星への移動は，地球引力圏を脱出することと，宇宙船と天体との間の引力ポテンシャルのもとで作動するしかないから，目的の天体への到達には非常に長い時間を要する。したがって，我々の地球と同一太陽系に属する惑星に移動することでさえ容易ではない。まして，他の太陽系に属する天体への移動は，今のところ不可能である。こうした難問題を解決し，本格的宇宙移動をするには，どの様な方法があるのだろうか。ここにその具体的方法を提示しよう。

　なぜここまで考えねばならないのか。まえがきで述べたように，我々人類がこの地球に生存できる時間は余り残されていない。人類の存続を至上命令とすれば，存続可能とする条件はわずかしかないが，その一つとして宇宙船を用いて他の天体に移住する道がある。この目的のために標記の方式の宇宙船が考案された。この方式の宇宙船の論文は，1999年NASAの国際フォーラム（STAIF-99）で公表され[7]，NASA，米航空機メーカーによる共同研究が申し込まれた。

　化学燃料を船に搭載することなく，燃焼ガスの船外への噴射をまったくしないで船を推進させることが果して可能か。その問題をなんとかして解決せねばならない。それには運動量保存則の枠内にあるような推進方式では駄目である。運動量保存則の枠外の推進方式をとらねばならない。そうすれば，宇宙船の質量の増減とは無関係になる。

　宇宙船からのガスの噴射なしで推進力を得なければならない。このことは宇宙船からの質量の移動を行わない方式を用いねばならないことを意味している。そ

る技術であるが，米国のフローニングら[9]は，非アーベル電磁場を生成し，推力を得ようとする技術を開発している。非アーベル電磁場とは，要するに複素電磁場のことである。複素場は，常磁性エアゾルの液にレーザを照射し，電荷を励起させることによって複素電磁場を作り，重力場と同じように非アーベル場を生成する。非アーベル場同士で相互作用を実現することによって重力場をコントロールしようとする技術を開発している。フローニングは常磁性体のスピンと遷移金属イオンの両者を同時にコントロールして，間接的に重力場を制御しようとしているもので，学問的には大変面白い研究である。

　次にロシアにおける重力研究について述べよう。ロシアの研究は直接反重力を生成する研究ではない。欧米の研究，つまりアインシュタインの重力理論にもとづくのではなく，メビウス電気回路による非対称場の重力を研究している。ロシアの研究グループは8チームによって[31][32]行われ，非常に多くの新知見を得ている。すなわち，メビウスコイルで生成される事実上の単極ビーム，モン・ビーム，で生成された重力的ねじれ場を作り出し，次の新知見を得ている。(1) 10^{32} g の物体が作るであろう重力場を作ることができた。(2) この場の重力波はスカラー波である。(3) ねじれ波の群速度は，光速度 c の10億倍よりは小さくない。(4) ねじれ場中の同種電荷は互いに引き合い，異種の電荷は斥け合う。(5) 重力波はモン・フラックスの相互作用によって生ずる。(6) モン・ビームの強さは強大であり，18〜1800 GeV に相当すること。(7) すべての物質は，それ自体のねじれ場を持っているので，ねじれ波がそこを通過すると，ねじれ波が通過した媒質が持っている情報が付与される。(8) モン・ビームと検出器との相互作用によって磁気冷却効果が生ずる。(9) 放射線核種の崩壊をコントロールできる技術を得ることができる，等々である。

　時空は曲るばかりでなく，ねじれを有している，と云う知見は新しいものではないが，ロシアでの研究は，ねじれによって生ずる時空の性質を実験を通して得ていることは驚くべきことである。ロシアの研究はカルタン理論を基礎としているけれども，これを超えている，と云ってよいだろう。

$$g_S(R, v) = -\theta cv = -\theta cr_{eff} 2\pi v,$$

で与えられることは，すでに導出された。非磁性体に関する転換係数 θ は

$$\theta = \frac{g_S(R, v)}{cr_{eff}\omega} = \frac{0.136}{3\times 10^{10}\times 2.7\times 2\pi \times 300} = 8.91\times 10^{-16}\,\mathrm{cm}^{-1}.$$

この値は，理論から推定された値 $3.52\times 10^{-16}\,\mathrm{cm}^{-1}$ とほとんど同じである。実験から得られた事実と予想された係数の両者が一致したことは，右回転による反重力の発生は，真空の励起に起因すると云う考え方を支持する。

2.3 電磁場を用いた空間推進機

　この推進機は現実に用いられているもので，ビーフェルド・ブラウン効果にもとづいている。この効果は，平板コンデンサーと物体を天秤につるして，バランスを取っている状態において，コンデンサーに電荷を与えると，バランスが破れる，と云う現象が現れる。コンデンサーの上側にプラス，下側にマイナスの電荷を与えると，つるされている物体が重くなる。あるいは，コンデンサーに上向きの力が働く。コンデンサーに逆方向に電荷を与えると，物体は軽くなる，あるいはコンデンサーは重くなる，と云う現象が発見された。アメリカの空軍は，この効果を航空機に応用して飛行させた。米軍のステルス爆撃機がそうである。

　これよりもっと高度のものに，バーンソンの電気力推進機がある。この推進機は実際に用いられていないが，今後の宇宙航行機のモデルになりうるので，ここで述べる。この航行機の基本的構造は，高周波の電場を作る円柱のコイルをおさめている円筒と，3つの間隔をおいた椀形コンデンサーから成る。そして最下部には3つの球形コンデンサーによって構成されている。椀形コンデンサー間に電位が与えられると，残りの椀形コンデンサーは，鉛直軸のまわりに回転すると，航行機は上方への推力を発生し，地上から離れる。この推力発生機は日本特許庁から特許権を得た。この特許がアメリカで得られたものでなく，日本で与えられたと云うことが面白い。

　次に南の，磁気場をコントロールすることによって航行機の周辺の空間の歪を作り，これによって航行機を推進させようとするアイディア[6]がある。これは強大な磁場発生を必要とするが，磁場推進の航行機として目新しい。南は，日本の宇宙開発の第一人者として活動している。

　上のは，マックスウェルの電場あるいは磁場のコントロールによって推力を得

$$E(g) = -\frac{g^2}{8\pi G},$$

で与えられている。g が $g-\Delta g$ に減少したとすると，E の変化 ΔE は近似的にプラスである。

$$\Delta E = -\frac{(g-\Delta g)^2}{8\pi G} - \left(-\frac{g^2}{8\pi G}\right) \approx \frac{g\Delta g}{4\pi G} > 0, \quad (\text{ただし，} g \gg \Delta g)$$

たとえば，$\nu = 18{,}000/60 = 300$ r.p.s.，$g = 980\ \text{cms}^{-2}$，で $\Delta g = 0.136\ \text{cms}^{-2}$ のジャイロの場合，

右回転における場のエネルギー密度の変化 ΔE_g は

$$\Delta E_g \cong \frac{980 \times 0.136}{12.6 \times 6.67 \times 10^{-8}} = 1.586 \times 10^8\ \text{erg} \cdot \text{cm}^{-3}$$

体積 $V = 29\ \text{cm}^3$ のロータが右まわり回転によって生ずるエネルギー $\overline{\Delta E_g}$ は

$$\overline{\Delta E_g} = \Delta E_g \times V = 1.586 \times 10^8 \times 29 = 4.5994 \times 10^9\ \text{erg}.$$

右まわりの回転で生成されるロータのエネルギーは，ロータの回転エネルギー $E_r(\omega)$ から転換したものではない，と云うことは重要である。事実，その場合の回転エネルギー $E_r(\omega) = I_3\omega^2/2$ は，$x^3 = z$ 方向の慣性能率 $I_3 = 1125\ \text{g} \cdot \text{cm}^2$，$\omega = 2\pi \times 3 \times 10^2\ \text{rad} \cdot \text{s}^{-1}$ の場合

$$E_r(\omega) = \frac{1}{2}I_3\omega^2 = \frac{1}{2} \times 1125 \times (2\pi \times 3 \times 10^2)^2 = 1.99 \times 10^9\ \text{erg}.$$

回転のトポロジー効果から生ずる場のエネルギー $\overline{\Delta E_g}$ は，回転エネルギー $Er(\omega)$ より大きくなる。このことは右回転による反重力は，回転エネルギーから転換したのではない，と云うことを意味する。なぜならば，左回転の回転エネルギーは右回転のそれと等しいにもかかわらず，左回転では反重力を生じないからである。では反重力はどこから生じたものであろうか。反重力は，右まわり回転で真空を励起し，真空エーテルから生起させられた，と云ってよいであろう。右まわり回転による反重力の生成は，エネルギーの法則を破るように思われるが，トポロジー現象に起因するから如何ともなしがたい。このことは，以下のことからも云える。

右回転で生ずるトポロジカル反重力の加速度は，

L-回転　　　　　R-回転

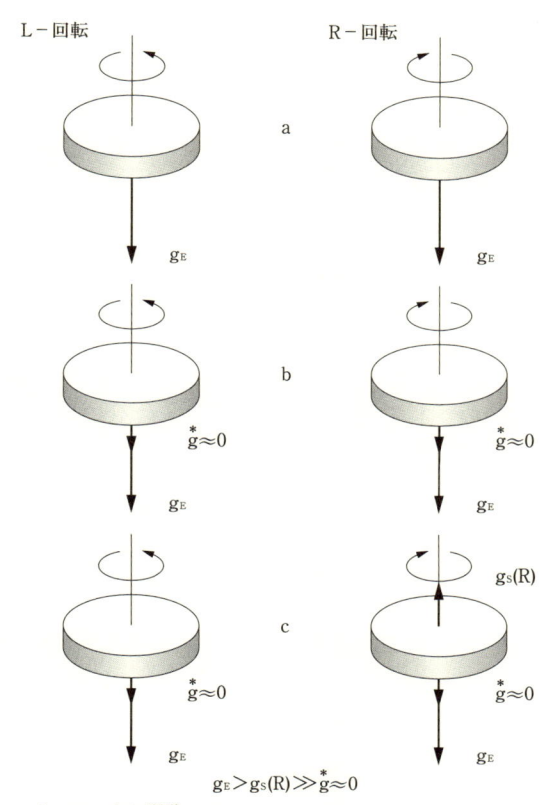

a

g_E　　　　　　g_E

b

$\overset{*}{g}\approx 0$　　　　　$\overset{*}{g}\approx 0$

g_E　　　　　　g_E

c

$g_S(R)$

$\overset{*}{g}\approx 0$　　　　　$\overset{*}{g}\approx 0$

g_E　　　　　　g_E

$g_E > g_S(R) \gg \overset{*}{g} \approx 0$

a：ニュートン理論
b：アインシュタイン理論
c：早坂理論－東北大学実験
g_E：ニュートン理論にもとづく地球重力加速度（引力）
$\overset{*}{g}$：アインシュタイン理論にもとづく付加的重力加速度（引力）
$g_S(R)$：東北大学の実験から発見された
　　　　付加的トポロジー重力加速度（R-回転による反引力）

解析条件：回転速度vは光速度cより遥かに小さい、$c \gg v$

図5　回転体の重力に関するニュートン，アインシュタイン理論と早坂理論－東北大学の実験結果の比較

第2回のデータと第1回のデータを比較してみると，第2回の精度はすこし良くないが，$\langle g_S(L) \rangle$ 及び $\langle g_S(R) \rangle$ は第1回のデータとほとんど同じであり，両者の現象の本質はまったく同じである。すなわち，右回転は上向きの力，反重力を発生するが，左回転は反重力を発生することなく，ほんの少しの引力効果を生じる，と云える。

　上の結果は，何か系統立ったエラーが原因になっているかどうか検討した。検討項目は次の通りである。(1) 右回転の時だけ潮汐力の減少があったのではないのか。(2) 両回転における回転速度と落下速度との結合効果が対称でなかったのではないか。あるいは，地球の自転方向とジャイロの落下速度の結合が対称でないのではないか。(3) 右回転の時だけ室温が増加したため落下塔の長さが長くなったのではないか。(4) 両回転およびゼロ回転の落下について，レーザビームを横切った時，ジャイロの姿勢が違っていたのではないか。(5) 左と右の回転の時，カプセルの慣性回転が生じ，慣性回転にともなう空気の循環が生じ，それによる揚力効果が違ったからではないか。(6) マグネットの残留磁気とカプセルの鉄球の残留磁気との相互作用が両回転において違っていたためではないか。(7) ジャイロの回転によって生成されるバーネット効果（金属体が回転すると微少磁気が生ずる）と地球磁場の勾配との相互作用が，左と右の回転で違っていたのではないか。(8) ジャイロの回転によって生ずる摩擦電荷に起因する電磁気的現象が左と右の回転で違うのではないか，などの諸問題を検討した。しかしながら，これらの考えうる系統立ったエラーが原因となって上で述べられた結果が生じたのだろう，と云う推測はすべて否定できた。

　すでに述べた反重力の実験結果をまとめ，ニュートン力学とアインシュタインの重力理論を比較し，これを図5に図示する。

　物体が鉛直軸のまわりに回転する場合，ニュートン力学によると鉛直軸方向には重力は生じない。コリオリの力や遠心力は，水平面内の力である。アインシュタインの重力理論（対称場の理論）によると，極めて微小な引力を生ずる。この引力は回転の方向に独立である。

　早坂のトポロジー重力理論によると，右まわりの回転が反重力を生成する。東北大学の重力研究グループによる2種類の実験は早坂の理論を支持する。

　早坂の理論―東北大の実験は，回転にもとづく重力は非対称であり，右回転は反重力を生成することを発見した，と云える。

　鉛直軸のまわりの右回転が反重力を発生させることは，真空から陽のエネルギーを励起させると云うことになることをランダウの公式によって示す。ランダウの公式によると，重力加速度 g の引力場のエネルギー密度 $E(g)$ は

No.	ξ	t_1, (s)	t_2, (s)	g, (gal)	$g_S = g - g_E$, (gal)	$g_S(R) - g_S(L)$, (gal)
15	O	⟨0.2649369⟩⁺	⟨0.5345935⟩⁺			
	L	0.2649567	0.5346052	980.008578	− 0.057252	
	R	0.2649513	0.5346062	979.951739	− 0.114091	− 0.056839
16	O	⟨0.2649031⟩⁺	⟨0.5345389⟩⁺			
	L	0.2649264	0.5345609	980.095737	0.029907	
	R	0.2649289	0.5345855	979.918120	− 0.147710	− 0.177617
17	O	⟨0.2649889⟩⁺	⟨0.5346166⟩⁺			
	L	0.2649788	0.5346083	980.182683	0.116853	
	R	0.2649807	0.5346301	980.022439	− 0.043391	− 0.160244
18	O	⟨0.2649640⟩⁺	⟨0.5345917⟩⁺			
	L	0.2649833	0.5346359	979.998698	− 0.067132	
	R	0.2649823	0.5346413	979.945749	− 0.120081	− 0.052949
19	O	⟨0.2649380⟩⁺	⟨0.5345732⟩⁺			
	L	0.2649568	0.5345940	980.046492	− 0.019338	
	R	0.2649492	0.5346013	979.972665	− 0.093168	− 0.073830
20	O	⟨0.2649344⟩⁺	⟨0.5345515⟩⁺			
	L	0.2649993	0.5346236	980.243077	0.177247	
	R	0.2649510	0.5345936	980.051551	− 0.014279	− 0.191526
21	O	⟨0.2649347⟩⁺	⟨0.5345693⟩⁺			
	L	0.2649528	0.5345717	980.246005	0.180175	
	R	0.2649592	0.5345877	980.173527	0.107697	− 0.072478

t_1：AB 間の通過時間(sec.) t_2：AC 間の通過時間(sec.) O：ゼロ回転，L：左回転，R：右回転
(ジャイロ：実効外半径 2.7 cm，ロータ質量 206 g，慣性モーメント 1125 g·cm²)

次に第 2 回の落下実験について述べる。第 2 回の落下実験は[30]，新しいジャイロスコープを作り，カプセルの空気抵抗を考慮した実験を行った。以下において落下時間及び落下加速度を左と右の回転について測定した。回転数は 18,000 r.p.m. である。落下実験の組は 21 回行った。各組は，ゼロ回転 3 回，左回転 1 回，および右回転 1 回よりなる。実験データは，表 2 に掲げる。これ以上の回数には無理がある。なぜならば，ジャイロはカプセルに密閉されているとは云え，ショック吸収材で受止めているため，着地時における回転軸が鉛直方向からの急激な傾きを生じ，このためにジャイロの回転軸の劣化が激しく，これ以上の落下実験はできなかった。

第 2 回の落下実験のデータを整理すると，

$$\langle g(L) \rangle = 980.0719 \pm 0.1247 \text{ gal},$$
$$\langle g(R) \rangle = 979.9302 \pm 0.1192 \text{ gal},$$
$$\langle g(L) - g(0) \rangle = \langle g_S(L) \rangle = 0.0059 \pm 0.1247 \text{ gal},$$
$$\langle g(R) - g(0) \rangle = \langle g_S(R) \rangle = -0.1356 \pm 0.1192 \text{ gal}.$$

表2　第2回落下実験 (2003) における自転ジャイロの落下時間と落下加速度

(The sign $\langle\rangle^+$ denotes the mean value of three measurements.)

No.	ξ	t_1, (s)	t_2, (s)	g, (gal)	$g_S = g - g_E$, (gal)	$g_S(R) - g_S(L)$, (gal)
1	O	$\langle 0.2649017\rangle^+$	$\langle 0.5345196\rangle^+$			
	L	0.2649243	0.5345844	979.885579	-0.180251	
	R	0.2649229	0.5345978	979.763940	-0.301890	-0.121639
2	O	$\langle 0.2648975\rangle^+$	$\langle 0.5345150\rangle^+$			
	L	0.2649184	0.534557	980.065883	0.000053	
	R	0.2649177	0.5345776	979.881373	-0.184457	-0.184510
3	O	$\langle 0.2649662\rangle^+$	$\langle 0.5345848\rangle^+$			
	L	0.2649772	0.5346090	980.162556	0.096726	
	R	0.2649790	0.5346730	979.867183	-0.198647	-0.295373
4	O	$\langle 0.2649617\rangle^+$	$\langle 0.5345279\rangle^+$			
	L	0.2649219	0.5345446	980.187794	0.121964	
	R	0.2649213	0.5345832	979.868283	-0.197547	-0.319511
5	O	$\langle 0.2648948\rangle^+$	$\langle 0.5345532\rangle^+$			
	L	0.2649109	0.5345740	979.849326	-0.216504	
	R	0.2649131	0.5345891	979.746327	-0.319503	-0.102999
6	O	$\langle 0.2649083\rangle^+$	$\langle 0.5345126\rangle^+$			
	L	0.2649240	0.5345578	980.099313	0.033483	
	R	0.2649270	0.5345631	980.083247	0.017417	-0.016066
7	O	$\langle 0.2649037\rangle^+$	$\langle 0.5345505\rangle^+$			
	L	0.2649246	0.5345719	979.989989	-0.075841	
	R	0.2649271	0.5345934	979.857613	-0.208217	-0.132376
8	O	$\langle 0.2649257\rangle^+$	$\langle 0.5345886\rangle^+$			
	L	0.2649284	0.5345834	979.930690	-0.135140	
	R	0.2649351	0.5346123	979.756014	-0.309816	-0.174676
9	O	$\langle 0.2648942\rangle^+$	$\langle 0.5345311\rangle^+$			
	L	0.2649158	0.5345320	980.235309	0.169479	
	R	0.2649185	0.5345580	980.048069	-0.017761	-0.187240
10	O	$\langle 0.2649735\rangle^+$	$\langle 0.5346325\rangle^+$			
	L	0.2649883	0.5346424	979.990906	-0.074924	
	R	0.2649819	0.5346511	979.862421	-0.203409	-0.128485
11	O	$\langle 0.2649656\rangle^+$	$\langle 0.5345919\rangle^+$			
	L	0.2649904	0.5346416	980.016352	-0.049478	
	R	0.2649892	0.5346649	979.815992	-0.249838	-0.200360
12	O	$\langle 0.2649666\rangle^+$	$\langle 0.5345999\rangle^+$			
	L	0.2649811	0.5346185	980.120428	0.054598	
	R	0.2649905	0.5346329	980.088037	0.022207	-0.032391
13	O	$\langle 0.2649723\rangle^+$	$\langle 0.5346194\rangle^+$			
	L	0.2649906	0.5346105	980.265801	0.199971	
	R	0.2649825	0.5346293	980.045180	-0.020650	-0.220621
14	O	$\langle 0.2649370\rangle^+$	$\langle 0.5345851\rangle^+$			
	L	0.2649580	0.5346218	979.885249	-0.180581	
	R	0.2649559	0.5346279	979.814886	-0.250944	-0.070363

平均の地球の引力加速度，$g_E = 980.0658$ gal。

g_T は，時々刻々変化する潮汐力の加速度で，g_E のまわりに ±100 μgal の幅で変化する。$g_H(d)$ は，カプセルの純鉄球8の頂点と電磁石の表面との距離 d における磁気的相互作用の加速度で，$d \geq 2$ cm では，g_H は 40 μgal より遥かに小さくなる。

$g_S(\xi, \nu)$ はジャイロの回転方向 $\xi(L, R)$ と回転数 ν に依存するであろうトポロジー的重力加速度である。

図2で示した結果を外挿して考えると，$\nu = 18{,}000$ r.p.m.（300 r.p.s.）においては，右回転での $g_S(R, 18{,}000 \text{ r.p.m.}) \approx -0.108$ gal 程度と予想される。一方，左回転では，$g_S(L, 18{,}000 \text{ r.p.m.}) \cong 0$ gal と予想される。かくして，g は次のように近似される。

$$g \cong g_E + g_S(\xi, \nu), \ (\xi = L, R), \ ただし, \ |g_E| \gg |g_T| > |g_H(d)|.$$

1組の落下実験は，ゼロ，左，右回転はそれぞれ2回，1回，1回行い，それを1組とし，全部で10組のデータを得た。その結果を表1に示す。

左回転の g の平均値 $\langle g(L) \rangle$ と右回転のそれ $\langle g(R) \rangle$ は，

$\langle g(L) \rangle = 980.0687 \pm 0.0663$ gal,
$\langle g(R) \rangle = 979.9266 \pm 0.0716$ gal

ゼロ回転の $g(0) = g_E = 980.0658$ gal と $g(L)$ との差の平均値，および g_E と $g(R)$ の差の平均値は

$\langle g(L) - g(0) \rangle = \langle g_S(L) \rangle = 0.0029 \pm 0.0663$ gal,
$\langle g(R) - g(0) \rangle = \langle g_S(R) \rangle = -0.1392 \pm 0.0716$ gal,

であった。そして，$g_S(L)$ と $g_S(R)$ との比は，

$$\left| \frac{\langle g_S(R) \rangle}{\langle g_S(L) \rangle} \right| = 48,$$

であった。ここで，± は one standard deviation（1σ）を示す。

表1および統計的処理のデータから判るように，左回転では，ゼロ回転時の落下加速度とほとんど同じであり，他方，右回転では落下加速度は明らかに減少している。そして，各組における $g(L)$ と $g(R)$ を較べると，どの組でも $g(R) - g(L)$ は負である。このことに例外はない。ここでつけ加えると，宮城テレビによる映像の録画の記録がある。

表1　鉛直軸のまわりの 18,000 rpm での L 回転と R 回転に関する落下加速度の測定値とそれらの差

Experiment date	$g(L)$, gal	$g(R)$, gal	$g(R)-g(L)$, gal
27July	980.0965	979.9153	-0.1812
27July	979.9622	979.8324	-0.1298
28July	979.9912	979.8702	-0.1210
8Aug	980.0322	979.9356	-0.0966
9Aug	980.0196	979.8185	-0.2011
10Aug	980.1682	980.0159	-0.1523
11Aug	980.1331	980.0166	-0.1165
12Aug	980.1577	980.0259	-0.1318
9Sept	980.0653	979.8926	-0.1727
28Sept	980.0613	979.9432	-0.1181

ウンタ 19 と 20 が作動する。ガイド棒の先端が BB' のビームを切ると、ゲートが閉じ、同時にタイム・カウンタ 19 が時間計数をやめる。先端 11 が CC' を横切ると、ゲート 18 が閉じ、同時にタイム・カウンタ 20 が計数を止める。こうして、AA' と BB' 間の落下時間と AA' と CC' 間の落下時間を測定した。

ジャイロカプセルの落下は、第 1 近似としてニュートンの運動方程式に従うものとする。ただし、カプセルが空気中を落下する時、空気抵抗は無視された。第 2 回の落下実験においては、カプセルの空気抵抗を考慮したが、結果はほとんど同じであった。このことは後で述べる。カプセルの落下運動は下式で与えられる。

$$h_1 = \frac{1}{2} g t_1^2 + v_0 t_1,$$

$$h_2 = \frac{1}{2} g t_2^2 + v_0 t_2,$$

$$h_3 = h_1 + \Delta h = \frac{1}{2} g t_3^2 + v_0 t_3, \quad (\Delta h = 0.3 \text{ cm}),$$

そして落下加速度 g は

$$g = g_E + g_T + g_S(\xi, v) + g_H(d), \quad (\xi = L, R),$$

ここで、h_1 と h_2 はレーザビーム AA'−BB' の距離、AA'−CC' 間の距離であり、v_0 はカプセルの先端が AA' を横切る時の速度である。そして、g_E は仙台における年

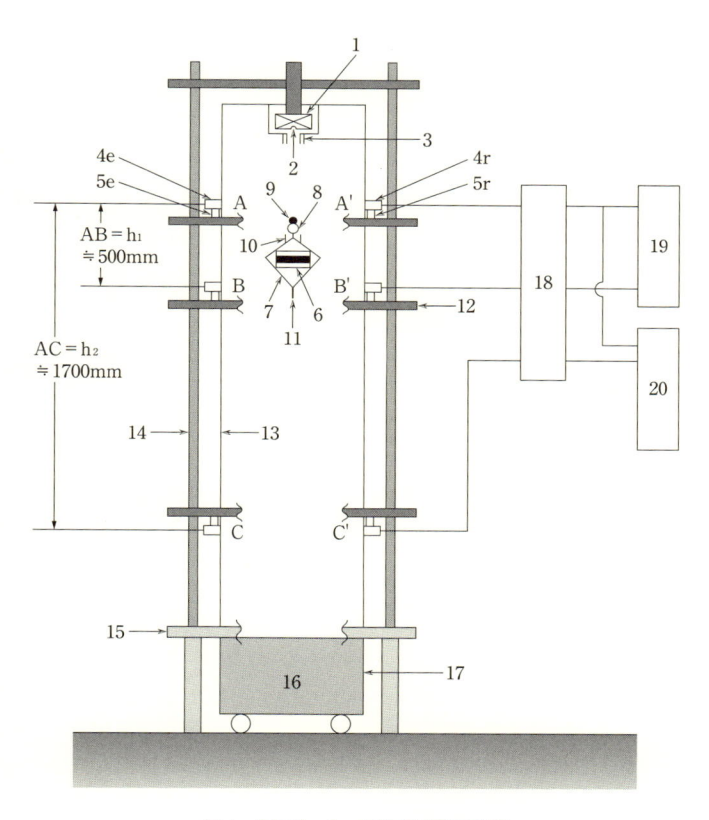

図4　自転ジャイロの落下時間測定装置

sの精度を有する周波数計数器（時間計数器）。レーザビームの射出と受光器の一対は、上、中、下段のプラットフォーム上に置かれる。各ビームは、部分2を通る鉛直線上で焦点が合される。各焦点でのスポットの直径は、$0.1\,\mathrm{mm}\phi$である。

　自転ジャイロの落下時間は、次のようにして測定された。純鉄球8の9を電磁石1のくぼみ2にくっつけて、ジャイロを18,000 r.p.m.まで回転数を上げ、定常回転になったことをジャイロの駆動周波値、電流値、電圧値で確める。そうしてから電磁石のスイッチを切ってジャイロカプセルを落下させる。カプセルのガイド棒の先端11がレーザビームAA'を切った時に、ゲート18が開き、タイム・カ

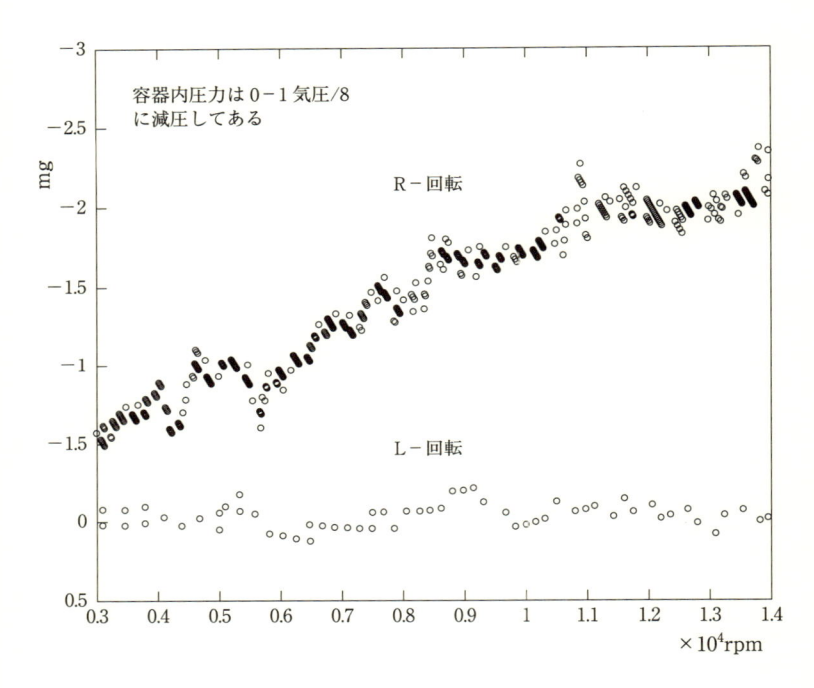

図3 回転の向きに依存するジャイロの重量変化（mg），ポルトガル

番号で示す。1，水冷された電磁石。2，ボールベアリング9と同じ半径を持っているくぼみ。2と9は部分1の中心において部分7を固定するために用いられる。3，3つの水銀コネクタ，この中に部分10が挿入される。4e，レーザ射出器。4r，レーザ受光器。5e，鉛直方向と水平方向の2つの方向におけるマイクロゲージを持っているレーザステージ。5r，マイクロゲージを有しないレーザステージ。6，ジャイロスコープ。7，なめらかな表面のカプセル。8，部分7にくっついた純鉄球。9，部分8の頂点に埋め込まれた直径1.15 mmϕのボールベアリングの半球。10，部分6に対して電源を供給するためと，部分6の慣性回転に伴う微小振動から部分7を守るために用いられる3つの電極。11，直径4 mmϕのガイド棒。12，プラットフォーム。13，直径400 mmϕのアクリル筒。14，SiCで作られた4本のセラミックの支柱（熱膨脹係数＝2×10^{-6}/℃）。15，ベース・プラットフォーム。16，ショック吸収材。17，キャスター。18，ゲート回路。19と20，0.1 μ

我々は、ジャイロの重量変化の測定に先立って、タバコの煙を容器内に入れ、ジャイロを回転させてみて、乱流の存在を確認している。それで、乱流の効果を小さくするために容器内の空気圧を大気圧の1万分の1（0.1 torr）に減圧したのである。こうして我々はジャイロの回転に伴うガスの乱流効果をできるだけ排除した。容器内の空気圧を0.1 torrにしたことは、我々の論文に記載してある通りである。アメリカで行われた実験条件と我々のそれとは実験条件がまったく違う。このことに彼らが配慮せずに報文を提出したことは極めて残念なことである。

　フランスでの実験：

　次に、フランスの度量局[29]で行われた測定について述べる。フランスでの実験は、アメリカの場合と比べて、実験条件は本質的に違いはないが、その結果は少し違う。彼らの示したデータによると、右まわりの回転の場合、羽根車の重量は回転数に比例して減少し、左回転ではまったく変化がない測定結果を示した。この生データは我々のデータと本質的に同じである。しかしながら、彼らはこの変化を以下の解釈によって否定した。その解釈とは、右回転時の重量減少は、容器を置いている計量器の支持部分で"ねじれ"現象が生じたのであろう、と。そのために右回転で重量減少が生じたのであろう、と。しかしながら、左回転については何んらのコメントはない。彼らのこの解釈には不可解さがある。なぜならば、右まわりで生じたであろう"ねじれ"をニュートン力学の枠内（弾性力学）で説明しているのであるから、左回転についても同じ理くつで説明すべきであろう。この説明によれば、右回転での"ねじれ"と逆向きの支持点での変化、すなわち、それは重量の増加になるはずだ。だが、そのような彼らの説明はない。しかも、支持点での"ねじれ"が右回転で現実に起きていると云う実験上の立証もない。彼らの示したデータ（右回転での重量減少）は真実を示しているのであって、彼らの解釈は正しくはない、と考えるのが妥当であろう。彼らの解釈が正しいのか、否かは、次に示すポルトガルでの磁気天秤と真空容器（0～125 mbar＝0から1気圧の8分の1）を用いたジャイロの重量変化と、我々の落下実験からはっきりと判定されるであろう。

　ポルトガルでの実験：

　図3はポルトガル（ポルト大学のNumo Santos）でのジャイロの重量変化の測定である。横軸は10^4 r.p.m.を単位とし、縦軸はmg（ミリグラム）を単位としている。ジャイロの容器は0から1気圧の8分の1に減圧してある。

　ジャイロの回転方向に依存する落下実験の装置の概要。

　落下実験は1994年に行われた。この時に用いられたジャイロは、1986年から1988年に天秤による測定の時に用いたものと同じものを用いた。装置の部分は

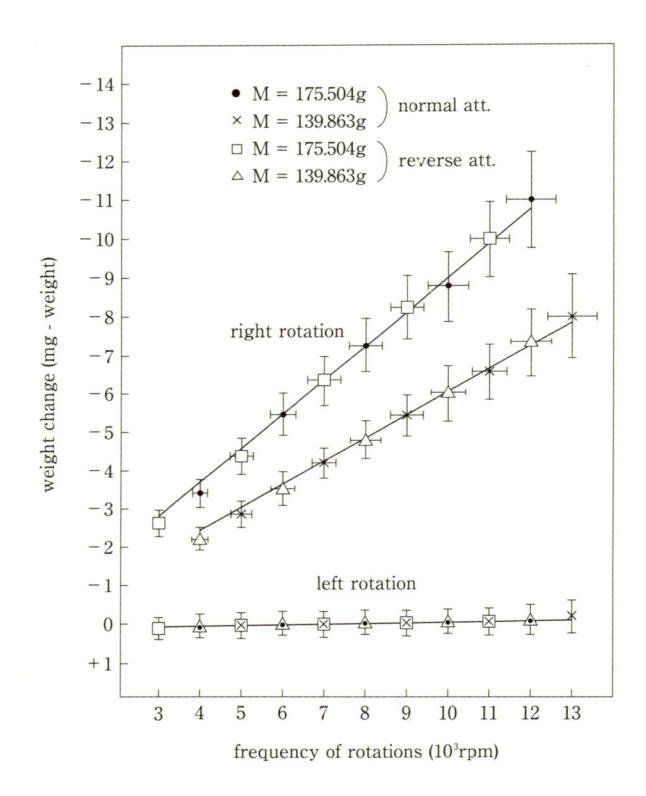

図2のグラフ（電子および化学天秤を用いた自転ジャイロの重量変化）

- M = 175.504g ● 　normal att.
- M = 139.863g ×
- M = 175.504g □ 　reverse att.
- M = 139.863g △

縦軸：weight change (mg - weight)
横軸：frequency of rotations (10^3rpm)

right rotation / left rotation

M：ジャイロ・ロータの質量
normal att.：正常姿勢
reverse att.：逆姿勢

図2　電子および化学天秤を用いた自転ジャイロの重量変化

そのために，左と右の回転時の重量変化の差違を見い出せなかった，と報告している。左回転と右回転のいずれの場合でも容器にガスが充満していると，羽根車によってガスは激しい乱流を生じ，乱流が鉛直方向（回転軸方向）の容器の壁にぶつかり，ランダムな大きい重量変化を生じる。容器と重量計量器は直接接触しているから，容器は閉じた系ではなくなっている。アメリカの研究者は，こうしたガスの乱流効果による影響をまったく考慮していない。

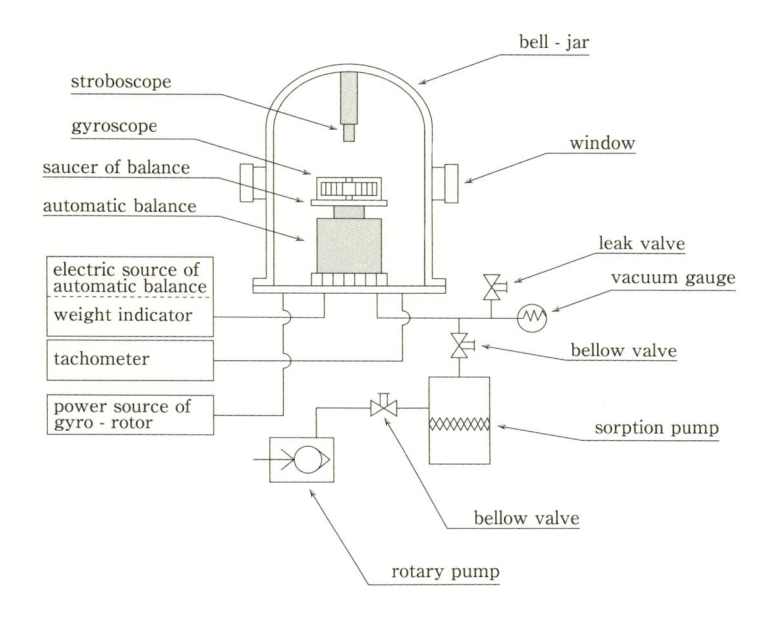

図1　電子天秤を用いた自転ジャイロの重量変化測定装置

torrまで排気した。ガラス容器内の空気は，毎回の実験ごとに排気した。

電子天秤と化学天秤を用いた回転の向きと回転数に依存する重量変化の測定は，繰り返し多数回測定した。回転数をパラメータとして多くの日にわたって測定した。ジャイロの回転方向と回転数をパラメータとする測定結果を図2に示す。

最も重要なことは，ベルジャーおよびガラス真空容器内の圧力のことである。特にガラス容器の体積は余り大きくないので，圧力が変化しやすい。圧力がロータのグリース等のリークによって少しでも大きくなると，空気の乱流が現れ，回転時の重量変化がランダムに変ることである。容器内の圧力が相当減圧し，変化がない場合は乱流の影響が現れない。

アメリカでの実験：

米国で行われた測定[28]は，我々の測定条件とまったく違う。彼らは，羽根車をロータとして用い，その回転は，羽根車に窒素ガスを激しく吹きつけることによって行い，バルブコックを閉じる。羽根車の回転は窒素ガスの激しい乱流を生ずる。米国の研究者はこの乱流の影響による重量変化をまったく考慮していない。

1986年頃，早坂と竹内は，電子天秤を用いて回転体（ジャイロスコープ）の重量変化が，その回転の向きと回転数にどのように依存しているのかを測定しようとした。反重力があるのかどうかを確めようとするから，前代未聞のことである。

　従来のアインシュタインの理論では，引力場について論述されており，反重力場についてははっきりとは予言していない。宇宙項なる斥力についてはアインシュタインによって提案されたが，彼自身によって取り下げられた。がしかし，彼の考え方は現在のインフレーション理論によって復活させられた。

　反重力があるとすれば，反重力加速度はどれ程の大きさであろうか。回転速度 $v(=r\omega)$ に比例し，1週期について1回の多重パルスが発生し，そして上から見て右まわり回転で 10^{-5} のオーダの大きさ，であることが予想されていた。それで，右まわりの回転において，質量が200g程度，回転半径が3cm程度，のジャイロスコープならば回転数は200～300 r.p.s., すなわち 12,000～18,000 r.p.m.で回転させると，10～15 mg 重の重量減少が生ずるであろう，ことが予想された。この予想は電子天秤，化学天秤および落下実験の3つによって確認された。

　まず，電子天秤による測定について述べる。この実験装置は下図で示される。
　ジャイロは，アルミニウム，真ちゅう，硅素鋼板から成る多層構造のものである。ロータの外半径は，2.6 cm と 2.9 cm の 2 つを用いた。電子天秤の精度は 1 ミリグラムである。

　ストロボタコメータ（回転計）はジャイロの真上に設置する。電子天秤の制御用電子回路は，天秤の本体から一旦取りはずし，150 cm のリード線で結ばれる。電子天秤の本体以外の他の電子回路（表示器のもの）は，やはりベルジャーの外に置かれ 150 cm のリード線で本体と結んだ。電子天秤の電子回路をリード線で結んだことは，ジャイロと電子天秤の電磁結合を防ぐためである。ジャイロの駆動装置はベルジャーの外に置き，ジャイロはベルジャーの中に入れた。

　ベルジャー内部の真空度は 0.1 torr（標準大気圧の 1/10000）にする。ジャイロの高速回転時も減速回転時も同じく 0.1 torr に保持した。このことは，ジャイロ回転において，空気の乱流をできるだけ防ぐためである。ベルジャー内の圧力保持は，ロータリポンプとソープションポンプの直列連結によって行った。ベルジャー内部の圧力保持は非常に重要であった。ジャイロの回転状態によるロータの揚力は，ベルジャー内の空気ガスの圧力の強弱によって変化するからである。ソープションポンプによる微小圧力変化をコントロールすることは重要であった。

　次に化学天秤を用いた時について述べる。ジャイロは，ガラスで作った真空容器に入れ，容器にはコックを付け，排気した。やはりベルジャーと同じく，0.1

量m_Gを負することを見い出した。

　チャーン・サイモンズ理論の特徴は，空間は複素2次元，時間は1次元の3次元を対象とする。第2の特徴は，ラグランジアン$L(a)$は閉じた径路上での積分として定義しているので，ド・ラムのコホモロジーのカテゴリに属している。すなわち，$L(a)$は

$$L(a) = \oint_C a \wedge da,$$

を満たすような関数である。ここで，積分は磁場が印加されている領域で行われる。そして，記号$\wedge$は外積を表す。

　$L(a)$はスピン成分を含んだ重力場を表すとすれば，多くの計算をした後に得られる結果，重力質量m_Gは

$$m_G = m_I + \mu\sigma = m_I + \mu S_I,$$

で表され，m_Gは負となりうる。ここで，m_Iは慣性質量，μは磁気的量，そしてσはスピンS_Iを表す。

　重力的質量m_Gは素粒子のスピンの制御を通して，負とすることができる。

$$m_G = m_I + \mu S_I < 0,$$

から，もはやアインシュタインの等価原理の要請は成り立たなくなる。こうして，m_Gは負となり，反重力なる現象が現れる。投稿された論文で，初めてアンチグラヴィティと云う名称が登場した。これは1992年のことである。世界の物理学者も反重力の存在を認めざるを得なくなって来た。

　上の式で明らかにした内容は，極めて重大なことである。なぜならば，素粒子の持っている固有のスピンを外部磁場によって制御して，負の重力質量を生成する技術の基礎を与えるからである。自然に対する人類の認識は日々新たになっている。ある時点までに得られている知見が自然の法則のすべてであるとして固定化すると，自然の持っている深い内容を限定化してしまう。この危険性はかなり物を知っている人間といえども心せねばならない。

2.2　反重力の存在を立証した実験

　反重力が存在しているのか否かの推論は前節で述べた。この上に立って実験を行った。この実験について少し詳しく述べる。

$$f^3(L) = m\left\{-g_0 - 4\pi Gm\left(\frac{v}{c}\right)^2\frac{z}{R^3}\right\} \approx -mg_0,$$

右回転によって生ずる重力 $f^3(R)$ は, パルシィブなトポロジー効果が発生し

$$f^3(R) = m\left\{-g_0 - 4\pi Gm\left(\frac{v}{c}\right)^2\frac{z}{R^3} + \sum_N \pi A_N(R) N \omega^* c \delta(x^0)\right\}$$
$$\approx m(-g_0 + 1\times 10^{-5} r\omega \delta(x^0)),$$

ここで g_0 は地球の引力加速度, G はニュートンの引力定数, v は回転速度, c は光速度, R は座標原点から質点までの距離, z は鉛直方向の R の成分, m は質点の質量, $A_N(R)$ は右回転における N 次モードの振幅, そして $\delta(t)$ はパルス関数である。$f^3(R)$ の右辺第3項はトポロジカルな付加項であるが, この項は原子の核と電子間に存在するであろう微少な斥力(核と電子間の距離 r の逆3乗に比例し, 両者の質量の積に比例する)の斥力モーメントを毎秒時間について積分した斥力モーメントのエネルギーを示す。この項が右回転によって巨視的反重力として現れる。解析の詳細は第Ⅱ部論文篇, "反重力の科学と技術"を参照して頂きたい。

2つの式の右辺の第2項は, 回転運動にともなう自己相互作用を表し, $f^3(R)$ の右辺の第3項は, 円運動にともなう角運動量の不変性から出てくるトポロジー効果(ド・ラムのコホモロジー効果)によるものである。左回転による重力 $f^3(L)$ と右回転による $f^3(R)$ はもはや等しくないことは, 円運動は非対称な重力場を生成していると云うことだ。この非対称な場こそが, 反重力の場である。

円運動は知りつくされていると思われているが, 実はそうではなく, そこには底空間上での閉じた径路に沿った運動の向きと云う, 最も単純なトポロジー性が存在しているのである。このトポロジー性が反重力と云う物理学上のタブーを生み出しているとは誰もが気づかないことである。反重力の実在は実験を通して確認する以外には方法はない。すなわち, 回転体の重量測定を通しての両回転の加速度と, 落下時間の測定を通しての両回転の落下加速度の測定によってのみ立証する以外に方法がない。科学の常識となっていることを打ち破ることは容易ではない。これら2つの立証実験は, やはり第3章の後半で述べられる。

次にディザー[24]らによって研究されたトポロジカル質量重力理論について, その骨子のみを述べる。この理論は, 素粒子のスピンのトポロジー的性質に起因して, 素粒子の重力質量 m_G を負にする可能性があることを論じた。ディザーらは計量テンソルを含まぬ場のチャーン・サイモンズ理論をスピンに適用して重力質

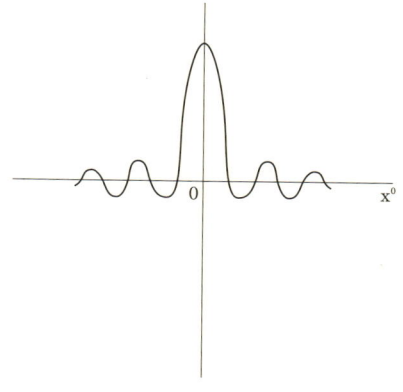

ここで，$N = 1, 2, 3, \ldots\ldots, \infty$ まで取れるから，$f^3(L)$ と $f^3(R)$ の差は多重振度モードの重ね合せのパルス関数で記述できる。$f^0(L)$ と $f^0(R)$ の差は，パルス関数では与えられない。

　時間まで含めた4次元の閉じた径路上での運動（円運動）では，空間成分のみを考慮した通常の世界での円運動の内容とは違っている。特に，$N \to \infty$ の場合は，$f^3(L)$ と $f^3(R)$ の差は高振動のパルスの重ね合せであるから，このことは一種の真空の励起が生じていると考えることができる。つまりポジティブなエネルギーの励起である。負のエネルギー場，引力場，に対して円運動のような閉じた径路に沿った運動は反重力を生む，と云える。回転運動にもとづく反重力の生成の原理は以上のようなことである。ここで，4次元時空の閉じた径路とは，3次元の径路に時間 x^0 を射影した底空間上での閉じた径路のことである。つまり，3次元空間とパラメータとしての時間で記述される閉じた径路である。

　さらに質点の運動（この場合，円運動）を微分形式で書くと，もはや対称場（$\Gamma^\mu_{\alpha\nu} = \Gamma^\mu_{\nu\alpha}$）ではないので，非対称場（$\Gamma^\mu_{\alpha\nu} \neq \Gamma^\mu_{\nu\alpha}$）で表わさねばならなくなる。このことは前に述べたように，$f^3(L)$ と $f^3(R)$ はもはや等しくないからである。すなわち，

$$f^3(L) \neq f^3(R) \to \overset{*}{\Gamma}{}^\mu_{\alpha\nu} \neq \overset{*}{\Gamma}{}^\mu_{\nu\alpha}.$$

非対称場の強さを表す接続係数 $\overset{*}{\Gamma}{}^\mu_{\alpha\nu}$ は，対称場の接続係数 $\Gamma^\mu_{\alpha\nu}$ とは違う。こうしたことを詳細に考慮に入れると，左回転によって生ずる重力 $f^3(L)$ は，トポロジー効果の項はなく

Ω と Ω' との差は完全微分だけの差があり，そしてその差 $d\chi$ はゼロではなく

$$\Omega - \Omega' = d\chi \neq 0,$$

が成り立っている。すなわち，1つの径路に沿った2つの積分が等しい場合，その被積分関数の差は完全微分だけの差がある。重要な条件は，その径路は閉じた径路についての積分であると云うことだ。ここにトポロジーの概念が生きてくる。

このド・ラムのコホモロジーの第2定理を左と右の回転に適用しよう。すると，

$$\frac{1}{c}\oint_C \{x^0(f^3(L)-f^3(R))-x^3(f^0(L)-f^0(R))\}dx^0 = \oint_C d\chi = 0, \;(d\chi \neq 0)$$

ただし，完全微分はフーリエ級数の和で与えることができるので，次のように記述できる。

$$\frac{1}{c}\oint_C \{x^0(f^3(L)-f^3(R))-x^3(f^0(L)-f^0(R))\}dx^0$$
$$= \oint d(\sum_N A_N \cos N\overset{*}{\omega}x^0 + \sum_N B_N \sin N\overset{*}{\omega}x^0).$$

かくして，$f^3(L)-f^3(R) = \dfrac{c}{x^0}\{-\sum_N A_N N\overset{*}{\omega} \sin N\overset{*}{\omega}x^0 + \sum_N B_N N\overset{*}{\omega}\cos N\overset{*}{\omega}x^0\}$,

が導かれる。しかしながら，右辺の第1項は物理的に許されるが，第2項については許されないことから

$$f^3(L)-f^3(R) = -c\sum_N A_N N\overset{*}{\omega}\sin N\overset{*}{\omega}x^0/x^0 \cong -c\sum_N A_N N\overset{*}{\omega}\pi\delta(x^0),$$

が導かれる。なぜならば，$\sin N\overset{*}{\omega}x^0/x^0$ は $x^0 \to 0$ で有限であるが，$\cos N\overset{*}{\omega}x^0/x^0$ は $x^0 \to 0$ では有限ではないからである。ここで，$\overset{*}{\omega}=\omega/c$，$A_N$ は N モードに関する振幅，$\delta(x^0)$ はパルス関数である。

$f^3(L)$ と $f^3(R)$ との差は，基本的には $\sin \overset{*}{\omega}x^0/x^0$ の形であり，下図で表せる関数であり，これはパルス関数で近似できる。

トポロジー重力理論は，デウイット[18]，イシャム[19]，カパアとデュフ[20]，ディザー，デュフとイシャム[21]，クリステンセンとフーリング[22]，キムラ[23]らの研究者によって発展させられた。そして，1992年ディザー[24]は，素粒子のスピンを制御することによって負の重力質量の存在を見い出した。この研究によってアンチグラヴィティ（反重力）の存在を主張した。

　トポロジーとは日本語で位相幾何学と訳され，現代数学上での最先端の領域を研究する。これを重力の分野に適用し，解析する研究方法となっている。数学上のトポロジーとは，多様な形状の図形とか，多様な性質の事象を，共通の性質のグループに分類し，あるいはそれらのグループの持つ共通の内容を知ろうとする現代数学の一つの分野である。この学問を時間と空間の場について適用し，解析しようとする。

　量子重力場の理論と違う点は，時空の場がどんな形状をしているのか，どんな境界をしているのか，などの巨視的領域の重力を研究する分野である。つまり，エーテルの性質が局所的多様体に依存しているのではなく，全多様体に依存している，その様態を研究するのがトポロジー重力理論である。

　さて，早坂の4次元角運動量についてのトポロジカル研究は，1994年ロシアの科学アカデミーの創立200年を記念した国際会議で発表された[25]。この研究によって回転運動（4次元的）の回転の向きにトポロジー性を見い出した。以下でその概要を述べる。

　時間 $x^0 = ct$ と $x^3 = z$ 軸についての4次元角運動量 M^{03} あるいは M^{30} は，次のように定義されている。

$$M^{03}(\xi) = \frac{1}{c}\int_C (x^0 f^3(\xi) - x^3 f^0(\xi)) dx^0, （\xi は回転の向き）。$$

角運動量が回転の方向について不変であると云うことは

$$M^{03}(L) = M^{03}(R),$$

すなわち，$\displaystyle\frac{1}{c}\oint_C (x^0 f^3(L) - x^3 f^0(L)) dx^0 = \frac{1}{c}\oint_C (x^0 f^3(R) - x^3 f^0(R)) dx^0,$

を意味する。ここで $\displaystyle\oint_C$ は閉じた径路（この場合，2次元平面上の円軌道を意味する）に沿った積分を表す。

　ここで，トポロジーの一つの定理，ド・ラムのコホモロジーの第2定理[26][27]を適用しよう。この定理によれば，2つの積分が等しい場合，$\displaystyle\int \Omega - \Omega' = 0$ ならば，

[第Ⅰ部論文篇] 第2章
反重力の存在に関する理論と実験の研究レビュー

2.1 反重力の存在に関する理論

　第2章においては，反重力の存在に関連する理論と実験についてレビューする。反重力についての理論研究はカントから始まる。カントは大哲学者として知られているが，実は元来自然科学者である。彼の反重力理論は，1755年に書かれた「天界の一般自然史と理論[10]」および1786年の「自然科学の形而上学的原理[11]」に述べられている。カントによると，物質はニュートン引力と距離の逆3乗に比例する万有斥力との相反する2つの力によって構成されている。距離の逆3乗に比例する斥力の存在は，早坂と杉山の前著「反重力はやはり存在した」で述べたように，原子内部の力として存在している。カントの推論によると，万有斥力は微小空間において存在している。この推論は，早坂によって原子内部で存在することが導出された。物質の存在は，相反する2つの力によってのみ存在しうると云う，カントの主張は，物質の本質を摑えている。
　アブラハムは，1912年 Phy.Z で距離の逆3乗に比例する斥力の存在を述べている[12]。アブラハムによると，空間は一種の媒質であって，まったく空虚ではない媒質であるとした。このような一種の媒質は，エーテルと云われ，ギリシア時代から想定され，現代の量子重力場理論の基となった。この事については，再び第4章で述べられる。
　アインシュタインは，1915年に一般相対性理論を発表したが，この時点ではエーテルの存在は考慮外にあった。1920年になって，アインシュタインは，エーテルの存在なしで重力場は考えられない，と云った。その後，時は経過し，1965年デウイット[13]，1973年マイスナー，ソーン，ウイラー[14]，1977年ギボンズとホーキング[15]，1978年アビイスとイシャム[16]，1976年にウンルー[17]ら，他の多くの研究者によって量子重力場理論が発展させられた。
　量子重力場の理論によって得られた最大の功績は量子エーテルの存在を認知したことである。エーテルの概念は，古くはギリシア時代からあったが，アブラハム，アインシュタインを通してエーテルの概念が持ち越され，量子重力場理論において再認識された。

ャル差が生じ，飛翔体を推進させる。云わゆる無重力空間でのポテンシャル差は小さくてよい。問題は引力場を持っている天体の周辺で，その天体からの離脱の時である。この場合は，どのようにして反重力の強さをコントロールするかは第3章で詳しく述べる。

他方，提示された宇宙船の推進方式は，まったく新しい推進原理——閉じた径路に沿って運動する質点が生み出すトポロジー的重力効果と，強磁性体のスピン波による空間エネルギーの励起に基づいている[7]。このような推進原理は運動量保存の原理とはまったく異なる。

　具体的に述べると，後者では化学燃料の燃焼ガスを噴射することによって飛翔体に積まれた物質（燃料）の喪失を生じる。他方，新しい推進方式ではこの事象は生じない。したがって，後者での推進は非常に短時間だけにわたって行われるが，新しい推進方式では半永久的に推進は維持される。それ故に，新方式では長距離の惑星間航行が可能となる。それに加えて，推進によって生ずる反重力加速度は非常に大きくすることが可能である。そして，新方式では船内の慣性力は生じないと云う特徴がある。宇宙開発を担当して来た研究者は，これらの特徴を備えた飛翔体の建造を目標として来た。今ここで，この条件を具備した宇宙船の建造を提示できる。

　閉じた往路に沿った質点のトポロジー的重力とはどんなことを云っているのか。それをもう少し具体的に述べよう。すなわち，4次元角運動量，特に時間と鉛直方向の重力，との角運動量を考える。この量が両回転方向について不変であるので，時間x^0と重力f^3との積の左と右の回転の両方のトルクの積分は等しいけれども，左回転と右回転のトルク自体は等しくはないと云うことだ。このトポロジー効果によって左と右の回転方向の重力は同じでない，と云うことである。この事象は，電磁気におけるAharonov-Bohm（A-B効果）効果と云う広い意味でのゲージ効果に属する事象である。コホモロジーと云う数学上の概念からすると，ド・ラムのコホモロジーに属する。このことによって，右回転（船の進行方向から見て）において反重力が生成される。単に金属円盤を右回転させても生ずる反重力効果は小さい。反重力効果を極めて大きくするためにはどうするとよいのか，その方法が強磁性体のスピンを用いるテクノロジーである。そのテクノロジーは次のようである。

　強磁性体の微粉体をケロシンなど溶媒に均一に分布させる。これを磁性流体と云う。そして磁性流体を円環パイプに封入し，外部磁場を印加する。外部磁場はねじって印加する。互に逆方向に進行するスピン波の重ね合せによってマグノン（スピン波の擬エネルギー粒子）を形成し，それを飛翔体の周辺に分布させる。もちろん，磁性流体は，進行方向から見て右まわりに循環させられている。この方法で強い反重力が生成される。同時に，飛翔体の前後，左右，上下方向にマグノンエネルギー分布の濃淡を作る。そうすると，飛翔体周辺の宇宙空間が，マグノンエネルギー分布の濃淡に応じて励起される。このことにより空間のポテンシ

[第Ⅰ部論文篇] 第1章
現有する飛翔体の推進物理

　現在の宇宙推進システムの推進原理は，作動物質を後方に噴射することで前方に推進する反動推力を利用したものである。反動推力は運動量保存則にもとづいた推進方式のため運動量推力とも称される。ジェットエンジンや化学ロケットエンジンは内燃機関による噴射ガス流の後方噴射による反作用により推進し，イオンロケット，プラズマロケットに見られる電気推進もイオン流，プラズマ流の反作用により推進する。

　また，原子力推進システム（熱核推進，核分裂パルス推進，核融合パルス推進）の推進原理も作動物質噴射による反動推力（＝運動量推力）を推進原理としている。

　他に，圧力推力を推進原理とするものがある。太陽光やレーザーの光圧を受けて推進するソーラセイル（太陽光帆船）やライトセイル（レーザ光帆船）の推進システムがある。また，ジェット機や化学燃料による現有のロケットについても，エンジン後部圧力が前部の大気圧力よりも高いので，これらの圧力差による圧力推進が全推力の10～20％程度寄与している。

　上の現有している推進システムは，いずれも作動物質を高速度で後方に噴射し，その反作用で前方への推力を発生する反動推力（運動量推力）によるもので，得られる推進速度に一定の理論的限界が存在する。すなわち，推進システムの最終到達速度は，運動量保存則により，作動物質の噴射速度とロケットなどの質量比の自然対数との積から理論的に決定されるもので，いかに加速しても，この最終到達速度を超えることはできない。たとえば，液体酸素―液体水素の化学ロケットの場合，最終到達速度は8.8 km/sとなり，地球の公転速度30 km/s，火星の公転速度24 km/sに較べてかなり小さい速度が限界値となる。化学ロケットでは多段構成にしても，秒速が10数km/sが実用的な限界値となる。すなわち，噴射速度以上の速度は得られない，と云う欠点を有している。電気推進システム，ソーラセイルやライトセルの推進システムも同様である。

　磁場による空間駆動推進システムは，強力な磁気エネルギーにより飛翔体周辺の曲率を生成制御し，空間自体に発生する空間歪み力を推力とするが，空間を励起するエンジンとして強力な磁場を必要とし，これは容易なことではない。

ンの世界よりも遥かに広がっている。この新しい世界で支配的波は"ねじれ波"である。この考え方によってどこまで時空を理解できるのかは，まだ十分判ってはいない。ロシアが提案しているねじれ場の基本要素とみなしているフィトンなる概念は，ペンローズの時空"複素2次元のスピンの集合体"に類似している新しい考え方であることは間違いない。

　第5章は，近未来のガイアの状態と，そこから脱出するための反重力推進方式の宇宙船の建造をしなければならないことを述べる。ホモ・サピエンスと名付けられた種が，産業革命以後，ガイアをどれ程傷つけて来たかを振り返ってみる。ガイアは，もはや修復不可能な状態になっていることを知る。ホモ・サピエンスなる種は，もはやガイアで生存できない状態にあることを知る。もしも，我々が，我々自身を存続させようとするならば，他の天体に移住せざるを得ないことが述べられる。我々自身によるガイア修復のための努力はするけれども，しかし，このことに期待をかけることには無理がある。なぜならば，この種の習性である"必然への洞察"と"他種とのガイアでの共生の明確な認識"の欠如があるからだ。残された唯一の道は，惑星間を航行できる有人宇宙船，それも燃料を用いない飛翔体を建造して地球から離脱せざるを得ない。しかしながら，時間的猶予は50年から60年程である。我々，"ホモ・サピエンス"なる種の積み重ねて来た業の深さを知る。

　だが幸いにも，この目的達成のための推進物理と，それを実現するための推進テクノロジーは，我々によって知られている。

桜花爛漫たる仙台にて著わす

したがって、我々は脱出用の手段を持たなければならない。本書において地球からの脱出用として「反重力推進方式による宇宙船」を提示する。どんな国がどの道を選択するかは自由であるが、我々は、ここで提案した道を選択せざるを得ない。

以下で各章についての概要を述べる。第1章においては、現有及び新たに提案された推進システムの推進物理について述べる。現有システムの第一にあげなければならないのは、運動量保存にもとづく推進方法である。この方法には、現実に用いられている化学ロケット、電気推進システムおよび原子力推進システムがある。提案された新たな推進システムは、反重力推進方式システムである。この方式はスピン波のエネルギーを生成し、真空場の局所的励起を行い、励起された真空場のポテンシャルの差によって宇宙船を推進する方式である。他にもあるが、主としてこれらの方式の概要について述べる。

第2章においては、反重力が存在しているか否か、理論と実験の両面にわたって各国の研究の成果について述べる。第2章では既に出版された「反重力はやはり存在した」で述べた内容が要約される。

第3章は、この著書で最重要な章である。有人で、かつ我々の太陽系外の宇宙空間を航行できる惑星間宇宙船の推進物理を述べる。この方式の推進物理は、運動量保存則にもとづく方式とまったく異なり、強磁性体のスピン波のエネルギーを生成し、宇宙空間の真空場を局所的に励起させ、そのポテンシャル差によって推進する方式である。この方式の推進物理は他国では提示されていない。この章の内容は、1999年、NASAの国際フォーラム（STAIF-99）で発表され、NASA、米空軍、米航空機メーカーから共同開発を申し込まれたが、日本で可能な限り開発研究する積りであるからと云って、この申し込みを断わった。

第4章は量子真空場の新しい概念について述べる。量子真空場とは、時空の最低エネルギー状態にある場、すなわち、ゼロ点エネルギー場のことである。この場がどのような場であるのか。ロシアで発展させられている"ねじれ場"のことである。

ねじれ場は、元来フランスの数学者カルタンによって考案された場、角運動量に伴う場、のことである。時空に関する理解は、アインシュタインが見出した"曲がった場"についての理解が主であった。ロシアではねじれ場こそが、真の時空を理解しうる場として考えられている。たとえば、真空のねじれ波の伝播する群速度は、光速度の10億倍程の速さである。この速さは、実験的に確認されている。したがって、宇宙空間の隔った2地点の情報は、これまでとはまったく違った速さで伝達される。すなわち、相互作用ができる空間は、アインシュタ

はじめに

　前著『反重力はやはり存在した』と云う本を1998年に出版した[1]。この基礎研究に立って反重力を推進力とする宇宙船を建造する計画について述べる。
　ニュートンによる重力（＝引力）の法則が発見されて以来，反重力（＝反引力）と云う力は自然界には存在しない，と考えられて来た。しかしながら，反重力は存在していると云う主張は，理論[2]と実験[3][4][5]にもとづいて立証された。
　反重力は存在すると云う立場に立ち，さらに電磁場や反重力を推進力として，本格的な宇宙航行をしようではないか，と云う計画が我が国においてもスタートした[6][7]。米国においては電磁場を利用して宇宙航行の計画がある[8][9]。
　このような計画を立てなければならぬ強い理由がある。それは，大気中の二酸化炭素の濃度が年々増加し，地球温暖化が急速に進み，地球の人類の生存が危うくなって来ているからである。予想では，今後70年から100年後には，地球全体の平均気温が4℃から6℃も上昇する。気温の上昇に伴って植物分布も激変し，農作物の収量が少なくなる。海水温も変化し，海流も大きく変わる。海水温の大きな変化は，逆に気候の大きな変化となってフィードバックする。このことは，人類の活動によってもたらされた必然の結果である。温暖化を防止する国際的な取り組みはあるものの，実効的効果は上ってはいない。今後の見通しは非常に暗い。
　温暖化はある意味では2次的現象であるが，CO_2の急速な増加は，もっと悪い結果をもたらすことが予想される。それは，CO_2ガスによる直接的影響である。すなわちCO_2の増加は，呼吸を通じてCO_2の中毒死の問題をもたらす。このことは，余り多くの人々の意識に上ってはいないが，実に重大な問題である。
　CO_2ガスによる中毒死問題は最重要視されねばならない。事実，人類の諸活動によって排出されるCO_2ガスは毎年230億トンにもなる。この量は1年間に大気中に放出されるCO_2ガスの総量の75％にもなる。CO_2ガスによる中毒死を防止するには，CO_2ガスの排出量を今の50％以下に大幅の削減をする必要がある。こうした削減をしても，人類の存続を延長できる時間は100年位のものである。しかしながら，現状から考えて50％以下に削減することは不可能であろう。たとえ，水素ガスその他のエネルギー源があるにせよ，化石燃料を用いる限り，とうてい不可能であろう。とすれば，地球人類の未来，それも近未来はどうなるのかは云うまでもない。
　もしも人類に存続の強い意欲があるならば，この地球から離脱せねばならない。

Contents

- 003 はじめに
- 006 ［第Ⅰ部論文篇］第1章　現有する飛翔体の推進物理
- 009 ［第Ⅰ部論文篇］第2章　反重力の存在に関する理論と実験の研究レビュー
- 030 ［第Ⅰ部論文篇］第3章　反重力推進方式にもとづく宇宙船の推進原理とテクノロジー
- 048 ［第Ⅰ部論文篇］第4章　量子真空場の新しい概念
- 053 ［第Ⅰ部論文篇］第5章　近未来のガイアと反重力推進方式の宇宙船の建造
- 058 あとがき
- 060 参照文献

第Ⅰ部論文篇

反重力推進方式の宇宙船建造計画と
近未来のガイア

早坂秀雄

早坂秀雄（はやさか・ひでお）

東北大学を退職後、ロシア科学アカデミー創立200年祝典国際重力会議議長、米国物理学会論文審査委員、国際科学財団（ジョージ・ソロス科学財団）論文考査委員などを歴任する。工学博士。反重力を発見後、NASAでの惑星間宇宙船研究に従事する。

超知ライブラリー／サイエンス002

［NASAが資金提供を申し出た］
宇宙船建造プロジェクト

初　刷	2007年10月31日
著　者	早坂秀雄
発行人	竹内秀郎
発行所	株式会社徳間書店
	東京都港区芝大門2-2-1
	郵便番号105-8055
電　話	編集(03)5403-4344
	販売(048)451-5960
振　替	00140-0-44392
編集担当	石井健資
印　刷	本郷印刷(株)
カバー印刷	真生印刷(株)
製　本	大口製本印刷(株)

© 2007 HAYASAKA Hideo, Printed in Japan
乱丁・落丁はおとりかえします。

［検印廃止］
ISBN978-4-19-862431-6

―― 徳間書店の科学の本 ――

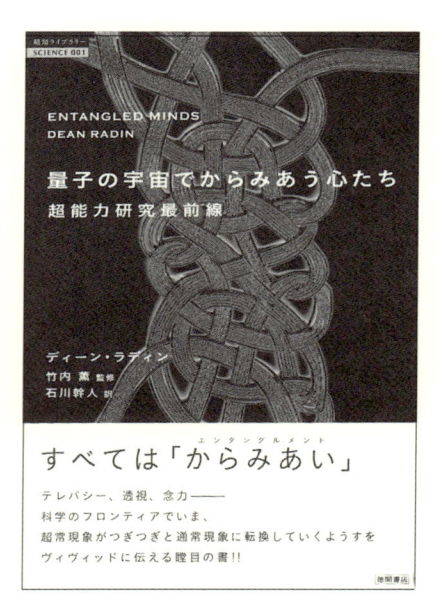

超知ライブラリー
SCIENCE 001

ENTANGLED MINDS
DEAN RADIN

量子の宇宙でからみあう心たち
超能力研究最前線

ディーン・ラディン
竹内 薫 監修
石川幹人 訳

すべては「からみあい（エンタングルメント）」

テレパシー、透視、念力――
科学のフロンティアでいま、
超常現象がつぎつぎと通常現象に転換していくようすを
ヴィヴィッドに伝える瞠目の書!!

徳間書店

お近くの書店にてご注文ください。

── 徳間書店の科学の本 ──

RATIONAL MYSTICISM
科学を捨て、神秘へと向かう理性
ジョン・ホーガン[著]　竹内薫[訳]

科学をこよなく愛する人は決して読まないでください!!

ホーガン曰く
「科学は宇宙の謎解きに完全に失敗した…」
世界的ベストセラー『科学の終焉』の著者が見据える次なる座標軸とは!?

お近くの書店にてご注文ください。

― 徳間書店の科学の本 ―

続 科学の終焉（おわり）
未知なる心

ジョン・ホーガン
［監修］筒井康隆
［訳］竹内薫

このおれの心にまで科学のメスを入れられてたまるものか!!
筒井康隆氏も大共感

世界中のインテリたちに衝撃を与える逆説の知性
こんどは脳と精神のすべての科学が標的だ!!

徳間書店
大評判の世界的ベストセラーが〈ふたたび〉襲来!!
Natural-Eye Science

お近くの書店にてご注文ください。